ABHANDLUNGEN DER GEOLOGISCHEN LANDESANSTALT BERLIN

Neue Folge Heft 212

HERAUSGEGEBEN VON
PROF. DR. ERICH LANGE
PRÄSIDENT DER GEOLOGISCHEN
LANDESANSTALT BERLIN

ERICH SPENGLER, FREIBERG SA.

ÜBER DIE ABTRAGUNG DES VARISTISCHEN GEBIRGES IN SACHSEN

AKADEMIE-VERLAG GMBH · BERLIN 1949

Abh. Geol. Landesanst. Berlin, H. 212

Erschienen im Akademie-Verlag GmbH., Berlin NW 7, Schiffbauerdamm 19
Lizenz-Nr. 156 · 1849/48-708/48
Gedruckt im Berliner Druckhaus GmbH., vorm. Johannes Struth, Berlin NO 55
Bestell- und Verlagsnummer 2008/212
Preis: 17,— DM

INHALTSVERZEICHNIS

INHALTSVERZEICHNIS

Seite

VORWORT

Die Arbeit ist als eine Fortsetzung meiner 1941 erschienenen Schrift: „Über die karbonische Abtragung im Bereiche der Böhmischen Masse“ [1]) gedacht. Ähnlich wie dort soll auch hier der Versuch gemacht werden, die Diskordanzen im Karbon und Perm auf die Frage hin zu untersuchen, ein wie großes Ausmaß der vorhergehenden Abtragung sich aus der Diskordanz ergibt.

Sachsen ist für derartige Untersuchungen aus zwei Gründen besonders gut geeignet. Erstens ist es durch die vorzüglichen geologischen Spezialkarten und die sehr ausführlichen und klar geschriebenen „Erläuterungen“ zu diesen sehr gut bekannt. Ganz besonders genau erforscht sind die Steinkohlengebiete: es werden daher in den folgenden Untersuchungen die Steinkohlenfelder eine besonders wichtige Rolle spielen. Zweitens sind in Sachsen — ähnlich wie in Mähren — im Karbon und Perm mehrere Diskordanzen vorhanden, wodurch nicht nur die einzelnen Phasen der Varistischen Orogenese, sondern auch die einzelnen Abtragungsphasen besonders scharf voneinander getrennt werden können.

Da die Abtragungsvorgänge — im Zusammenwirken mit den Krustenbewegungen der einzelnen Phasen der Varistischen Gebirgsbildung und mit den vulkanischen Aufschüttungen — die geomorphologische Entwicklung Sachsens während des Jungpaläozoikums bedingen, ist die Arbeit gleichzeitig eine Darstellung der paläogeographischen Verhältnisse Sachsens und der angrenzenden Teile Ostthüringens während der Karbon- und Permzeit geworden.

Der äußere Anlaß zu der Inangriffnahme dieser Arbeit war mein durch die Ausweisung aus der Tschechoslowakei verursachter unfreiwilliger Aufenthalt in Freiberg in den Jahren 1945 und 1946. Die außerordentlich schwierigen Reise- und Ernährungsverhältnisse der ersten Nachkriegszeit zwangen mich leider, auf größere Exkursionen zu verzichten, so daß die Arbeit ausschließlich auf dem geologischen Schrifttum beruht, welches mir in der zum Glück vom Kriege unbeschädigten Bücherei der „Geologischen Landesanstalt, Zweigstelle Freiberg“ so vollständig wie in keiner anderen Stadt für die hier zu behandelnden Fragen zur Verfügung stand.

Es ist mir eine angenehme Pflicht, den Leitern der Zweigstelle Freiberg der Geologischen Landesanstalt, Prof. Dr. K. Pietzsch, und dessen Nachfolger, Prof. Dr. E. Lange, für die Gewährung eines Arbeitsplatzes in der Bücherei dieser Anstalt und für die sonstige Unterstützung, die sie mir bei der Abfassung dieser Arbeit zuteil werden ließen, meinen wärmsten Dank auszusprechen. Besonders wertvoll waren für mich gelegentliche wissenschaftliche Aussprachen mit Herrn Prof. Pietzsch, dem besten Kenner der Geologie Sachsens, und Herrn Dr. Arno Schüller, dessen Arbeiten sich mit meiner nahe berühren. Beiden Herren danke ich auch für Hinweise auf einige Arbeiten, die mir entgangen waren.

Auch den anderen Mitgliedern der Freiberger Geologischen Landesanstalt bin ich zu herzlichem Dank verpflichtet.

---

[1]) E. Spengler: Über die karbonische Abtragung im Bereiche der Böhmischen Masse („Lotos“ 87. Bd., Prag 1941, S. 105—136).

I. DIE UNTERKARBONISCHE ABTRAGUNG (IM ZUSAMMENHANG MIT DER BRETONISCHEN OROGENESE)

Vor Besprechung der Abtragungsvorgänge im Unterkarbon sei hervorgehoben, daß im Gegensatz zu Mähren die durch Deckenüberschiebungen gekennzeichnete Hauptphase der Varistischen Gebirgsbildung in Sachsen unzweifelhaft die Sudetische Phase ist (Grenze zwischen Unter- und Oberkarbon)[2]. Schon dadurch sind natürlich die Bewegungsvorgänge der älteren Phasen und die im Gefolge dieser Bewegungen eintretenden Abtragungsvorgänge viel schwerer erkennbar, als in den in meiner früheren Arbeit behandelten Teilen der Böhmischen Masse.

a) Vogtland (und die angrenzenden Teile Thüringens)

Bei der Behandlung der Frage der vorkulmischen Abtragung soll vom Südostrande der Ostthüringischen Hauptmulde ausgegangen werden. Hier liegt (im Bereiche der Spezialkartenblätter: Zeulenroda, Pörmitz, Schleiz und Hirschberg) das Unterkarbon überall über dem Oberdevon. Besonders wichtig ist der von E. Zimmermann (1915, S. 49, 50), O. H. Schindewolf (1922, S. 9, 10), H. Schmidt (1924, S. 494) und O. H. Schindewolf (1939, S. 462) beschriebene Aufschluß nördlich vom Buschteich bei Schleiz (Westrand des Blattes „Zeulenroda").

Während Schindewolf in seinen älteren Arbeiten (1922, 1926, S. 122) noch geneigt war, hier eine Schichtlücke anzunehmen, schreibt er 1939, S. 471: „Wie zuvor bereits erwähnt, bin ich heute geneigt, die Profile von Zadelsdorf und vom Buschteich bei Schleiz als vollständig anzuerkennen, also anzunehmen, daß hier eine ununterbrochene Sedimentation vom Oberdevon bis in das Unterkarbon, bei Zadelsdorf bis weit in das Visè hinein bestanden hat." Schon ein Jahr früher (1938, S. 87) schreibt H. Korn: „Auf den Blättern Zeulenroda und Schleiz ist die Grenzfolge lückenlos (Oberdevon VII, Rußschiefer, Kohlenkalk, Zadelsdorfer Schiefer / Pericyclus-Stufe /) vorhanden, die Grenze selbst völlig konkordant."

Wie ein Vergleich der Profile bei Zimmermann und Schindewolf (1926, Taf. III und 1939, S. 473) erkennen läßt, reicht diese ununterbrochene, durch Versteinerungen belegte Schichtenfolge bei Schleiz mindestens vom Oberdevon IV bis zum Unterkarbon III. H. Korn (1938, S. 91) schreibt sogar von der Thüringischen Hauptmulde: „Kontinuierliches Absinken; von der Manticoceras-Stufe bis Unterkarbon III geschlossenes Profil."

Wenn wir nun die drei Unterphasen der Bretonischen Orogenese im Sinne von Schindewolf (1927, S. 240) oder in etwas davon abweichender Weise nach S. v. Bubnoff (1941, S. 307: marsische Phase nach Oberdevon V, nassauische nach Unterkarbon I, selkische nach Unterkarbon II) ins stratigraphische System einordnen, auf jeden Fall können wir feststellen, daß bei Schleiz keine dieser drei Phasen vorhanden ist.

Im Bereiche des Blattes Weida wird die Grenze zwischen dem Kulm der Ostthüringischen Hauptmulde und dem Devon des Ostthüringischen Hauptsattels fast überall durch Verwerfungen gebildet, wodurch der Kulm auch mit älteren Devonstufen in Berührung kommt. Es ist aber nicht ausgeschlossen, daß hier — wenigstens an einzelnen Stellen — auch Winkeldiskordanzen an der Basis des Kulms auftreten. So erwähnen Liebe und Zimmermann (1893, S. 38) vom Katzenberg bei Göhren eine winzige Oberdevonmulde, deren Streichen (WNW) von demjenigen der bei der Sudetischen Hauptfaltung entstandenen Falten (SW-NO) sehr stark abweicht und die am Kulm scharf abschneidet. Allerdings ist diese Mulde so klein und vereinzelt, daß man daraus nicht auf eine allgemeine vorkulmische Faltung mit WNW-Streichen schließen darf.

Der schmale Kulmstreifen, der auf Blatt Gera von Liebschwitz nach Thränitz verläuft, scheint nach dem Kartenbilde nur mit einer schwachen Erosionsdiskordanz dem Oberdevon aufzuliegen. Nach

---

[2]) F. Koßmat: Übersicht der Geologie von Sachsen. 2. Aufl. Leipzig 1925, S. 110.

Zimmermann (1930, S. 16) liegt der Kulm „dem Oberdevon allem Anschein nach gleichförmig auf, doch fehlen gute feste Aufschlüsse über die Grenzregion."

Wenn wir uns aber in den Raum der Vogtländischen Hauptmulde begeben, scheint sich das Bild zu ändern. Ein Blick auf die geologische Übersichtskarte von Sachsen zeigt, daß der Kulm der Vogtländischen Hauptmulde nicht nur mit Devon, sondern auch mit Silur an zahlreichen Stellen in unmittelbare Berührung kommt. Allerdings sind sehr viele dieser Kontakte durch Dislokationen bedingt. Das gilt vor allem für die Nordwestgrenze der Kulmmulde von Mehltheuer, welche durch die Nördliche Göttengrüner Störungslinie gebildet wird. Diese gradlinige, durch etwa 50 km im Streichen zu verfolgende tektonische Linie wurde im älteren Schrifttum [3]) als „Nördliche Göttengrüner Verwerfung" bezeichnet. In den Arbeiten von W. Mehner (1931) und H. Pomper (1931) wird jedoch der Nachweis geführt, daß es sich um eine südostgerichtete, steile Aufschiebung handelt, an der die Gesteine des Ostthüringischen Hauptsattels auf die Kulmmulde von Mehltheuer bzw. deren schmälere westliche Fortsetzung, den „Blintendorfer Kulmstreifen" aufgeschoben wurden.

Hingegen zeigt der Südostrand der Kulmmulde von Mehltheuer schon durch seinen zackigen Verlauf, daß er nur lokal ein Verwerfungskontakt sein kann. Noch stärker scheint nach dem Kartenbilde die diskordante Auflagerung des Kulms in den kleinen isolierten Resten südlich der Kulmmulde, im Bereiche der „Vogtländischen Bögen" ausgeprägt zu sein. Es ist aber nicht leicht, aus dem Schrifttum ein zuverläßliches Bild über das Ausmaß der Bretonischen Diskordanz und dadurch der vorkulmischen Abtragung zu gewinnen.

Bei Betrachtung der von E. Weise aufgenommenen geologischen Spezialkarten Plauen-Pausa, Plauen-Ölsnitz und Bobenneukirchen-Gattendorf und aus dem Text der dazugehörigen „Erläuterungen" (1904, 1887, 1897 und 1898) scheint sich eine sehr beträchtliche vorkulmische Diskordanz zu ergeben. Hingegen nimmt W. Jaeger [4]) eine konkordante Auflagerung des unteren Kulms c_1 auf dem Oberdevon und erst an der Basis des oberen Kulms c_2 eine Diskordanz mit Transgression aufs ganze Oberdevon an. Noch weniger ist von einer vorkulmischen (oder intrakulmischen) Diskordanz in den Dissertationen der drei Koßmat-Schüler R. Hohl (1932), W. Mehner (1931) und H. Pomper (1931) die Rede. Bei der Lektüre dieser Arbeiten gewinnt man den Eindruck einer konkordanten Auflagerung des Kulms auf dem Oberdevon; dort wo Diskordanzen vorzuliegen scheinen, handelt es sich um Schubflächen. Hingegen sagt R. Eigenfeld (1938) in seiner mit vorbildlicher Gründlichkeit durchgeführten Untersuchung der granitführenden Konglomerate: „Somit ergibt sich eine Schichtlücke zwischen dem Oberdevon und dem Kulm, die sich im Vogtland — wie auch andererorts — durch eine Diskordanz bemerkbar macht, da die Kulmschichten gelegentlich bis auf das tiefere Oberdevon, ja sogar bis auf Silur transgredieren. Die Heraushebung des Gebietes ist der Bretonischen Phase der varistkischen gebirgsbildenden Faltung zuzuschreiben." (S. 17).

Im einzelnen gestalten sich die Verhältnisse folgendermaßen: Über den Südrand der Kulmmulde von Mehltheuer schreibt E. Weise [5]): „Über die Lagerungsverhältnisse des Kulmes gegenüber dem Devon gewährt eine Reihe von Aufschlüssen namentlich in der Gegend von Syrau Klarheit. Im Westen des genannten Dorfes . . . sieht man die Oberdevonschiefer ganz allmählich in die Kulmschiefer übergehen, so daß hier eine vollkommen konkordante Lagerung herrscht. Zu gleicher Zeit aber zeigt sich an anderen Stellen, daß dieselben Kulmschiefer nebst den sie begleitenden Konglomeraten (Granitgrauwacken) ja selbst mit den grauwackenreichen höheren Kulmkomplexen über das Bereich der Cypridinenschiefer hinweg bis in dasjenige der tieferen Diabasbreccien buchtartig und mit vielfach gewundenen Grenzen übergreifen."

Nach Jaeger wären die konkordant gelagerten Kulmschiefer c1, die auf die Diabasbreccien übergreifenden Granitkonglomerate hingegen c2 (S. 5). Ferner schreibt Jaeger (S. 17): „Betrachtet man die Oberdevon-Kulmgrenze in der vogtl. Mulde genau, so gewinnt man bald den Eindruck einer z. T. sehr flachen Aufschiebung des t 3 β auf Kulm (abgesehen vielleicht vom Komplex von Syrau). Der Aufschluß an der Tauberts-Mühle östlich Schönbach, wo t 3 β-Kalke ganz flach auf Kulm geschoben sind, erhärtet dies sehr." Nach Mehner hingegen ist die Schichtenfolge am Südostrande der Kulmmulde von Mehltheuer überkippt (S. 47). Infolge dieser Überkippung liegt das Oberdevon auf dem Kulm, das granitführende Konglomerat c2, welches in Wirklichkeit das Basalkonglomerat des Kulms ist, auf den Kulmschiefern c1 (Profil auf S. 22 bei Mehner). Diese erst in der sudetischen Phase erfolgte Überkippung der Schichtenfolge ist natürlich kein Hindernis für die Annahme einer Diskordanz an der Basis des Kulms.

Eine überraschende Wendung hat aber die Frage der Stellung der granitführenden Konglomerate durch die von R. Eigenfeld vorgenommene petrographische Untersuchung genommen. Eigenfeld stellte fest, daß „die Granitkonglomerate durch Diabaslava und Tuff . . . verkittet werden,

---

[3]) E. Zimmermann: Erläuterungen zu Blatt Hirschberg (1912) S. 173.
E. Zimmermann und E. Weise: Erläuterungen zu Blatt Gefell (1915), S. 95.

[4]) W. Jaeger: Der Gebirgsbau des sächsischen Vogtlandes und dessen Erzlagerstätten. Adorf 1924. Stratigraphische Tabelle (am Schluß der Arbeit).

[5]) E. Weise: Erläuterungen zu Section Plauen-Pausa (1904), S. 58.

wodurch nunmehr ihre Stellung in die diabasische Serie des Devons[6]) als gesichert gilt." (l. c. S. 39). S. 53 stellt er sie in den Planschwitzer Horizont (unteres Oberdevon, Manticoceras-Schichten). Dadurch werden alle Schlüsse hinfällig, welche Weise und Jaeger unter der Annahme eines unterkarbonischen Alters dieser Konglomerate gezogen haben. Eigenfeld bezweifelt auch, daß diese Konglomerate in dem von Mehner auf S. 22 beschriebenen und abgebildeten überkippten Profile wirklich anstehen (auch Mehner gibt nur Lesesteine von Granitkonglomeraten an), so daß wohl zwischen den Cypridinenschiefern des Oberdevons und den Kulmgrauwacken überhaupt kein Konglomerathorizont liegt.

Eigenfeld konnte ferner zeigen, daß in den jetzt als oberdevonisch festgestellten Granitkonglomeraten von Gossengrün, Thiergarten bei Steinsdorf, Katzenstein bei Schönbach und Kaltenbach an der Straße nach Greiz Gerölle von Graphophyrgranit auftreten, die ihr Heimatsgebiet in dem Raume um Greiz haben (Knottengrund bei der Neumühle, Hirschrudel im Quirletal) (Abb. 11 auf S. 75). Diese Herkunft ergibt sich auch aus der Abnahme der Korngröße in der Richtung von NO gegen SW (S. 53)[7]).

Durch diese Untersuchungen Eigenfelds scheiden die Granitkonglomerate dieses Raumes für die Frage der Bretonischen Diskordanz überhaupt aus. Sie beweisen nur die Anwesenheit von nahe gelegenen Inseln, in denen zu Beginn des Oberdevons über vorvaristischen Tiefengesteinen Kambrium, untersilurischer Quarzit und vor allem obersilurische Kieselschiefer offen zutage lagen[8]). Ob man die voroberdevonisch erfolgte Heraushebung dieser Inseln als Nachphase der Kaledonischen oder als Vorläufer der Varistischen Orogenese bezeichnen soll, ist zweifelhaft. Vielleicht hängt diese Heraushebung auch mit dem oberdevonischen Vulkanismus zusammen (Hebung durch oberflächennahe Intrusionen, Subvulkane im Sinne von Cloos?).

Demnach scheint für den Südostrand der Kulmmulde von Mehltheuer kein eindeutiges Anzeichen für eine Diskordanz an der Basis des Unterkarbons zu bestehen.

Wie gestalten sich nun die Verhältnisse im Bereiche der „Vogtländischen Bögen" südlich der großen Kulmmulde?

Vor allem sei die Winkeldiskordanz zwischen Oberdevon und Kulm erwähnt, welche Paeckelmann (1922, S. 581) aus einem „vorzüglichen Aufschluß" im Elstertale 6 km westlich von Ölsnitz i. V. beschreibt: „Am Bahnwärterhaus NW Magwitz stehen am steilen Gehänge oberdevonische Kalkknollenschiefer an, die nach oben in flasrige Knotenkalke mit etwa 25° östlichem Einfallen übergehen; sie werden deutlich diskordant, mit unebener Transgressionsfläche, vom kulmischen Wurstkonglomerat Gümbels überlagert, das mit etwa 45° nach SO einfällt."

Schon durch diese eine wichtige Lokalbeobachtung ist das Vorhandensein der Bretonischen Orogenese für das Gebiet der Vogtländischen Bögen nachgewiesen.

Wie gestalten sich nun die Verhältnisse im geologischen Kartenbilde? Wir betrachten zunächst den N-S streichenden Kröstauer Sattel (Blatt Plauen-Ölsnitz). Nach dem von Weise auf diesem Spezialkartenblatt gezeichneten Kartenbilde scheint der Kulmschiefer am Nordende des Kröstauer Sattels (nördlich von Kobitzschwalde) über den aus Untersilur s1 bestehenden Kern des Kröstauer Sattels zu transgredieren. Jaeger nimmt an der Westseite des Kröstauer Sattels eine Überschiebung der Silur-Devon-Gesteine auf unteren Kulm (cl) an (l. c. Fig. 1 und S. 8). Die Grenze gegen den Kulm am Nordende des Sattels scheint Jaeger nach seiner tektonischen Karte rein tektonisch zu erklären, und zwar zum Teil durch Überschiebung, zum Teil durch den in der Karte eingetragenen Querbruch. Ich bezweifle gar nicht die von Jaeger angegebenen Dislokationen, aber das Kartenbild bei Weise ist doch erst dann völlig verständlich, wenn man eine Transgression des Kulms über den durch die Erosion geöffneten Kern des Kröstauer Sattels annimmt.

Noch stärker scheint (wenigstens nach dem von Weise gegebenen Kartenbilde) die Diskordanz an der Basis des hufeisenförmig gekrümmten Kulmlappens zwischen Kürbitz und Meßbach zu sein. Weise schreibt darüber[9]): „Beweise dafür (nämlich für die diskordante Auflagerung des Kulms) bieten die in der Gegend von Rodersdorf aus der Kulm-

---

6) Diese Worte wurden wegen ihrer Wichtigkeit erst von mir gesperrt.

7) Es kommt mir nicht sehr wahrscheinlich vor, daß die einen Durchmesser von 1 m erreichenden Granitgerölle des „Thiergartens" aus dem immerhin 10 km entfernten Raume von Greiz herantransportiert wurden. Die Größe der Gerölle, sowie der rasche Wechsel in der Kieselschieferführung der einzelnen Konglomeratvorkommen (siehe die unter 8 angegebene Stelle bei Weise) spricht für ein ganz nahe gelegenes (vielleicht unterhalb des Kulms verborgenes) Abtragungsgebiet.

8) Siehe die Beschreibung der granitführenden Konglomerate bei E. Weise (Erläuterungen zu Section Plauen-Pausa, S. 49—50). Sehr interessant ist die Feststellung Eigenfelds (1938, S. 26), „daß die ersten devonischen Konglomerate im Vogtland nur sedimentäres Material als Komponenten enthalten (ordovizische Tonschiefer und Quarzite)". Dazu kommt nach Eigenfeld in dem Bruch Ö von Burkhardtsgrün noch tuffitisches Material, aber kein Granitgeröll. Die vorvaristischen Tiefengesteine waren offenbar damals noch nicht durch die Erosion freigelegt.

9) Erläuterungen zu Section Plauen-Oelsnitz, 1. Aufl. (1887) S. 65.

bedeckung emportauchenden, unterdevonischen und mitteldevonischen [10]) Bildungen, ferner die Verhältnisse zwischen Weischlitz und Magwitz, ganz besonders aber zwischen Kürbitz und Meßbach, wo der Kulm mit durchaus gewundenen Grenzen sowohl an Ober- und Unterdevon, wie an Ober- und Untersilur grenzt und diese Formationen wiederholt unter seiner geringmächtigen Decke hervorschauen läßt [11]).“ Wie Jaeger diese Lagerungverhältnisse deutet, ist weder aus dem Text noch aus der tektonischen Karte ersichtlich, da auf letzterer leider Oberdevon und Kulm zusammengezogen sind. Nur so viel ist klar, daß Jaeger das W-O gerichtete Mittelstück des Hufeisens als an der „Meßbacher Muldung“ versenkt betrachtet (S. 11). Es müßte auch erst geklärt werden, wieviel von dem Kulm des „Hufeisens“ dem unteren und wieviel dem oberen Kulm angehört. Der Schiefer des Koßberges [12]), dessen Flora von Gothan und Schlosser [13]) beschrieben wurde, gehört nach Koßmat (1925, S. 58) zum oberen Kulm.

Jedenfalls müßte sowohl der Raum zwischen Kürbitz und Meßbach als der Kröstauer Sattel in bezug auf die Frage der Bretonischen Diskordanz nochmals an Ort und Stelle untersucht werden. Vorläufig habe ich trotz der Arbeit Jaegers nach der geologischen Spezialkarte den Eindruck, daß die erste Anlage der Vogtländischen Bögen bereits in der Bretonischen Phase der Varistischen Gebirgsbildung erfolgte. Ich befinde mich da in bester Übereinstimmung mit Deubel (1925, S. 41), der auch im Bereiche der Frankenwälder Querscholle [14]) das vorkulmische Alter der SO-NW streichenden Falten feststellen konnte. Die Kartenskizze bei Deubel (S. 42) zeigt deutlich, wie im Vorkarbon der Frankenwälder Querscholle — ähnlich wie im Bereiche der Vogtländischen Bögen — ein sehr mannigfacher Wechsel der Streichungsrichtungen zu beobachten ist, während der Kulm streng SW-NO streicht.

Noch klarer als aus der Kartenskizze bei Deubel ergibt sich der Unterschied im Streichen der vorkarbonischen Faltenzüge innerhalb des im WSW von der Wurzbach-Hornsgrüner und im NO von der Lobenstein-Gräfentaler Verwerfung (Zimmermann 1911, S. 127—130) begrenzten Raumes und des Kulmes aus der geologischen Spezialkarte Blatt Lobenstein. Hier sieht man, wie die Grenzen von Phycodenschichten, Silur und Devon durchaus der erstgenannten Verwerfung parallel NNW-SSO streichen, während die durch den Wechsel von Unter- und Oberkulm erkennbaren Faltenzüge im Kulm ein SW-NO gerichtetes Streichen besitzen.

Die Ansicht von Deubel wird allerdings von Scholtz (1930) [14a]) bekämpft. Er gibt an, daß „die Falten innerhalb des Quersattels nicht wie dieser NW, sondern wie seine ganze Umgebung NO bis NNO streichen“ (S. 273). S. 274 stellt er fest: „Somit stellt der Ostthüringische Quersattel eine schiefgestellte, in sich (aber in NO bis NNO-Richtung!) schwach gewellte, gegen NO hochgekippte Platte dar. Die Faltung wurde in NO-Richtung angelegt und durch die Hochkippung z. T. nördlicher gedreht.“

Wenn man die Fallzeichen (Streichen und Fallen der Schichtung) in dem dreieckigen Raume, in dem die vorkulmischen Gesteine des Ostthüringischen Quersattels sichtbar sind, auf Taf. V bei Scholtz betrachtet, so sieht man etwa gleich häufig NO-SW wie NW-SO Streichen eingetragen. Das spricht nicht für ein streng NO-SW gerichtetes Streichen der Falten, sondern eher für eine stark wechselnde Druckrichtung. Daß das NW-Streichen nur auf das SW gerichtete Achsengefälle der Falten zurückzuführen ist, scheint mir nicht wahrscheinlich; denn in diesem Falle müßte das SW-Fallen viel seltener und wesentlich flacher sein als das SO- und NW-Fallen. Auch müßten in diesem Falle die Grenzlinien zwischen den einzelnen Schichtgruppen viel zackiger verlaufen (in den

---

10) Nach der jetzt gültigen Stratigraphie durch „mitteldevonischen und dem tiefern Oberdevon ($t_3\alpha$) angehörigen Bildungen“ zu ersetzen.

11) Bei Weise nicht gesperrt. A. Wurm (Centralbl. f. Min. etc. 1927 Abt. B. S. 507 und Neues Jahrbuch f. Min. etc. Beilagebd. 60 1928 S. 505) versucht die Kulmvorkommen von Kobitzschwalde und Kürbitz als Deckschollen der Bayerischen Decke zu deuten. Der einzige — meiner Ansicht zu geringfügige — Anhaltspunkt dafür ist das Auftreten winziger Kohlenkalklinsen im Kulm. Die Zahl der Kohlenkalkvorkommen auf Blatt Plauen-Oelsnitz ist ziemlich groß (vergleiche die Liste bei Weise S. 63). Außerdem tritt Kohlenkalk an der Basis des Kulms auch im Südostschenkel der Ostthüringischen Hauptmulde auf (z. B. im Bereiche der Blätter Schleiz und Zeulenroda). Man müßte dann auch den ganzen Kulm der Ostthüringischen Hauptmulde als Deckscholle der Bayrischen Decke betrachten, was selbstverständlich ausgeschlossen ist.

12) Leider ist der Koßberg nicht in der geologischen Spezialkarte verzeichnet und dessen Lage auch in den diesbezüglichen Arbeiten nicht genau beschrieben. Wie mir Herr Prof. Pietzsch sagte, liegt der unter Naturschutz stehende Aufschluß der Pflanzen führenden Kulmschiefer beim oberen Ende des „z“ des Wortes „Kürbitz“ in 440 m Höhe, etwa 80 m westlich des nur auf der neuen topographischen Spezialkarte 1 : 25 000 (nicht auf der geologischen Spezialkarte) mit 451,7 bezeichneten Gipfels des Koßberges.

13) W. Gothan und P. Schlosser: Neue Funde von Pflanzen der älteren Steinkohlenzeit (Kulm) auf dem Koßberge bei Plauen im Vogtlande. 1924, Verlag Max Weg, Leipzig; W. Gothan: Über einige Kulmpflanzen vom Koßberg bei Plauen i. V. (Abhandlg. Sächs. Geolog. Landesamt Heft 5, 1927).

14) Nach Korn (1938) ist die Bezeichnung „Querscholle“ richtiger als die bisher übliche „Quersattel“, da die Begrenzung durch Brüche gebildet wird.

14a) Leider ist mir diese hochinteressante und gründliche Arbeit erst nach Fertigstellung des Textes und der Zeichnungen zu Gesicht gekommen.

Sätteln Spitzen gegen SW, in den Mulden solche gegen NO). Auffallend ist auch das abnormale Streichen der Schieferung in dem dreieckigen Raume des Ostthüringischen Quersattels. Scholtz erklärt das annähernd N-S gerichtete Streichen der Schieferung in diesem Raume mit der Schiefstellung der Scholle (S. 294). Da sich aber die Schieferung nach Taf. VI gegen die NW-Spitze des Dreiecks sogar über die N-S-Richtung in die Richtung NNW-SSO einstellt, muß hier die Aufkippung der Scholle und — wenn der von Scholtz angenommene Zusammenhang mit der Bildung der Lobensteiner Verwerfung richtig ist — die Sprunghöhe dieser Verwerfung beim Sorbitztale größer sein als bei Lobenstein. Andererseits aber spricht die Tatsache, daß im NW der Altersunterschied der Gesteine beiderseits der Verwerfung kleiner ist als im SO, eher für eine Abnahme der Sprunghöhe in der Richtung SO-NW.

Ich bin infolgedessen nicht ganz sicher, ob die Drehung des Streichens der Faltung und der Schieferung erst durch die Bildung der Verwerfungen bedingt ist. Ich würde es auch für möglich halten, daß diese abnormale Streichungsrichtung schon älter als der Kulm ist und eine Diskordanz an der Basis des Kulms anzeigt.

Da ich aber die Gegend nicht aus eigener Anschauung kenne und keine Möglichkeit habe, sie zu besuchen, kann ich das nur als Vermutung äußern. Wenn die Deutung von Scholtz richtig ist, müßte selbstverständlich das NW gerichtete Streichen der Bretonischen Falten auf Abb. 1 an dieser Stelle korrigiert werden.

Auch die Zusammensetzung der Kulmkonglomerate[15]) in dem Raume von Kürbitz zeigt, daß damals in der Nähe Gesteine des Silurs und sogar solche des Vogtländischen „Kambriums" offen zutage lagen, was nur möglich ist, wenn das Devon — offenbar im Gefolge einer allerdings leichten Bretonischen Orogenese — abgetragen war[16]). Weise[17]) beschreibt die Kulmkonglomerate wie folgt: „An ihrer Zusammensetzung nehmen teil: nuß- bis faustgroße, eckige, höchstens an den Kanten abgerundete Kieselschieferfragmente, die zum größten Teile dem Obersilur entnommen sind, ferner stärker abgerollte, meist völlig runde Granite und graue Quarzite, verschiedene Schiefer, namentlich solche des Silurs und Kambriums, und seltener Diabasbrocken (Wärterhaus Magwitz); alle diese Materialien sind verkittet durch ein quarziges Bindemittel."

Koßmat (1925, S. 109—110) betrachtet die „Keratophyr-, Diabas- und Granitkonglomerate der Umgebung von Ölsnitz i. V. . . . als Anzeichen einer ungefähr um die Formationswende erfolgten Bewegung und Abtragung", doch zeigte Eigenfeld[18]), daß auch diese Konglomerate dem Planschwitzer Horizont des unteren Oberdevon angehören und daher als Beweis für Bewegungen der Bretonischen Phase ausscheiden.

Wir verfolgen nun zunächst die Lagerungsverhältnisse aus dem Vogtland nach Westen in das ostthüringische Grenzgebiet. Die breite Kulmmulde von Mehltheuer endet gegen Westen plötzlich am Stelzener Querbruch, der wohl nichts anderes ist als die nördliche Fortsetzung der Ascher Spalte Jaegers. E. Zimmermann und E. Weise (1915, S. 96) nennen diesen Querbruch Reuther Verwerfung. Da es aber auch bei Netzschkau eine Reuther Verwerfung gibt (siehe unten), wäre es wohl besser, diesen Bruch nach der Ortschaft Stelzen zu benennen, welche unmittelbar auf der Bruchlinie gelegen ist.

Südwestlich des Stelzener Querbruches setzt sich die Kulmmulde von Mehltheuer in sehr verschmälerter Form als „Blintendorfer Kulmstreifen" fort, der nach der älteren, von E. Zimmermann (1912 und 1915) vertretenen Auffassung ein zwischen der nördlichen und der südlichen Göttengrüner Verwerfung versenkter tektonischer Graben ist. In den bereits früher erwähnten Arbeiten von Pomper und Hohl wird jedoch der Kulmstreifen als Rest einer „Schleppdecke" betrachtet, welche unterhalb einer, vielleicht mit der Münchberger Gneismasse zusammenhängenden Überschiebungsdecke ein Stück gegen Norden mitgeschleift wurde. Für den schmalen Blintendorfer Kulmstreifen möchte ich dieser Deutung zustimmen — hat doch schon Zimmermann selbst etwas ähnliches vermutet (1912, S. 166). Infolge dieser tektonischen Abscherung von seinem Untergrunde ist zwar der ursprüngliche Auflagerungskontakt zwischen dem Kulm und seinem Untergrunde zerrissen. Trotzdem kann man sagen, daß diskordante Auflagerung sehr wahrscheinlich war. Denn auch hier ist ein ähnlicher Unterschied im Streichen zwischen den vorkarbonischen Gesteinen und dem Kulm wie im Bereiche der Frankenwälder Querscholle zu beobachten. Die Fallzeichen auf der tektonischen Karte bei Pomper (1931) zeigen, daß im Hirschberger Sattel ganz überwiegend NW-Streichen und NO-Fallen auftritt. Dasselbe gilt auch für den östlich benachbarten Gefeller Sattel (Fallzeichen auf der geologischen Karte bei Hohl 1932, S. 193). Im Blintendorfer Kulmstreifen hingegen herrscht das NO-Streichen vor. Da sich durch die Verschiebung des Kulmstreifens nach NW an diesem Unterschiede im Streichen

---

15) Auch Eigenfeld beläßt diese Konglomerate beim Kulm (S. 40 seiner Arbeit), während er sonst sehr viele bisher als Kulm betrachtete Konglomeratvorkommen jetzt ins Oberdevon stellt.

16) Daß die zur Zeit des unteren Oberdevons der Abtragung ausgesetzten Hochgebiete von Devonbedeckung überhaupt verschont geblieben sind, kommt mir sehr unwahrscheinlich vor.

17) Erläuterungen zu Blatt Plauen-Oelsnitz, S. 61.

18) R. Eigenfeld (1938) S. 28 und S. 29 Pfaffenberg, Kulmberg, östlich Voigtsberg.

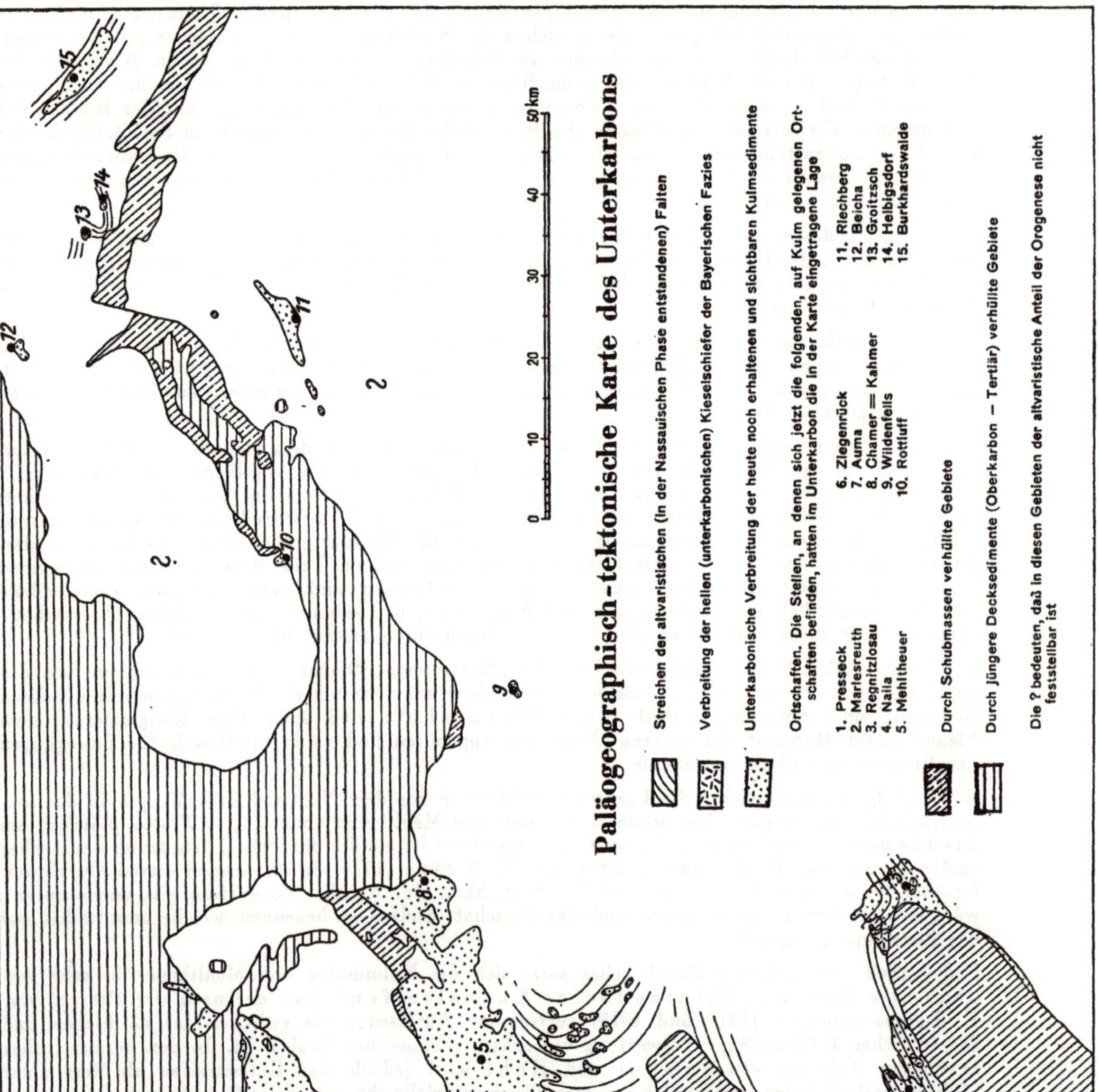
Paläogeographisch-tektonische Karte des Unterkarbons
Streichen der altvaristischen (in der Nassauischen Phase entstandenen) Falten
Verbreitung der hellen (unterkarbonischen) Kieselschiefer der Bayerischen Fazies
Unterkarbonische Verbreitung der heute noch erhaltenen und sichtbaren Kulmsedimente
Ortschaften. Die Stellen, an denen sich jetzt die folgenden, auf Kulm gelegenen Ortschaften befinden, hatten im Unterkarbon die in der Karte eingetragene Lage
1. Presseck
2. Marlesreuth
3. Regnitzlosau
4. Naila
5. Mehltheuer
6. Ziegenrück
7. Auma
8. Chamer = Kahmer
9. Wildenfells
10. Rottluff
11. Riechberg
12. Beicha
13. Groitzsch
14. Helbigsdorf
15. Burkhardswalde
Durch Schubmassen verhüllte Gebiete
Durch jüngere Decksedimente (Oberkarbon – Tertiär) verhüllte Gebiete
Die ? bedeuten, daß in diesen Gebieten der altvaristische Anteil der Orogenese nicht feststellbar ist
0 10 20 30 40 50 km

Abb. 1

nicht viel geändert haben konnte, nehme ich auch hier — ähnlich wie in den Vogtländischen Bögen und im Bereiche der Frankenwälder Querscholle — an, daß die NW-streichende Faltung und Schuppung schon in der Bretonischen Phase angelegt wurde und daß der Kulm diesen Faltenzügen ursprünglich diskordant aufgelagert war.

Zweifellos sind aber diese vorkulmischen Faltenzüge bei der Sudetischen Hauptfaltung nicht unverändert geblieben. Im Bereiche der Vogtländischen Bögen sind besonders die von Jaeger erkannten Überschiebungen erst auf Bewegungen der Sudetischen Phase zurückzuführen.

Ich habe aber den Eindruck, daß Hohl der „Schleppdecke" eine zu große Ausdehnung gibt, wenn er auch in dem Raume östlich des — von ihm anscheinend nicht anerkannten — Stelzener Querbruches sowohl Oberdevon als Kulm dieser Schleppdecke zurechnet. Bei Annahme der von Hohl in der tektonischen Karte auf Seite 19 seiner Arbeit vertretenen Auffassung wäre man gezwungen, das gesamte Oberdevon und den ganzen Kulm der Vogtländischen Hauptmulde der Schleppdecke zuzurechnen [19]). Eine derartige Ausdehnung der Schleppdecke dürfte aber schwer zu beweisen sein. Warum soll ausgerechnet überall an der Mittel-Oberdevon-Grenze eine tektonische Abscherung erfolgt sein? Ein besonderes Gleitniveau — etwa vergleichbar der Anhydritgruppe des Muschelkalkes im Schweizer Jura — ist ja dort nicht vorhanden. Ich würde es daher für wahrscheinlicher halten, daß nur der Blintendorfer Kulmstreifen am Stelzener Querbruch, der somit eigentlich eine Blattverschiebung wäre, abgerissen ist und als Schleppdecke nach Norden verfrachtet wurde, östlich von dieser Linie das Oberdevon und der Kulm jedoch autochthon geblieben sind [20]). (Abgesehen von den im folgenden behandelten Ostende der Kulmmulde von Mehltheuer.)

Wir betrachten jetzt das nordöstliche Ende der Kulmmulde von Mehltheuer im Raume von Greiz. Für dieses Gebiet liegen zwei verschiedene Auffassungen der Stratigraphie vor. Die ältere ist in den Preußischen Geologischen Spezialkartenblättern Naitschau (Elsterberg), Greiz (Reichenbach) und Waltersdorf (Langenbernsdorf) dargestellt, die von K. Th. Liebe und E. Zimmermann in den Jahren 1874—1889 aufgenommen wurden und die 1892 erschienen sind. Dieses ältere Kartenbild wurde auch noch in die geologische Übersichtskarte von Sachsen von F. Koßmat und K. Pietzsch (1930) übernommen. Die jüngere Auffassung beruht auf der Revisionsaufnahme von E. Zimmermann im Jahre 1921 [21]), und ist auf der „Geologischen Übersichtskarte von Deutschland", Blatt Jena (1922) zur Darstellung gebracht und wurde auch in die geologische Übersichtskarte von Thüringen von F. Deubel und H. J. Martini (1942) übernommen.

Der Unterschied der beiden Auffassungen besteht darin, daß in der älteren ein breiter Schieferstreifen, der von Cuselwitz (an der Grenze der Kartenblätter Naitschau und Greiz) über Greiz in den Raum südöstlich von Teichwolframsdorf (Blatt Waltersdorf) zieht, zum größten Teile als Untersilur, zum kleineren als Kulm kartiert wurde, während in der neueren Auffassung der gesamte Schieferstreifen dem unteren Kulm zugerechnet wird. Zweifellos ist die neuere Auffassung einfacher und dadurch befriedigender; denn nach dieser streicht die Kulmmulde von Mehltheuer in fast gleichbleibender Breite gegen NO weiter, bis sie unter dem Rotliegenden von Langenbernsdorf verschwindet, während nach der älteren der Kulmlappen nordöstlich des Göltzschtales in keinem Zusammenhang mehr mit dem Kulm von Mehltheuer steht.

Aber auch nach der neueren Auffassung ist der Kulm des nordöstlichsten Teiles der Mulde — den wir den Kulm von Kahmer (= Chamer) nennen wollen — mit demjenigen von Mehltheuer nur noch im Bereiche der Stadt Greiz in einer Breite von etwa 2 km in unmittelbarer Verbindung, während im Göltzschtale zwischen Greiz und Netzschkau die altpaläozoische Unterlage des Kulms in einem sich gegen SO verbreiternden Streifen zutage tritt. Diesen Streifen wollen wir als den „Halbhorst von Netzschkau" bezeichnen, weil er im SW und im NO durch Verwerfungen gegen die Kulmmulde begrenzt ist, zwischen denen er emporgehoben erscheint. Die ihn im SW begrenzende Verwerfung wurde von Liebe und Zimmermann (1893, S. 79) als „Reuther Verwerfung" bezeichnet. Sie ist offenbar die nördliche Fortsetzung der „Thoßfell-Limbacher oder Ostvogtländischen Verwerfung" [22]). Der ihn im NO begrenzende Bruch ist bei der älteren geologischen Aufnahme noch nicht als Verwerfung erkannt worden und ist erst in der geologischen Übersichtskarte, Blatt Jena, eingetragen. Wir wollen ihn die „Göltzschtalverwerfung" nennen, da sie in unmittelbarer Nähe dieses Tales verläuft.

Der Halbhorst von Netzschkau ist nach seiner Form und seiner Begrenzung durch gegen SO divergierende Verwerfungen ein Analogon zu dem Halbhorst zwischen der Wurzbach-Hornsgrüner und

---

19) Also alles, was auf der tektonischen Karte Jaegers weiß geblieben ist.

20) In der paläographischen Kartenskizze des Unterkarbons Abb. 1 wurde versucht, die ursprüngliche (punktiert) und heutige (schiefe Schraffen) Lage des Blintendorfer Kulmstreifens einzutragen. Ich habe daselbst eine Schubweite der „Schleppdecke" von nur 5 km angenommen. Ebenso ist der Blintendorfer Kulmstreifen auch an seinem W-Ende von seiner nicht metamorphen Fortsetzung bei Naila abgerissen und 3 km nach N verschoben (Korn 1938, S. 61).

21) E. Zimmermann: Neubegehung von Blatt Greiz für die in Bearbeitung befindliche Übersichtskarte 1 : 200 000, Bl. Jena. Jahrb. d. Preuß. Geol. Landesanstalt für das Jahr 1921, Bd. XLII (Berlin 1923), S. XXVI—XXIX.

22) K. Dalmer: Erläuterungen zu Blatt Treuen-Herlasgrün (1913), S. 28.

der Lobenstein-Gräfentaler Verwerfung in der Thüringischen Hauptmulde. Während aber dort das Streichen der im Halbhorst sichtbaren altpaläozoischen Gesteine SO—NW gerichtet ist (Frankenwälder Querscholle), streicht im Netzschkauer Halbhorst das Altpaläozoikum SW—NO [23]).

Im Bereiche des Halbhorstes von Netzschkau ist die diskordante Lagerung des Kulms besonders deutlich dadurch ausgeprägt, daß dieser über Devon, Silur, Phycodenschichten (vogtländisches „Kambrium“, nach Graupner (1928) Untersilur) übergreift [24]). Der Kulm liegt über der breiten, mitteldevonische Schiefer und Diabas führenden Mulde von Netzschkau, über der schmalen, nur mit oberdevonischen Diabasbreccien gefüllten Mulde von Reuth und über dem dazwischen gelegenen Sattel des Eichberges. Bei Schönfeld treten die oberdevonischen Diabasbreccien und Tuffe unter dem Kulm fensterartig zutage.

K. Th. Liebe und E. Zimmermann machen in den Erläuterungen zu Blatt Greiz wiederholt auf die diskordante Lagerung des Kulms aufmerksam, S. 59: „An einer Reihe anderer Stellen aber ist der Grenzverlauf ein solcher, daß man erneut übergreifende Lagerung annehmen muß“; S. 78: „Infolge vorkulmischer Vorläufer der Muldenbildung sehen wir in der vogtländischen Mulde das Oberdevon und den Kulm übergreifend gelagert“. 1923 schreibt Zimmermann: „Doch dürfte die schon von Liebe behauptete übergreifende Lagerung dieser Diabasbreccien auf altem Paläozoikum (Kambrium, Silur und Unterdevon), wenn sie auch im übrigen Thüringen nirgends wieder zu beobachten ist, zu Recht bestehen, wie denn überhaupt im südöstlichen Vogtland mancherlei primär abweichende Lagerungs- und stratigraphische Verhältnisse besonders im Oberdevon und Kulm vorkommen, von denen hier nur auf die außerordentliche mächtige Entwicklung der Diabasbreccien, die Häufigkeit von Kohlenkalk und die Transgression verschiedener Glieder des Kulms hingewiesen sei.“ Von den Koßmat-Schülern aber wird die Diskordanz an der Basis des Kulms auch hier als Schubfläche betrachtet. Vergl. hierzu die obere Abbildung auf S. 42 bei Pomper und den Text auf S. 51 bei Mehner. Es ist nicht zu leugnen, daß besonders die von Mehner aus dem Raume von Elsterberg beschriebene Gleitschieferung und beginnende Dynamometamorphose (vergl. die Karte auf S. 50 bei Mehner) sehr für die tektonische Deutung der Diskordanz spricht. Ebenso hebt Zimmermann (1923, S. XXVI) die Metamorphose des unteren Kulms bei Greiz hervor. Er schreibt ferner: „Daß im einzelnen, besonders an der Grenze des Kulmstreifens gegen das umgebende Silur und Kambrium, immer noch Unsicherheiten bestehen, kann und soll nicht geleugnet werden. Über die tektonische Natur der letztgenannten Grenze und des ganzen Kulmstreifens haben auch die neuen Begehungen keine Sicherheit gebracht; doch darf man wohl annehmen, daß es sich nicht um eine Transgression, sondern um eine sehr erhebliche Dislokation des Kulms, um eine Hinabpressung in ein gegen früher sehr tiefes Niveau handelt, in dem die Phyllitisierung vor sich gehen konnte.“

In der paläogeographisch-tektonischen Karte Abb. 1 wurde daher angenommen, daß der Kulm von Kahmer unter der Last einer höheren Decke etwa 4—5 km nach Norden geschleppt wurde, was ich als das Minimum der Schubweite betrachten würde.

Wenn die Auflagerungsfläche des Kulms auf seiner Unterlage wirklich eine Schubfläche ist, kann auch hier nicht sicher festgestellt werden, ob der Kulm ursprünglich konkordant oder diskordant seiner Unterlage aufgelagert war; doch scheint mir primär diskordante Lagerung mit Rücksicht auf die Verhältnisse im übrigen Vogtlande wahrscheinlicher zu sein.

b) Das Gebiet in der Umgebung der Münchberger Gneismasse

In diesem von A. Wurm untersuchten Gebiete sind die Anzeichen einer Diskordanz an der Basis des Unterkarbons viel deutlicher als weiter im Norden. Nach den Aufnahmen Wurms liegen hier die paläozoischen Gesteine in zwei Ausbildungen vor, die infolge einer Deckenüberschiebung übereinander liegen: Die autochthone Thüringische und die aus dem Südosten daraufgeschobene Bayrische Fazies [25]). In beiden Fazies sind hier sehr deutliche Anzeichen einer Diskordanz und Abtragungszeit vor Ablagerung des Kulms vorhanden. Wurm (1928, S. 480) schreibt: „Die Grenze von Oberdevon/Unterkarbon bedeutet für das thüringische und nordbayerische Gebiet eine zweite große stratigraphische Lücke. Daß sich hier Bewegungen mit größeren Abtragungsvorgängen einschalten, geht aus vielen Beobachtungen hervor.“ Die Bewegungen gehören der Nassauischen Phase an, in der Thüringischen Fazies soll nach Wurm (1928, S. 481

---

23) Vergleiche die Kartenbilder beider Halbhorste in der geologischen Übersichtskarte von Thüringen von Deubel und Martini.

24) Innerhalb des Halbhorstes ist kein Rest von Kulm erhalten geblieben. Das in der geol. Spezialkarte bei Jahns Fabrik im Göltzschtale eingetragene Vorkommen von „Granitischer Grauwacke“ (kulmisch?) ist nach Eigenfeld (1938), (Abb. 7, S. 57) ein aus den Phycodenschichten aufragendes Vorkommen von anstehendem vorvaristischem Granit.

25) Die von Eigenfeld (S. 144) aus der Geröllführung der Konglomerate abgeleiteten Einwände widerlegen meiner Ansicht nach nicht den von Wurm erkannten Deckenbau, sondern deuten nur auf eine geringere Schubweite hin, als Wurm anzunehmen geneigt ist.

und 491) das Etroeungt, in der Bayerischen Fazies außerdem auch die Pericyclus-Stufe fehlen (Vergl. dazu aber S. 16—17, Abschnitt 5).

Im Bereiche der Thüringischen Fazies sind z. B. die Beobachtungen Wurms (1927, S. 40—41) im Tale der Wilden Rodach (Blatt Presseck) sichere Anzeichen einer Teile des Oberdevons entfernenden kulmischen Abtragung. Besonders eindrucksvoll spricht für die kulmische Abtragung die Geröllführung der Konglomerate im nördlichen Teile des Blattes „Wallenfels", wo Obersilur durch Graptolithen, die Stufen II und III des Oberdevons durch Cheiloceras und Pseudoclymenia in den Geröllen der Konglomerate nachgewiesen werden konnten (Wurm 1931, S. 16—17). Daß aber die vorkulmische Abtragung noch weiter herab als zum Obersilur reichte, zeigt das Auftreten von vorvaristischen Gneisgeröllen von einer Länge bis 8 cm in den Kulmkonglomeraten bei Erlabrück (Eigenfeld 1938, S. 46). Die Freilegung von kristallinen Schiefern ist nur möglich bei der Annahme recht bedeutender tektonischer Bewegungen und Abtragungsvorgänge in der Nassauischen Phase.

Auf Blatt Naila scheint die Tatsache, daß die Kulmgesteine der Mulde von Naila mit verschieden alten Devongesteinen der Marxgrüner Zone in Berührung kommen, ferner die von Wurm (1929, S. 30) erwähnte Metamorphose der Devongesteine, die dem Kulm fehlt, sehr für eine diskordante Auflagerung des Kulms zu sprechen. Wurm zeichnet allerdings die Grenze zwischen dem Devon der Marxgrüner Zone und dem Kulm von Naila überall als S-fallende Verwerfung. Auch wenn diese — offenkundig wegen der Diskordanz zwischen Devon und Kulm angenommenen — Verwerfungen trotz ihres etwas merkwürdig gezackten Verlaufes wirklich existieren, kann die ursprüngliche Auflagerung des Kulms auf seiner Unterlage diskordant gewesen sein.

Mindestens ebenso deutlich sind die Anzeichen einer vorkulmischen Faltung und einer ihr folgenden Abtragung im Bereiche der Bayerischen Fazies. Ein Blick auf die Spezialkartenblätter Wallenfels, Presseck, Naila und Bobenneukirchen-Gattendorf zeigt, daß als unmittelbares Liegendes des Kulms oft in nächster Nachbarschaft Silur (meist obersilurische Kieselschiefer) und Oberdevonkalke aufgeschlossen sind. So sieht man z. B. in dem Raume um Marlesreuth, Haidengrün und Haueisen (Blatt Naila) einen Wechsel von Obersilursätteln und mit Oberdevonkalken und -schiefern gefüllten Mulden unter der Kulmbedeckung hervortreten. Derselbe Typus herrscht auch weiter im Osten, in dem Raume von Gattendorf-Schwesendorf, wo der Kulm bald über obersilurische Kieselschiefer (Sättel), bald über Devonkalke (Mulden) transgrediert, unter denen die durch die stratigraphischen Studien von Schindewolf (1926, S. 90--94) berühmt gewordenen Oberdevonkalke von Kirchgattendorf am bekanntesten sind. Einen weiteren Beweis für die vorkulmische Abtragung liefert das Grundkonglomerat des Kulms SSW von Schöndorf (Blatt Presseck), welches taschenartig in oberdevonische Flaserkalke eingreift und Blöcke von obersilurischem Kieselschiefer enthält, welche bis 12 × 30 cm Größe erreichen. (Wurm 1927, S. 41 und Eigenfeld 1938, S. 43). Daraus geht hervor, daß in der Nähe der Ablagerung eine Insel aufragte, in der das Obersilur entblößt war.

Aus der Geröllführung der Kulmkonglomerate ergibt sich ferner, daß auch Kambrium und vorvaristischer Granit zur Zeit des Unterkarbons zur Abtragung freilagen. Es sei auf die Konglomerate bei Poppengrün (Blatt Naila) (Wurm 1929, S. 17 u. Eigenfeld S. 43), ferner auf diejenigen des Lautengrundes und südlich Heinersreuth (Blatt Presseck) (Wurm 1927, S. 46 und Eigenfeld S. 44) verwiesen. Die Geröllgröße nimmt nach Eigenfeld (S. 45) in der Richtung von SO gegen NW im Bereiche des Blattes Presseck ab, was zusammen mit der Tatsache, daß südlich von Heinersreuth die bis 70 cm Durchmesser erreichenden Quarzitblöcke nur kantengerundet sind, auf ein sehr nahe südlich dieses Vorkommens gelegenes Abtragungsgebiet hindeutet.

Im Bereiche der Bayerischen Fazies scheinen sogar zwei Diskordanzen vorhanden zu sein, und zwar eine etwa an der Grenze von Unterkarbon I und II und eine zweite innerhalb des Unterkarbons II. Zwischen beiden Diskordanzen sind die hellen Kieselschiefer abgelagert worden, welche nicht — wie Wurm annimmt — zum Oberdevon gehören können (1928, S. 490 und Tabelle S. 494), sondern dem tieferen Unterkarbon angehören müssen. Das ergibt sich aus folgenden Erwägungen: [26])

1. In dem zur Bayerischen Fazies gehörigen, von Schindewolf genau studierten Profile von Kirchgattendorf ist das Oberdevon von der Cheiloceras-Stufe bis zu der nach Schindewolf (1939) dem Unterkarbon I entsprechenden Gattendorfia-Stufe in Form von geringmächtigen, offenbar in ziemlich tiefem Wasser abgelagerten Cephalopodenkalken entwickelt. Da in diesem Profile die Cephalopodenkalkfazies aus dem Oberdevon ohne Unterbrechung ins unterste Unterkarbon hineinreicht, können die Kieselschiefer, wenn sie jünger als die Gattendorfiastufe sind, nicht mehr zum Devon gehören [27]). Sie gehören daher bereits zum Unterkarbon, und zwar, wie S. 16-17 gezeigt werden

---

[26]) Auch Eigenfeld (1938, S. 41) stellt die hellen Kieselschiefer bereits in das Unterkarbon. Auffallenderweise steht aber in der Legende der seiner Arbeit beiliegenden „Geologischen Übersichtskarte des Frankenwaldes und Vogtlandes" noch „?Oberdevon. Kieselschiefer". Vermutlich war das Klischee für diese Übersichtskarte bereits fertig, als Eigenfeld zur Erkenntnis des unterkarbonischen Alters des Kieselschiefers gelangte, und konnte daher nicht mehr geändert werden.

[27]) Daß die hellen Kieselschiefer nicht älter als die oberdevonischen Cephalopodenkalke sein können, ergibt sich aus Punkt 3.

wird, wahrscheinlich zur Stufe II (Pericyclus-Stufe). Im Profile von Kirchgattendorf ist allerdings eine der Hauptmasse der Stufe II entsprechende stratigraphische Lücke vorhanden, über der Gattendorfia-Stufe (Stufe I) folgen zunächst Äquivalente der Geigenschiefer (tiefster Teil von II) und dann unmittelbar der schon zum Unterkarbon III gehörige Kulm.

Die Angabe Wurms in der „Tabelle der Schichtenfolge in der bayerischen und thüringischen Fazies" (1928, S. 495), daß in der bayerischen Fazies eine der Pericyclus-Stufe entsprechende Lücke vorhanden ist, trifft also im allgemeinen nicht zu; denn die Kieselschiefer gehören offenbar dieser Stufe an. Nur dort ist örtlich eine solche Lücke vorhanden, wo der Kieselschiefer — wahrscheinlich infolge von Abtragung — fehlt, wie in dem Profile von Kirchgattendorf.

2. Daß etwa die hellen Kieselschiefer eine mit den Kalken des oberen Oberdevons gleichalte Fazies bilden, ist deshalb unmöglich, weil nach den Verhältnissen auf den von Wurm aufgenommenen Spezialkartenblättern Oberdevonkalke und Kieselschiefer so knapp nebeneinander liegen, daß auch für einen seitlichen Faziesübergang in demselben Niveau kein Platz vorhanden ist. So liegt z. B. auf Blatt Wallenfels an der von Wurm (1931, S. 7, 8; Taf. II, Fig. 1, 2, 4) genau beschriebenen Stelle im Zeyerngrund der dem tieferen Teile der Visé-Stufe angehörige, die Kulmgrauwacken unterlagernde Kohlenkalk unmittelbar auf den Oberdevonkalken auf, in unmittelbarster Nähe aber schaltet sich unterhalb der Kulmgrauwacken der helle Kieselschiefer ein. Ein Faziesübergang ist auf dieser kaum 200 m betragenden Strecke unmöglich[28]). Zahlreiche ganz entsprechende Stellen treten auch auf Blatt Presseck auf. So liegt im Lautengrund (rechtes Seitental, 1 km südöstlich von Presseck), bei Premeusel und einigen Punkten südwestlich dieses Ortes, ferner im Rodachgrund und dessen Seitengräben an mehreren Stellen die Grauwacken-Tonschieferserie unmittelbar auf Oberdevonkalken auf. In unmittelbarster Nähe tritt auch hier der helle Kieselschiefer auf. Endlich ist auch im Bereiche des Blattes Naila dieselbe Erscheinung zu beobachten. So liegt südlich von Haueisen die Grauwacken-Tonschieferserie unmittelbar auf oberdevonischen Knollenkalken und Schiefern, ganz nahe östlich davon tritt jedoch der Kieselschiefer auf.

3. Daß die Kieselschiefer nicht einem tieferen Niveau des Oberdevons als die Knollenkalke angehören können (z. B. der Manticoceras-Stufe), wie Wurm nach S. 7 der Erläuterungen zu Blatt Wallenfels anzunehmen scheint, ergibt sich daraus, daß der oberdevonische Knollenkalk an zwei Stellen des Blattes Presseck unter den Kieselschiefern zutage tritt. Die eine dieser Stellen liegt in der Tiefe eines engen Grabens nordöstlich von Birken, die andere im Nordwestgehänge des Rauhberges (nahe dem Südrande des Blattes). Nach dem Kartenbilde erfolgt das Hervortreten des oberdevonischen Knollenkalkes unter dem Kieselschiefer im Nordwestgehänge des Rauhberges in ganz ähnlicher Weise wie nur 200 m südwestlich dasjenige von Döbrasandstein und von fossilführenden Graptolithenschiefern.

4. Auch sonst sind aus dem Unterkarbon Kieselschiefer bekannt, aus dem Oberdevon jedoch nicht. So sei vor allem an die Kulmkieselschiefer (Lyditstufe) des Rheinischen Schiefergebirges und des Harzes erinnert, die auch dort der tiefsten Abteilung des Unterkarbons entsprechen (Bubnoff, Geologie von Europa, II/1, S. 276, 390). Vergl. auch die Tabelle bei Korn (1938, gegenüber S. 84).

5. Da nun Schindewolf (1939, S. 473) auch den Kohlenkalk der Bayerischen Fazies in die Pericyclusstufe stellt, erhebt sich nun die Frage: Wie verhält sich der Kieselschiefer zum Kohlenkalk? Ist er älter, gleichalt oder jünger als dieser? Für ganz unwahrscheinlich halte ich es, daß beide Gesteine gleichalt sind, da ich einen Faziesübergang auf so engem Raume (z. B. zwischen Döbra und Poppengrün auf einer Strecke von 200 m) nicht für möglich halte. Wenn man auf dem Standpunkt steht, daß der Kulm in seiner Gesamtheit jünger als der Kohlenkalk ist, könnte für ein jüngeres Alter als der Kohlenkalk die von Wurm (1927, S. 27), Eigenfeld (1938, S. 41) und Korn (1938, S. 72) erwähnte Wechsellagerung von Kieselschiefern mit Tonschiefern des unteren Kulm sprechen. Entscheidend aber spricht für ein höheres Alter des Kieselschiefers im Vergleiche mit dem Kohlenkalk die von Wurm (1928, S. 490) hervorgehobene, von ihm fälschlich als Beweis für das devonische Alter des Kieselschiefers herangezogene Tatsache, daß der „helle Kieselschiefer als aufgearbeitete Breccie im Liegenden des Kohlenkalkes im Eisenbachtale bei Schwarzenbach a. W.[29]) und bei Garles, ferner als Gerölle im Kohlenkalk selbst im Zeyerngrund bei Zeyern" angetroffen wird. Wir müssen daher die Hauptmasse des nach Wurm (1928, S. 489) „zweifellos Hunderte von Metern Mächtigkeit" erreichenden Kiesel-

---

[28]) Eigentlich grenzt der Oberdevonkalk des dem Popp'schen Bruch gegenüberliegenden Steinbruches unmittelbar an Kieselschiefer an. Da aber nach Wurms Karte diese Grenze durch eine Verwerfung gebildet wird, wurde sie hier nicht in Betracht gezogen.

[29]) Paeckelmann und seine Mitarbeiter (1930), S. 11—16) beschreiben die Fauna von 12 Fundorten von Kohlenkalk im Bereiche der Bayerischen Fazies und stellen diese Kohlenkalke auf Grund der Fauna in die Visé-Stufe. Darunter befinden sich auch die Fundorte Eisenbachtal und Schwarzenbach a. W. Nach Schindewolf (1939, S. 461) macht die Korallenfauna der auf Blatt Presseck gelegenen Fundorte Überkehr und Unterleupoldsberg einen etwas jüngeren Eindruck als diejenige von Trogenau, welche im Grenzniveau zwischen Tournai und Visé gelegen ist. Da sich der Fundort Eisenbachtal nach der geologischen Karte in einer ähnlichen Position befindet wie die nahe gelegenen Fundorte Überkehr und Unterleupoldsberg, gilt wohl auch für das Eisenbachtal das jüngere Alter.

schiefers als älter als den Kohlenkalk betrachten, d. h. sie würden noch dem tieferen Teil der Pericyclusstufe entsprechen. So sind sie auch in der Tabelle bei Schüller (1947, S.75) eingereiht.

Die von Wurm angeführte Wechsellagerung der Kieselschiefer mit Tonschiefern und Grauwacken zeigt, daß sich stellenweise die typische Kulmfazies schon unterhalb des Kohlenkalkniveaus einstellt.

6. Daß die „Grauwacken-Tonschiefer-Serie" zum Teil auch dem Devon angehört, wie Wurm meint, kann ich nur in dem Sinne glauben, daß unter den sicher ganz überwiegend unterkarbonischen Grauwacken und Tonschiefern auch hier und da devonische Tonschiefer zutage treten, welche wegen ihrer petrographischen Ähnlichkeit von den unterkarbonischen nicht zu unterscheiden sind[30]), nicht aber in dem Sinne, daß die Grauwacken-Tonschieferserie eine zusammenhängende, aus dem Devon ins Unterkarbon reichende Schichtenfolge bildet. Wurm führt als Anzeichen dafür, daß ein Teil der Grauwacken-Tonschieferserie von devonischem Alter sei, folgendes an (1928, S. 489): „Auf Blatt Presseck beobachtet man an vielen Punkten, daß sich den Tonschiefern und Grauwacken Diabase und Diabastuffe einschalten . . . Da keine Beweise vorliegen, daß der Diabasvulkanismus im Frankenwald ins Unterkarbon hineinreicht, muß man mit der Möglichkeit rechnen, daß ein Teil dieser Grauwacken und Tonschiefer dem Oberdevon angehört." Ich würde es für möglich halten, daß in vielen Fällen die devonischen Diabase und Diabastuffe mit unterkarbonischen Grauwacken und Tonschiefern nur tektonisch verfaltet oder verschuppt sind. Das zeigt das von Wurm (1927, S. 55) veröffentlichte Profil an der Löhmarmühle. Hier sind obersilurische Graptolithenschiefer sowie oberdevonische Kalke und Kalkschiefer mit Cypridinen, mit Diabasen und Tonschiefern verschuppt. Andererseits gibt es nach Grundlach (1933) auch unterkarbonische Diabase. Die Diskordanz an der Grenze der Gattendorfia- und Pericyclus-Stufe (Nassauische Phase)[31]) prägt sich darin aus, daß der unterkarbonische Kieselschiefer über verschiedenalte Gesteine übergreift, z. B. nordwestlich von Döbra (Blatt Naila) und in der Nordostecke des Blattes Presseck über Döbrasandstein und Obersilur. Am Rauhberg (Südrand des Blattes Presseck) greift der unterkarbonische Kieselschiefer über Mittelkambrium, Döbrasandstein, Graptolithenschiefer und Oberdevonkalk über. Es liegt deutlich über einem in der Nassauischen Phase gefalteten, NO-streichenden Sattel, dessen Kern aus Mittelkambrium besteht. Im SO-Schenkel dieses Sattels ist der obersilurische Graptolithenschiefer sichtbar, vom NW-Schenkel tritt der das Mittelkambrium unmittelbar überlagernde Döbrasandstein, der Graptolithenschiefer und der Oberdevonkalk unter der Bedeckung mit unterkarbonischem Kieselschiefer zutage.

Die Diskordanz zwischen der Pericyclus- und Glyphioceras-Stufe (Selkische Phase) ist an allen den oben unter 2 beschriebenen Stellen zu beobachten, wo der Kulm (Grauwacken-Tonschiefer-Serie) teils über Silur und Devon, teils über den unterkarbonischen Kieselschiefern liegt.

Aber auch in dem zur Bayrischen Decke gehörigen Südwestteil des Blattes Bobenneukirchen-Gattendorf liegt der Kulm teils über Silur und Devon, teils über unterkarbonischen Kieselschiefern. Eigenfeld (1938, S. 41) konnte zeigen, daß ein Teil der von Weise als Obersilur ausgeschiedenen Kieselschiefer, aber auch der von ihm als Konglomerate im Kulm eingezeichneten Gesteine in Wirklichkeit heller unterkarbonischer Kieselschiefer ist.

Wahrscheinlich überzog der unterkarbonische Kieselschiefer einst lückenlos das in der Nassauischen Phase entstandene, NO-streichende Faltengebirge, wurde dann selbst in der Selkischen Phase an einzelnen Stellen — die aber nicht mit den Nassauischen Mulden übereinstimmen — mulden- oder grabenförmig in den Untergrund eingesenkt und blieb nur an solchen geschützten Stellen bei der der Selkischen Phase nachfolgenden Abtragung erhalten. In den höher gelegenen Teilen hingegen fiel er der Denudation zum Opfer, so daß dort der Kulm der Stufe III des Unterkarbons unmittelbar über Kambrium, Silur und Devon übergreifen konnte.

Durch die Annahme einer im Gefolge der Selkischen Phase eintretenden Abtragungszeit erklärt sich auch die von Wurm (1928, S. 490) hervorgehobene, von ihm fälschlich als Beweis für das devonische Alter der Kieselschiefer herangezogene Tatsache, daß der helle Kieselschiefer als aufgearbeitete Breccie im Liegenden des Kohlenkalkes im Eisenbachtale bei Schwarzenbach a. W. und bei Garles, ferner als Gerölle im Kohlenkalk selbst im Zeyerngrund bei Zeyern und in zweifellos unterkarbonischen Konglomeraten z. T. in kopfgroßen Blöcken bei Wurbach auf Blatt Wallenfels angetroffen wird."

Daß der der Selkischen Phase folgenden Abtragungszeit — wenigstens an einzelnen Stellen — auch noch nach Ablagerung des ein sehr tiefes Niveau der Visé-Stufe einnehmenden Kohlenkalkes eine weitere Abtragungsphase gefolgt ist, zeigt die Zusammensetzung des bereits S. 15 erwähnten, beim Bahnhof Poppengrün aufgeschlossenen Kulmkonglomerates, welches sowohl obersilurische als

---

30) Das dürfte besonders an solchen Stellen der Fall sein, wo oberdevonische Knollenkalke in die Grauwacken-Tonschieferserie eingeschaltet sind.

31) Wenn nach Schindewolf (1939), (S. 461—473) die Geigenschiefer dem untersten Teile der Pericyclus-Stufe entsprechen, würde die Nassauische Phase streng genommen bereits in den unteren Teil der Pericyclus-Stufe fallen, da sowohl in dem Profile von Kirchgattendorf als in demjenigen des von Leyh (1897, S. 51) beschriebenen Geigenbruchs bei Hof die Geigenschiefer konkordant über den Kalken liegen und daher noch die Nassauische Faltung mitgemacht haben.

unterkarbonische Kieselschiefer, sowie fossilführenden Kohlenkalk als Gerölle enthält. Eigenfeld (1938, S. 43) bemerkt hierzu: „Kulmkieselschiefer, -grauwacken, Kohlenkalk und Quarzkeratophyrgerölle geben von einer intrakulmischen Abtragung Kenntnis und zeigen dadurch Oszillationen während der Kulmsedimentation an."

Zusammenfassend kann somit für den Raum Ostthüringen-Vogtland-Frankenwald festgestellt werden, daß die Anzeichen für eine vorkulmische (Bretonische) Orogenese und eine in ihrem Gefolge auftretende Abtragung in der Richtung von N gegen S immer deutlicher werden. Am geringsten sind sie am Südostrande der Ostthüringischen Hauptmulde, am größten in der am weitesten im Süden sedimentierten Bayerischen Fazies. Aber auch dort ist die Bretonische Orogenese noch gering im Vergleich mit der durch Deckenschübe ausgezeichneten Sudetischen und daher auch die nachfolgende unterkarbonische Abtragung viel unbedeutender als die oberkarbonische.

c) Das Gebiet der Wildenfelser Deckscholle

Der Kulm bei Wildenfels liegt sowohl nach der geologischen Spezialkarte Blatt Kirchberg-Wildenfels als nach Becker (1925) durchwegs auf Oberdevon, so daß von einer diskordanten Lagerung unmittelbar nichts zu erkennen ist. Daher schreibt auch Becker (S. 211): „Für eine transgressive Auflagerung des Kulms konnte ich keinerlei Anhaltspunkte gewinnen." Allerdings ist das ganze paläozoische Schichtpaket durch die darübergeschobene kristalline Decke derart in Schuppen zerteilt, daß wohl alle normalen Kontakte verschwunden sind. Trotzdem ergeben sich aus der Geröllführung der Kulmkonglomerate und -breccien Anhaltspunkte für eine Diskordanz — zumindestens an der Basis dieser ein höheres Niveau im Kulm einnehmenden Schichten. K. Dalmer (Gäbert 1901, S. 41) führt unter den Geröllen der Kulmkonglomerate an: „Kieselschiefer (meist in eckigen oder nur schwach gerundeten Bruchstücken)", H. Becker spricht von einer „Kieselschieferbreccie".

Diese Kieselschiefer sind wohl Obersilur; die fehlende oder geringe Abrollung beweist einen nur kurzen Transport. Es muß also in der Nähe das durch die vorkulmische Abtragung von dem darüberliegenden Devon befreite Silur den Angriffen der Erosion ausgesetzt gewesen sein. Die Feststellung Dalmers (l. c. S. 41), daß keine Gerölle von kristallinen Schiefern in den Kulmkonglomeraten vorkommen, ist ein sehr wichtiger Beweis für die nachkulmische Überschiebung der Wildenfelser Deckscholle.

d) Frankenberg-Hainichener Zwischengebirge und Umgebung

In den älteren, in den geologischen Spezialkartenblättern 77 (Mittweida-Taura), 78 (Frankenberg-Hainichen), 79 (Freiberg-Langenhennersdorf), 96 (Chemnitz) und 97 (Augustusburg-Flöha) niedergelegten Aufnahmen sind weitaus größere Flächen als Kulm kartiert als in der neuen Karte von H. Becker („Das Zwischengebirge von Frankenberg in Sachsen", Abhandlungen des Sächsischen Geologischen Landesamtes, Heft 8, Leipzig 1928).

Am Nordwestrande des Zwischengebirges zieht nach der älteren, auch noch in die „Geologische Übersichtskarte von Sachsen" (1930) übernommenen Auffassung ein zusammenhängender, schmaler Kulmstreifen von Rottluff (westlich von Chemnitz) über Heinersdorf bis zum Ottendorfer Wald bei Oberlichtenau, nach Becker wird nur die Grauwacke von Rottluff — aber auch nur mit Vorbehalt — zum Kulm gerechnet, alles andere aber zu älteren Gesteinen gestellt. Aber auch am Südostrande des Zwischengebirges wird etwa die Hälfte des früheren Kulms von Becker dem Untersilur zugerechnet. Dadurch verschwindet die auf den älteren Karten sehr eigenartig, ja geradezu unverständlich wirkende ständige Verknüpfung des „Kulms" mit den Graptolithen führenden obersilurischen Kieselschiefern; denn die mit den Kieselschiefern verbundenen Tonschiefer und Quarzite gehören nach Scheumann (1925, S. 12) und Becker (1928) zum Untersilur. Damit wird aber die Angabe aller Autoren der „Erläuterungen" zu den obengenannten Spezialkartenblättern, daß der Kulm seiner Unterlage diskordant aufgelagert sei, hinfällig.

Im folgenden will ich daher für diesen Raum nur die obengenannte Arbeit Beckers berücksichtigen. Der Kulm (?) von Rottluff liegt nach Beckers Karte (Taf. II A) auf der „Niederwiesaer Serie", deren Alter gänzlich unsicher ist. Becker (S. 19) vermutet tiefkambrisches oder algonkisches Alter [32]). Schon die Tatsache, daß der Kulm auf so alten Gesteinen aufliegt, scheint für eine bedeutende vorkulmische Abtragung zu sprechen, besonders das von Becker (S. 20) erwähnte Auftreten von Granitgeröllen in der Grauwacke von Rottluff.

Der Kulm (?) von Rottluff ist nach Becker die einzige parautochthone Unterkarbonablagerung

---

32) Letzteres kommt mir nach den Verhältnissen in Böhmen wahrscheinlicher vor. Allerdings scheint auch hier nach der Beschreibung Beckers keine nähere Verwandschaft der Gesteine zu bestehen.

dieses Gebietes und kann daher als die östliche Fortsetzung des Kulms des Vogtlandes [33]) betrachtet werden. Alle anderen in den geologischen Spezialkarten als Kulm kartierten Gesteine des Raumes zwischen Chemnitz und Nossen sind nach Becker entweder älter oder ortsfremd, d. h. sie wurden unterhalb der Frankenberger Gneisdecke an ihre heutige Stelle transportiert. Den ursprünglichen Ablagerungsraum vermutet Becker (S. 80) über den Erzgebirgsgneisen. Da die somit der Überschiebungsdecke angehörigen Kulmgesteine selbst stark von Bewegungsflächen begrenzt und durchsetzt sind, ist es selbstverständlich unmöglich, etwas Sicheres über Konkordanz oder Diskordanz an ihrer Basis auszusagen. Aber immerhin scheint schon die Tatsache, daß der Kulm fast stets mit Silur in Berührung kommt, für eine vorkulmische Abtragung des Devons zu sprechen, zumal da doch an einzelnen Stellen oberdevonischer (?) Diabas und Diabastuff zwischen dem Silur und dem Kulm erhalten geblieben ist. Das ist z. B. der Fall bei Riechberg (Profil II auf Taf. II bei Becker), bei Seifersdorf (Profil I) und bei der Klinge (S. 52).

e) Wilsdruff-Nossener Schiefergebirge

Das Wilsdruff-Nossener Schiefergebirge und das zu derselben tektonischen Einheit gehörige Elbtalschiefergebirge sind nach Pietzsch (1914 und 1927) an der Mittelsächsischen Überschiebung auf die Erzgebirgsgneise und das Frankenberg-Hainicher Zwischengebirge in der Richtung gegen SW aufgeschoben.

Im Wilsdruff-Nossener Gebiet treten Gesteine des Kulms vor allem in der Helbigsdorfer und Groitzscher Mulde (Blatt Tanneberg-Deutschenbora) auf [34]). Auch hier ist wie überall in Sachsen die Hauptgebirgsbildungsphase der varistischen Orogenese die Sudetische [35]), von Bewegungen der Bretonischen Phase ist in den Erläuterungen nicht die Rede. Nach dem Kartenbilde aber scheint mir vor allem in der Helbigsdorfer Mulde eine Diskordanz an der Basis des Kulms zu bestehen; denn die Kulmgesteine dieser Mulde kommen an der Südseite und in zwei kleinen isoliert auftauchenden Aufbrüchen im Innern des Muldenkerns mit devonischem Diabastuff, an der Nordseite mit silurischen Tonschiefern, Hornsteinen und Kieselschiefern in Berührung, ohne daß die Grenzen gegen diese Gesteine auf der Karte als Dislokationen eingetragen sind. Wenn es sich hier um normale Auflagerungskontakte handelt, ist vor Ablagerung des Kulms eine teilweise Abtragung der Devongesteine eingetreten; ob auch eine Faltung, ist aus dem Kartenbilde nicht sicher erkennbar, aber immerhin wahrscheinlich. Man hat den Eindruck, daß die Silursättel und Devonmulden am linken Ufer der Triebisch (bei der Dietrichmühle) unter dem Kulm des Heyneberges verschwinden. Etwas ähnliches gilt auch für die Groitzscher Mulde. Hier sieht es so aus, als ob der NW-SO streichende Silursattel am Weinberg und der NO-SW streichende Sattel am rechten Triebischufer unter einer Kulmdecke verschwinden. Wenn auch in beiden Fällen die Grenzen auf der Karte als Verwerfungen eingetragen sind, so muß doch schon vor Bildung dieser Verwerfungen eine Winkeldiskordanz an der Basis des Kulms bestanden haben und eine teilweise Abtragung des Devons in den Sätteln eingetreten sein.

Auf Blatt Wilsdruff ist nur ein winziges Kulmvorkommen am rechten Ufer der Wilden Sau (SW von Wilsdruff) vorhanden, welches an devonischen Diabastuff angrenzt. Für die Frage der Bretonischen Diskordanz ist dieses Vorkommen ohne Bedeutung.

Wichtiger sind die Aufschlüsse von Kulmgesteinen auf Blatt Lommatzsch. Obwohl die einzelnen Kulmvorkommen nur isoliert unter einer zusammenhängenden Lößdecke hervortreten, ist doch erkennbar, daß sie sehr häufig ohne Zwischenschaltung von Devon an silurische Gesteine grenzen. Auf der tektonischen Übersichtsskizze in den „Erläuterungen" zu diesem Blatt (Härtel 1931, S. 30) werden an solchen Stellen Verwerfungen angenommen, doch scheint mir eine diskordante Auflagerung wahrscheinlicher zu sein als manche dieser Verwerfungen, z. B. als die rechtwinkelig gekrümmte Verwerfung östlich von Beicha. Auch die Geröllführung der westlich von Prüfern anstehenden „Kieselschieferbreccien und -konglomerate (cub)" spricht für eine recht bedeutende Abtragung vor Ablagerung dieser Gesteine. Härtel (1931, S. 19) schreibt: „An der Zusammensetzung dieser eigentümlichen Gesteine beteiligen sich hauptsächlich schwarze, radiolarienführende Kieselschiefer [36]), hellgraue, oft phyllitisch glänzende Tonschiefer und graugelbe, z. T. hornsteinartig dichte Quarzite. Im Steinbruch bei Prüfern kommen ferner bis kopfgroße, wohlgerundete Gerölle von weißlich-grauen, glimmerführenden Grauwackensandsteinen und quarzitischen Grauwackenschiefern vor, die den untersilurischen Ablagerungen des Collmbergzuges bei Oschatz gleichen." Es handelt sich also um lauter Gesteine, welche offenbar älter als das Devon sind. Da Pietzsch gezeigt hat, daß die Kieselschieferbreccien und -konglomerate im Elbtalschiefergebirge die jüngere Stufe

---

[33]) Soweit dieser als autochthon angesehen werden kann. Vergl. dazu S. 14.

[34]) K. Pietzsch: Erläuterungen zu Blatt Tanneberg-Deutschenbora, 2. Aufl. 1922, S. 55.

[35]) Erläuterungen zu Blatt Tanneberg-Deutschenbora, S. 57.

[36]) Obersilur nach F. Härtel (1934, S. 494).

Profil durch das Elbtalschiefergebirge

(Nach Profil 6 auf Tafel VIII bei K. Pietzsch 1917, jedoch mit Umdeutung der Kalkstein- und Diabasstufe als Kambrium)

Versuch einer Ergänzung in die Tiefe und bis zur tektonischen Uroberfläche

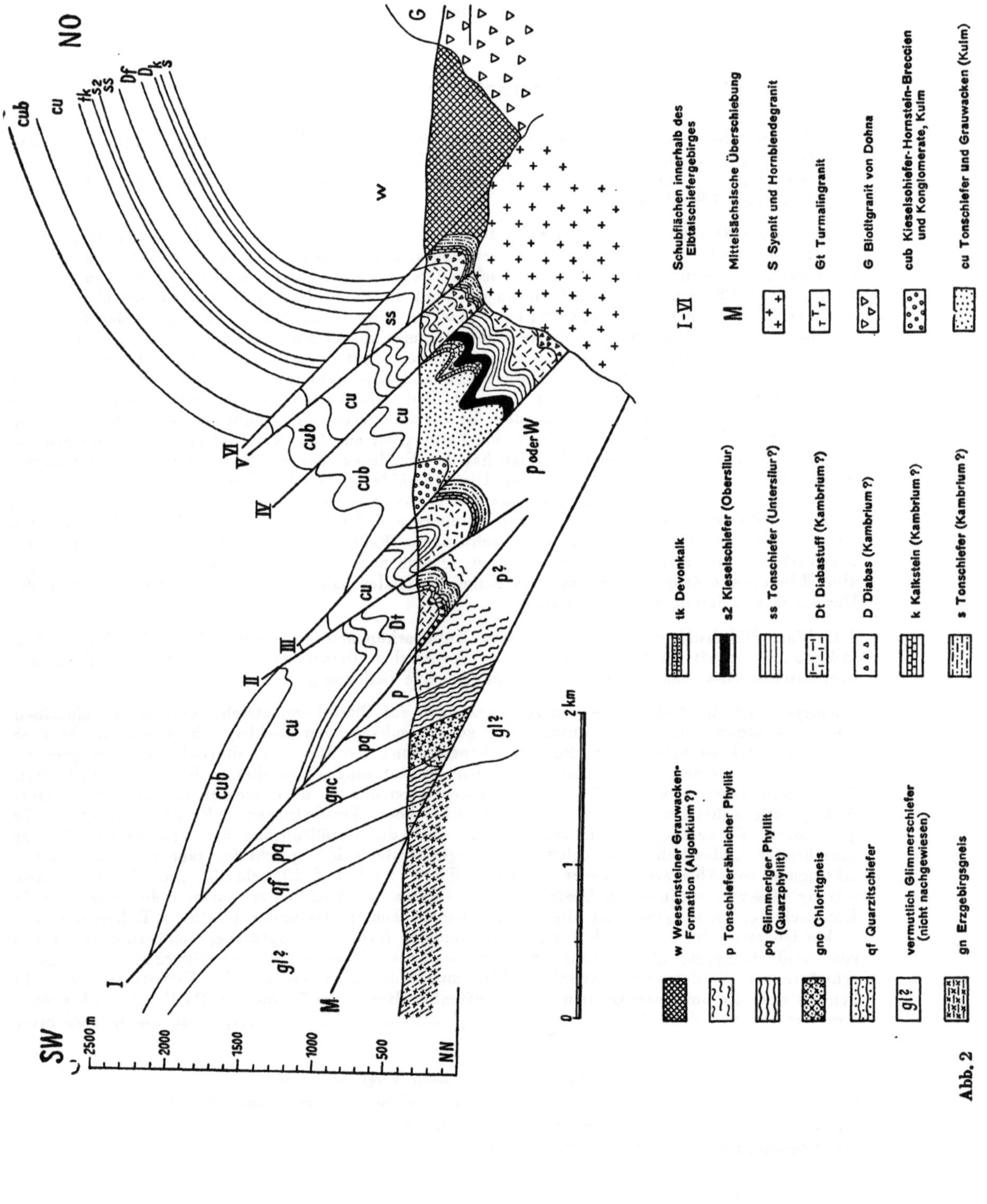

Abb. 2

des Kulms darstellen[37]), müssen wir mit F. H ä r t e l (1934, S. 492) dasselbe auch hier annehmen. Es ist daher die tektonische Heraushebung und die durch Abtragung des Devons erfolgte Freilegung des Silurs erst ein innerhalb des Unterkarbons stattfindender Vorgang.

f) Elbtalschiefergebirge

Das Elbtalschiefergebirge hat im Jahre 1917 eine sehr gründliche Aufnahme durch K. P i e t z s c h[38]) erfahren. Eine geologische Übersichtskarte im Maßstabe 1 : 75 000 und eine Folge von 14 Querschnitten erläutern in sehr klarer Weise das tektonische Bild dieses Gebirges. Nur haben die Ergebnisse dieser Arbeit durch eine im Jahre 1938 erschienene Publikation desselben Verfassers[39]) insofern eine wesentliche Änderung erfahren, als P i e t z s c h es jetzt für möglich, ja sogar für wahrscheinlich[40]) hält, daß die 1917 als Devon aufgefaßte Diabas-Kalksteinserie in Wirklichkeit von k a m b r i s c h e m Alter ist. Diese Umdeutung würde eine Erscheinung erklären, die in der älteren Arbeit sehr auffallend hervortritt, nämlich die Tatsache, daß der südwestliche, nicht metamorphe Streifen der Diabas-Kalksteinserie (Maxen-Berggießhübel) zwischen Phyllit und Silur und der nordöstliche, kontaktmetamorphe, das Seidewitztal bei der „Wilden Kirche" querende Zug dieser Serie zwischen der algonkischen Wesensteiner Grauwackenformation und Silur eingeschaltet ist. Als Kambrium liegt die Diabas-Kalksteinserie an den Stellen des Gebirges, wo sie auf Grund der Reihenfolge der Formationen hingehört. Das Elbtalschiefergebirge gewinnt dadurch den Bau eines — allerdings durch sehr viele Schubflächen zerschnittenen — Synklinoriums mit Kulm im Kern.

Die von P i e t z s c h 1917 (S. 215) als Oberdevon betrachtete „Kalksteinstufe" würde dann der Kalkstein-Tonschieferserie entsprechen, in der im Görlitzer Schiefergebirge unterkambrische Trilobiten gefunden wurden[41]), die 1917 ins Mitteldevon gestellte „Diabasstufe" würde den Diabasen und Diabastufen äquivalent sein, die von S c h w a r z b a c h ins höhere Kambrium gestellt werden, so daß auch innerhalb der Diabas-Kalksteinserie die Schichtenfolge auf den Kopf gestellt wäre.

Allerdings müssen dann die innerhalb der südwestlichen Zone der Diabas-Kalksteinserie eingezeichneten Sättel (vor allem der Nenntmannsdorfer Sattel[42]) als Mulden, die Mulden als Sättel umgedeutet werden[43]). Wie mir Herr Prof. Dr. P i e t z s c h sagte, erlauben die Aufschlüsse ohne weiteres eine solche Umdeutung. Das führt aber auch zu einer Umstellung in der Schichtenfolge des Silurs: die in den Profilen bei P i e t z s c h (1917) als hangendste Schichtengruppe des Silurs betrachteten Tonschiefer gelangen dadurch ins Liegende der Kieselschiefer und Hornsteine und somit wohl ins Untersilur, was nach den Vorkommen an der Südseite des Frankenberger Zwischengebirges und im Vogtlande wahrscheinlicher ist, als ihr Auftreten im Hangenden der Graptolithen führenden Kieselschiefer des Obersilurs.

Nur die unmittelbar von Kulm überlagerten kontaktmetamorphen Gesteine (Kalksilikatfelse und kristalline Kalksteine), die bei der Weesensteiner Papierfabrik im Müglitztale und am Habichtskorb anstehen, wird man wohl besser beim Devon belassen.

Aber auch innerhalb des Kulms wird 1938 die Schichtenfolge gegenüber 1917 auf den Kopf gestellt, da 1917 die Tonschiefer und Grauwacken als Liegende Stufe, die Kieselschiefer-Hornstein-Breccien und Konglomerate als Hangende Stufe betrachtet werden (S. 224), 1938 hingegen die Kieselschiefer-Hornstein-Konglomerate als Liegende, die Grauwacken und Tonschiefer als Hangende Stufe aufgefaßt werden (Tabelle S. 22). Allerdings ist P i e t z s c h jetzt doch wieder geneigt, die Kieselschiefer-Hornstein-Breccie in einem höheren Niveau des Kulms zu belassen (mündliche Mitteilung).

Jedenfalls ergibt sich aus der neuen Deutung der Stratigraphie des Elbtalschiefergebirges viel deutlicher als aus der alten eine D i s k o r d a n z an der Basis des Kulms. Denn der Kulm liegt hier nur ausnahmsweise auf Devon, meist auf Silur und greift auch auf Kambrium über, da er stellenweise aufgearbeitetes Diabasmaterial enthält (K. P i e t z s c h, 1917, S. 254). Das Auftreten von Phyllitquarzgeröllen in der Kieselschiefer-Hornstein-Breccie (K. P i e t z s c h, 1917, S. 220) spricht dafür,

---

37) K. P i e t z s c h : Das Elbtalschiefergebiet südwestlich von Pirna. Zeitschrift der Deutschen Geologischen Gesellschaft 69. Bd. 1917, S. 222—227.

38) K. P i e t z s c h : Das Elbtalschiefergebiet südwestlich von Pirna. Zeitschr. d. Deutsch. Geol. Gesellschaft 69. Bd. 1917, S. 177—286.

39) K. P i e t z s c h : Das Schiefergebirge am Nordrand des Lausitzer Granitmassivs im Vergleich mit der stratigraphischen Entwicklung des Paläozoikums der benachbarten Gebiete. Ber. d. math.-phys. Kl. d. Sächs. Akad. d. Wiss. 1938, S. 19, 22.

40) Mündliche Mitteilung.

41) M. S c h w a r z b a c h : Oberlausitzer Schiefergebirge und Bober-Katzbachgebirge — ein stratigraphisch-tektonischer Vergleich. Abh. Naturf. Ges. Görlitz, 3. Bd. 1936.

42) K. P i e t z s c h : 1917, S. 254.

43) Diese Umdeutung soll für das Profil 6 (bei P i e t z s c h 1917) in Abb. 2 versucht werden. Hingegen kann der kontaktmetamorphe Diabas-Diabastuffzug zwischen Burkhardswalde und Meusegast eine Mulde bleiben. Der Verband des Diabases mit kristallinem Kalkstein zwischen Friedrichswalde und Niederseidewitz wird durch die Umdeutung als Kambrium erst verständlich.

daß sogar der Phyllit zur Zeit der Transgression des Kulms stellenweise freilag. Wenn sich auch aus dieser Geröllführung nur eine Erosionsdiskordanz ergibt, so ist es doch wahrscheinlich, daß vor Einsetzen einer so tiefgreifenden Abtragung auch — allerdings wohl recht unbedeutende — tektonische Bewegungen der Bretonischen Phase erfolgten [44]). Es ist leicht möglich, daß die starke Faltung und Schuppenbildung in der Sudetischen Phase allfällige Anzeichen einer Bretonischen Diskordanz verwischt haben. Denn die normale Auflagerung des Kulms auf seiner Unterlage ist hier höchstens nur mehr an ganz wenigen Stellen vorhanden.

g) Nordlausitzer Schiefergebirge

Trotz der großen Fortschritte, welche die Kenntnis dieses Gebietes durch die neuen Arbeiten von Schwarzbach (1934 u. 1936), Lee (1938), Pietzsch (1938) und Ebert (1942) erfahren hat, soll dieser Raum nicht mehr in meine Untersuchungen mit einbezogen werden, und zwar einmal aus dem Grunde, weil das Nordlausitzer Schiefergebirge zu derselben tektonischen Einheit gehört wie das Bober-Katzbach-Gebirge, auf das einzugehen hier zu weit führen würde, anderseits deshalb, weil nach Pietzsch und Ebert hier sowohl algonkische als kulmische Grauwacken vorhanden sind, deren kartographische Abtrennung bisher noch nicht möglich war, so daß das Ausmaß einer allfälligen Diskordanz an der Basis des Kulms noch gar nicht beurteilt werden kann.

h) Zusammenfassung der Ergebnisse über die vor- und innerkulmische Abtragung

Vor allem sei nochmals betont, daß infolge der sehr starken Orogenese in der Sudetischen Phase die Erkennung der hier überall ungleich schwächeren Bewegungen der Bretonischen Phasen und der ihnen folgenden Abtragung sehr erschwert ist. Dazu kommt, daß wir es in dem ganzen Raume mit schlecht aufgeschlossenen Gebieten zu tun haben, so daß oft nicht zu entscheiden ist, ob die unmittelbare Berührung von Kulm und Silur (oder einem noch älteren Gestein) auf vorkulmische Abtragung des Devons oder auf eine Störungslinie zwischen dem älteren Gestein und dem Kulm zurückzuführen ist. Dadurch ist aber der persönlichen Einstellung der einzelnen Geologen zu der Frage „Konkordanz oder Diskordanz an der Basis des Kulms" ein weiter Spielraum gelassen. Die Durchsicht des Schrifttums ließ erkennen, daß die älteren Beobachter — vor allem Weise — geneigt waren, eine Diskordanz an der Basis des Kulms anzunehmen. Zimmermann deutet Kontakte zwischen Kulm und vooberdevonischen Gesteinen meist als Verwerfungen. Jaeger, Becker und vor allem die Koßmat-Schüler Hohl, Pomper und Mehner nehmen an solchen Stellen Überschiebungen an, so daß stratigraphische Diskordanzen an der Basis des Kulms in diesen Arbeiten überhaupt nicht vorkommen. Hingegen sind Deubel, Wurm und Eigenfeld wieder viel mehr geneigt, an eine Diskordanz an der Basis des Kulms zu glauben.

Leider kenne ich selbst das ganze Gebiet nur aus der Literatur. Die schwierige Verkehrs- und Ernährungslage in der ersten Nachkriegszeit machte Bereisungen von meinem Wohnort Freiberg aus leider unmöglich. Es war mir aber auch klar, daß bei den schlechten Aufschlußverhältnissen und den oft bestehenden Schwierigkeiten in der Unterscheidung kulmischer und älterer Gesteine mit vereinzelten Exkursionen wenig getan gewesen wäre und nur sehr gründliche Studien im Gelände im Stande gewesen wären, neue Erkenntnisse gegenüber den älteren Beobachtern zu erzielen.

Unter Vorbehalt bezüglich der oben erwähnten subjektiven Momente gelangte ich zu folgendem Ergebnis:

Keine vorkulmische Orogenese und Abtragung fand am Südostrande der Ostthüringischen Hauptmulde bei Schleiz und Zeulenroda statt [45]).

Hingegen ist nach Deubel im Bereiche der Frankenwälder Querscholle innerhalb der Thüringischen Hauptmulde die Bretonische Diskordanz deutlich ausgeprägt. Dasselbe gilt für den Raum der Vogtländischen Bögen.

Wahrscheinlich sind auch unterhalb des Kulms (?) von Rottluff und in der Helbigsdorfer und Groitzscher Mulde (Wilsdruff-Nossener Schiefergebirge) und im Elbtalschiefergebirge auf Bretonische Faltung zurückzuführende Winkeldiskordanzen vorhanden.

Sicher bestehen auf Bretonische Faltung und nachfolgende Abtragung zurückzuführende Diskordanzen in der Bayerischen Fazies, und zwar sind hier die Nassauische und die Sel-

[44]) Auch A. Hunger (1937, S. 21) nimmt im Elbtalschiefergebirge schon in der Bretonischen Phase die Bildung flacher Sättel und breiter, seichter Mulden an.

[45]) Nach A. Hunger (1937, S. 10) sind alle Sättel des ostthüringisch-vogtländischen Gebietes bereits in der Bretonischen Phase angelegt. Das dürfte zwar im allgemeinen zutreffen, gilt aber speziell für den Nordwestschenkel des Ostthüringischen Hauptsattels nicht.

kische Phase der Bretonischen Orogenese vorhanden, während die Marsische (intraoberdevonische) Phase fehlt, wie die Schichtenfolge in den Oberdevonkalken von Kirchgattendorf zeigt, wo eine völlige Konkordanz zwischen der Laevigites- und der Wocklumeriastufe herrscht.

In der Thüringischen Fazies im Bereiche der von Wurm aufgenommenen Kartenblätter ist besonders am Südrande der Marxgrüner Zone eine Winkeldiskordanz an der Basis des Kulms wahrscheinlich.

Sonst ist auf Grund der Lagerung nur eine teilweise Abtragung des Oberdevons vor der Transgression des Kulmmeeres nachweisbar (S. 15), aber die Geröllführung der Kulmkonglomerate spricht auch für eine vorkulmische Orogenese (siehe unten). (Nassauische Phase nach Wurm).

Eine vorkulmische Abtragung des Devons ist auch für den unterhalb der Decke des Frankenberger Zwischengebirges mitgeschleiften Kulm wahrscheinlich (S. 19). Überhaupt nichts über primäre Konkordanz oder Diskordanz an der Basis des Kulms läßt sich für den Kulm von Wildenfels, für den Blintendorfer Kulmstreifen und für die Kulmmulde von Kahmer bei Greiz aussagen, da diese Kulmablagerungen durch Schubflächen gänzlich von ihrer ursprünglichen Unterlage getrennt sind, doch scheint mir für den Blintendorfer Kulmstreifen und für die Kulmmulde von Kahmer primär diskordante Lagerung wahrscheinlicher zu sein. Auch für die dazwischen gelegene Kulmmulde von Mehltheuer ist die Auflagerungsfläche des Kulms durch die späteren tektonischen Störungen der unmittelbaren Beobachtung meist entzogen, doch scheint hier die Diskordanz — wenn sie überhaupt vorhanden ist — viel weniger ausgeprägt zu sein als weiter im Westen und Osten.

Sehr wichtige Anhaltspunkte über Abtragungsvorgänge liefert die Geröllführung der Kulmkonglomerate. Doch ist nur dann ein Schluß auf vorkulmische Abtragung möglich, wenn es sich um Grundkonglomerate handelt, während Konglomerate, die in einem höheren Niveau des Kulms eingeschaltet sind, von Hebungs- und Abtragungsvorgängen innerhalb der Kulmzeit Zeugnis geben. Sichere Grundkonglomerate des Kulms sind die der Bayrischen Fazies angehörigen Konglomerate SSW von Schöndorf (S. 15). Auch die noch gröberen Konglomerate von Heinersreuth sind wohl noch als Grundkonglomerate zu betrachten, obwohl hier im Gegensatze zu Schöndorf die unmittelbare Auflagerung auf dem Untergrunde nicht aufgeschlossen ist. Auch die der Thüringischen Fazies angehörigen Konglomerate östlich Erlabruck und im Schmiedgrund (Blatt Wallenfels, S. 15) liegen zumindestens nahe der Basis des Kulms und sprechen für eine stärkere Diskordanz und Abtragung als die oben erwähnten unmittelbar zu beobachtenden Lagerungsverhältnisse. Korn (S. 104) betrachtet wohl mit Recht die Grundkonglomerate auf Blatt Presseck als Brandungsbildung an der Steilküste eines im Süden gelegenen Landes.

Ebenso ist das von Paeckelmann (1922) erwähnte Konglomerat beim Bahnwächterhaus von Magwitz ein Grundkonglomerat. Nach Korn (1938, S. 88) entspricht dieses Konglomerat dem von ihm als γ_1 bezeichneten Konglomerathorizont der Thüringischen Hauptmulde, welcher nach der Tabelle bei S. 85 dem obersten III α angehören würde. Wenn diese Parallelisierung zutrifft, würde bei Magwitz eine Schichtlücke vorhanden sein, welche das Unterkarbon I, II und den größten Teil von III α umfaßt. Etwas kleiner ist diese Schichtlücke auf dem 4 km nördlicher gelegenen Koßberge bei Kürbitz und auf dem Zotner bei Straßberg[46]), wo sich unter die Konglomerate der nach Korn (S. 84) auch noch dem III α angehörige Kohlenkalk einschaltet. Dasselbe „Wurstkonglomerat" ist also hier kein Grundkonglomerat mehr. Diese Beobachtungen sprechen deutlich für das Vorhandensein von durch die Bretonische Orogenese verursachten Festlandsmassen im tieferen Unterkarbon im Raume der Vogtländischen Bögen, während weiter im Nordwesten, im Raume der Thüringischen Hauptmulde, ununterbrochene Meeresbedeckung vom Oberdevon an durch das ganze Unterkarbon bestanden hatte. Korn nimmt für die Zeit der Ablagerung von γ_1 das Vorhandensein einer „Ostthüringischen Insel" im Bereich der Kartenblätter Hirschberg und Gefell an, von welcher Gerölle nach allen Seiten transportiert wurden (Karte Abb. 5 gegenüber S. 98). Auch für Eigenfeld (1938), dessen Arbeit gleichzeitig und unabhängig von der Korns entstanden ist, ist dieser Raum ein Hauptliefergebiet von Geröllen, allerdings mehr für die oberdevonischen Konglomerate.

Ob die Kieselschiefer-Hornstein-Breccien und -Konglomerate des Elbtalschiefergebirges, des Wilsdruff-Nossener Schiefergebirges und bei Wildenfels dem Konglomerathorizont γ_1 oder γ_2 Korns (S. 76) in der Thüringischen Hauptmulde entsprechen, ist schwer zu entscheiden, denn die Geröllzusammensetzung ist nach Korn (S. 99) nicht sehr verschieden; in beiden Horizonten sind Kieselschiefergerölle sehr verbreitet — im Gegensatze zu dem jüngeren Teuschnitzer Konglomerat, in dem die Kieselschiefer sehr zurücktreten. Besonders kieselschieferreich sind nach Eigenfeld (1938, S. 54) die von Korn größtenteils zu γ_1 gestellten „Wurstkonglomerate" des Zuges Nurn-Nordhalben-Lobenstein-Crispendorf. Wenn die Kieselschiefer-Hornstein-Breccien und Konglomerate wirklich γ_1 entsprechen und gleichzeitig — wie es scheint — keine Grundkonglomerate sind, würde die Kulmsedimentation in Mittel- und Nordsachsen ähnlich wie in der Thüringischen Hauptmulde schon zu Beginn von III oder gar schon in der oberen Pericyclus-Stufe einsetzen.

---

[46]) Erläuterungen zu Blatt Plauen-Ölsnitz II. Aufl. S. 14 und Paeckelmann 1922, S. 581.

Zweifellos nehmen ein hohes Niveau im Kulm die von Eigenfeld (1933) sehr gründlich studierten Konglomerate von Teuschnitz in der Thüringischen Hauptmulde ein. Eigenfeld leitet die Gerölle dieser Konglomerate vom Westthüringischen Hauptsattel (Schwarzburger Sattel) ab, in dem im höheren Unterkarbon Sedimente von den Meuselbacher Schichten des oberen Algonkiums an und vorvaristische Eruptivgesteine zur Abtragung freigelegt wurden. Eigenfeld bezeichnet die Teuschnitzer Konglomerate ausdrücklich als Regressionskonglomerate, deren Bildung mit dem Rückzuge des Kulmmeeres zusammenhängt. Die Hebung im Bereiche des Westthüringischen Hauptsattels, welche diese Abtragung möglich machte, hat daher nichts mehr mit der Bretonischen Orogenese zu tun, sondern kann eher als ein Vorläufer der Sudetischen Phase betrachtet werden (Eigenfeld 1933, S. 13).

Auch die von Korn (S. 112) aus der Analyse der Teuschnitzer Konglomerate abgeleiteten Eigenschaften des Liefergebietes der Gerölle dieser Konglomerate sprechen sehr dafür, daß im Bereiche des Schwarzburger Sattels eine sehr rasche und kräftige Hebung eingetreten ist, der dann bis zum Einsetzen der Sudetischen Hauptphase noch eine längere Ruhepause gefolgt ist.

Zu einer zahlenmäßigen Abschätzung der Größe der Abtragung reichen die vorliegenden Beobachtungen nirgends aus. Nur so viel ist sicher, daß auch in den Teilen Sachsens, Ostthüringens und Nordbayerns, in denen die Bretonische Diskordanz stärker ausgeprägt ist, die Gebirgsbildung unvergleichlich schwächer ist als in Mähren, und zwar auch dann, wenn man den von mir (1941, S. 120 bis 133) und nicht den von F. E. Sueß eingenommenen Standpunkt über das Ausmaß der vorkulmischen Bewegungen teilt.

II. DIE ABTRAGUNG VOR UND WÄHREND DER ABLAGERUNG DER HAINICHENER SCHICHTEN

(Untere Namurstufe, Waldenburger Schichten)

Die Ablagerung der auf den geologischen Spezialkarten noch zum oberen Kulm (cu_2, cu_3) gerechneten, aber nach Pietzsch (Geol. Rundschau 1914, S. 172) bereits dem tiefsten Oberkarbon [47]) angehörigen, durch grobe Konglomerate und Kohlenführung ausgezeichneten Hainichener Schichten erfolgte erst nach der Sudetischen Phase, der Hauptgebirgsbildungsphase in Sachsen. Das ergibt sich nicht nur aus der diskordanten Auflagerung dieser Schichten auf der Gneis- und Grünschiefer-Teildecke der Zwischengebirgsdecke, sowie auf der zur nordwestlichen Unterlage gehörigen Niederwiesaer Serie nördlich von Chemnitz (Becker 1928, S. 75), sondern auch aus der Tatsache, daß in den Grundkonglomeraten Gerölle aus der Decke und der Unterlage vorhanden sind (Becker S. 44).

Nach Becker (S. 44) kann man die Hainichener Schichten in drei Stufen gliedern:

3. Granitkonglomerat
2. Sandsteine und Schiefertone mit Steinkohlenflözen und einzelnen Konglomeratbänken (etwa 280 m im Westen, bis 400 m im Osten)
1. Grundkonglomerat (etwa 200 m im Westen, bis 500 m im Osten).

Das Grundkonglomerat entspricht dem Ausklingen der sudetischen orogenetischen Phase, die kohlenführende Schichtengruppe dem verhältnismäßig ruhigen Zeitraum zwischen der Sudetischen und der Erzgebirgischen Phase. Die hier angegebenen Mächtigkeiten sind aus den Profilen auf den geologischen Spezialkartenblättern Chemnitz und Frankenberg-Hainichen entnommen.

Über die Gliederung der Hainichener Schichten bei Chemnitz bestehen zwei Auffassungen, von denen die eine von Naumann (1871, S. 65), Koßmat (1925, S. 60 und Profil IV auf Taf. II) und Becker (1928, S. 44, 45), die andere von Credner (1880, S. 79, 80; 1884, S. 100) und Siegert (Erläuterungen zu Blatt Chemnitz, III. Aufl. 1908, S. 24, 25 und Profil I unterhalb der geol. Spezialkarte) vertreten wird.

Die Auffassung von Credner und Siegert unterscheidet sich von der erstgenannten dadurch, daß das Granitkonglomerat von Glösa als das Liegende der kohlenführenden Sandsteine und Schiefertone betrachtet wird. Credner unterscheidet zwei Abteilungen: 1. Das Grundkonglomerat, 2. die obere, kohlenführende Stufe. Das Granitkonglomerat des Eierberges bei Glösa wird zur oberen Stufe gestellt, aber innerhalb dieser als das Liegende der nördlich vom Eierberg im Dorfe Glösa aufgeschlossenen Sandsteine betrachtet, wie sich aus S. 80 des geologischen Führers durch das Granulitgebirge ergibt. Siegert schließt sich der Ansicht an, vereinigt aber das Granitkonglomerat mit der Stufe der Grundkonglomerate.

Für die Stellung der Granitkonglomerate von Glösa im Liegenden der kohlenführenden Schichten spricht das auch von Credner (1880, S. 79) erwähnte, auf der geologischen Spezialkarte durch ein Fallzeichen hervorgehobene Nordwestfallen der Granitkonglomerate des Eierberges. Herr Professor

---

[47]) Eine neue Untersuchung der Flora durch W. Hartung (1938, S. 134) ergab als genaues Alter: tiefstes Namur A.

Pietzsch teilte mir außerdem mit, daß die durch den Bau der Reichsautobahn geschaffenen Aufschlüsse sehr für die Auffassung Credner-Siegert und gegen Koßmat-Becker sprechen, da die Granitkonglomerate auch nördlich des Dorfes Glösa aufgeschlossen wurden, im Liegenden der im Dorfe den Muldenkern bildenden Sandsteine, so daß das Randprofil I auf der geologischen Spezialkarte vollkommen richtig ist. Es liegen somit die Riesenblöcke einschließenden Granitkonglomerate von Glösa zwischen dem Grundkonglomerat und den kohlenführenden Schichten.

Wenn hier festgestellt wird, daß sich das Granitkonglomerat von Glösa im Liegenden der kohlenführenden Schichten befindet, so gilt dies anscheinend nicht für die nach Siegert und Danzig (1909, S. 45) zum Teil mit den kohlenführenden Schichten wechsellagernden Granitkonglomerate zwischen Berthelsdorf und Hainichen. Nach Naumanns „Geognostischer Karte der Umgebung von Hainichen" und seiner genauen Beschreibung (1871, S. 65—69) liegen diese Granitkonglomerate im Muldenkern und daher überwiegend wirklich im Hangenden der kohlenführenden Abteilung der Hainichener Schichten.

Es trifft somit die oben angeführte Gliederung Naumanns, Koßmats und Beckers nur für Berthelsdorf-Hainichen zu, während für Glösa bei Chemnitz die Gliederung von Siegert gilt. Koßmat hat übrigens seine Gliederung nur für Hainichen mit Sicherheit, für Glösa aber nur als Vermutung geäußert [48]), erst Becker machte hier keinen Unterschied mehr.

Die Ablagerung der Hainichener Schichten erfolgte in einem Süßwassersee, der wahrscheinlich gegen Nordwesten nicht weit über die Verbreitung der heute noch erhaltenen Sedimente hinausreichte. Das ergibt sich aus der Tatsache, daß die gröbsten und am wenigsten gerundeten Gerölle des Grundkonglomerates am Nordrande auftreten (Becker S. 45). Das bei Niederlichtenau auftretende Grundkonglomerat wird von J. Lehmann (E. Danzig 1905, S. 45—46) folgendermaßen beschrieben:

„Es stellt daselbst vorwiegend ein regelloses, sehr fest gepacktes, breccienartiges Accumulat von nur schwach gerundeten oder vollkommen eckigen, bis über kopfgroßen Gesteinsfragmenten dar, welche durch ein sehr spärliches, sandig-grusiges Bindemittel verbunden sind. Ihm gegenüber treten deutlich geschichtete Konglomerate sehr zurück. Am Aufbau dieser Stufe beteiligen sich vor allem die kristallinen Schiefer des Granulit-Kontakthofes, nämlich Epidot-Amphibolschiefer [49]), welche in bis meterlangen Schollen vorkommen, ferner phyllitische Knoten- und Fruchtschiefer, Garbenschiefer und Muskowitschiefer. Gerölle von Granit, und zwar besonders einer porphyrischen, granitgneisartigen, vermutlich der Gneisglimmerschieferzone entstammenden Varietät wurden nur in größerem Abstande von der unteren Grenze der Stufe, nämlich in der Nähe des südlichen Sectionsrandes angetroffen, während solche von Granulit im Kulm überhaupt noch fehlen. Dieser Mangel an Granulitgeröllen läßt vermuten, daß der Granulitlakkolith zur Zeit des Absatzes des Kulms von der Denudation noch nicht erreicht war."

Aus dieser Beschreibung geht hervor, daß hier ein von Norden kommender, durch ein starkes Gefälle ausgezeichneter Wildbach mündete oder daß es sich um von Steilhängen abgestürzte oder abgeschwemmte Schuttmassen handelt. Auf jeden Fall muß daher das Relief — zumindestens am Nordwestufer des Sees — noch ziemlich kräftig gewesen sein. Auffallenderweise fehlen heute gerade hier die in dieser Ablagerung vorherrschenden Epidot-Amphibolschiefer. Sie müssen aber zur Zeit der Ablagerung des Grundkonglomerates der Hainichener Schichten noch vorhanden gewesen sein und die zur äußeren Kontaktzone des Granulites gehörigen Knotenschiefer teilweise verhüllt haben. Erst in einem späteren Zeitpunkte schnitt rückschreitende Erosion in die zum inneren Kontakthof gehörige Gneisglimmerschieferzone ein, während der Granulit selbst nicht mehr erreicht werden konnte.

Zur Zeit der Ablagerung der kohlenführenden mittleren Stufe der Hainichener Schichten hatte das Gefälle der in den See mündenden Bäche soweit abgenommen, daß diese meist nur feinen Sand und Ton mitbrachten. Auch jetzt noch erfolgte die Geröllzufuhr vorwiegend von Norden, wie das Vorherrschen der zwischen die Sandsteine und Schiefertone eingeschalteten Konglomeratbänke im Nordflügel erkennen läßt (Erläuterungen zu Blatt Frankenberg-Hainichen, S. 45). Von Süden werden aber Feldspatgerölle zugeführt (Lerchenberg östlich von Hainichen), die beweisen, daß damals eine alte Granitmasse südlich des Hainichener Sees zur Abtragung freigelegt wurde, die man anstehend überhaupt nicht kennt. Das Vorhandensein von 5—7 Kohlenflözen [50]) zeigt, daß der See mehrmals vorübergehend zum Torfmoor geworden war.

---

48) „Granitkonglomerate schließen als oberer Horizont die Ablagerungen bei Hainichen ab, und es scheint, daß auch die Anhäufung von Granitrollblöcken in den Schichten von Glösa bei Chemnitz in dieses hohe Niveau gehört" (Koßmat 1925, S. 60).

49) Die Epidot-Amphibolschiefer-Zone gehört, wie zum erstenmal von Pietzsch festgestellt wurde (Abgrenzung, geolog. Alter und tektonische Stellung des sächsischen Granulitgebirges. Zentralbl. f. Min. etc. 1922, S. 272), nicht zum Schiefermantel des Granulitgebirges, sondern ist als ein Glied des Frankenberg-Hainichener Zwischengebirges aufzufassen.

50) Erläuterungen zu Blatt Chemnitz, 3. Aufl. (1908), S. 27 und zu Blatt Frankenberg-Hainichen, 2. Aufl. (1909), S. 43. In dem Profile Abb. 3 sind die drei Flözgruppen (1. Neues Flöz, 2. Gerichtsflöz, 3. Neu-Glück-Flöze) im Südschenkel der Mulde eingezeichnet. Die Einschaltung der Konglomeratbänke im Nordschenkel der Mulde ist nur in ganz schematischer Weise angedeutet, es sind sicherlich wesentlich mehr als zwei Konglomeratlagen vorhanden.

Ebenso muß zur Zeit der Ablagerung des Granitkonglomerats von Glösa — vielleicht im Untergrunde der Stadt Chemnitz und daher gänzlich unter Rotliegendem verborgen — eine kleine Granitmasse emporgehoben und dadurch zur Abtragung freigelegt worden sein, welche die kubikmetergroßen Blöcke des Kirchberges (= Eierberg) bei Glösa geliefert hat (Becker 1928, S. 45). Die Granite des Granulitgebirges, z. B. der Granit von Mittweida, sind von Glösa zu weit entfernt, um solche Riesenblöcke liefern zu können.

Das Auftreten der Granitkonglomerate zeigt, daß auch der Zeitraum zwischen der Sudetischen und der Erzgebirgischen Phase von die Erosion vorübergehend neu belebenden tektonischen Vorgängen nicht frei war.

Die Hainichener Schichten bilden eine SW-NO streichende, aber infolge axialer Hebung des Zwischengebirgsgneises bei Frankenberg unterbrochene Mulde, die sich von der Röhrsdorfer Höhe (= Bismarckhöhe) bei Chemnitz über Hainichen bis in den Bereich des Zellwaldes verfolgen läßt (30 km im Streichen). Im Chemnitzer Teil der Mulde ist das Einfallen der Schichten verhältnismäßig flach [51]), mit Annäherung an das Zschopautal geben die geologischen Karten schon steilere Fallwinkel an [52]). Bei Ober-Berthelsdorf weist die Mulde einen 60°—70° geneigten Südostschenkel auf [53]), während der NW-Schenkel im Abschnitte von Hainichen eine Neigung von 30°—40° besitzt [54]). Nach Becker (S. 75) kommt im östlichsten Teile der Mulde sogar saigere bis überkippte Schichtstellung vor. Mit dieser stärkeren tektonischen Beanspruchung hängt auch die stärkere Diagenese der Hainichener Schichten im Ostteile der Mulde zusammen (Becker, S. 45).

Der Diskordanzwinkel zwischen den Hainichener Schichten und ihrer Unterlage ist sehr klein, wenn die Profile richtig gezeichnet sind. Auf Blatt Chemnitz weisen die als cul eingetragenen, aber nach Becker der Niederwiesaer Serie und dem Silur angehörigen Schichten Fallwinkel von 30—50° auf, während die Hainichener Schichten nur 10—30° geneigt sind. Bringt man daher hier die Hainichener Schichten in die horizontale Lage zurück, bleibt noch eine ganz flache Mulde des Untergrundes bestehen. Bei Hainichen fallen die Epidot-Amphibolschiefer bei Schlegel nicht steiler ein als die Hainichener Schichten (wenn man von den örtlich sehr gestörten Schichten bei der Steiermühle absieht), während die Hainichener Schichten des Südostschenkels sogar etwas steiler geneigt sind als der Gneis ihrer Unterlage [55]). Glättet man hier die Hainichener Schichten aus, so verschwindet die Muldenform der Frankenberger Deckscholle gänzlich. Bei der Heumühle im Tale der Großen Striegis fallen nach Angabe auf Blatt Freiberg-Langhennersdorf die Gneise 50—70° gegen N ein, während bei Mobendorf sogar eine saigere Stellung der Konglomerate der Hainichener Schichten verzeichnet ist. Die Verhältnisse sind hier also offenbar ähnlich wie im Südschenkel der Mulde bei Hainichen.

Daraus ergibt sich, daß die von Credner erkannte Großfaltung (Erzgebirgischer Gneissattel, Chemnitzer Mulde, Granulitsattel) erst nach Ablagerung der Hainichener Schichten vollendet war. Dadurch erklärt es sich auch, daß der Granulit gänzlich in den Geröllen der Hainichener Konglomerate fehlt, obwohl die stärkste Materialzufuhr von Norden erfolgte (Becker, S. 44). Die damals noch nicht so stark kuppelförmig aufgewölbte Oberfläche der Intrusivmasse des Granulites lag eben noch so tief, daß sie von den von Norden in den Hainichener See mündenden Wasserläufen nicht angeschnitten werden konnte. Hingegen wurde — wie aus der Geröllführung der Hainichener Konglomerate ersichtlich ist — der innere Teil des Kontakthofes erreicht, was beweist, daß eine flache Aufwölbung des Granulitgebirges auch damals schon bestanden hat.

Der Deckenschub aber erfolgte selbstverständlich gänzlich vor Ablagerung der Hainichener Schichten. Koßmat [56]) hat daher zweifellos recht, wenn er schreibt: „Der große Überschiebungs-

---

51) Siehe das obere Profil auf Blatt Chemnitz. In Koßmats „Übersicht der Geologie von Sachsen", 2. Aufl. 1925, Taf. II ist die Mulde etwas zu steil gezeichnet.

52) Bei Ortelsdorf fallen die Schichten des SO-Schenkels der Mulde 50° gegen NW ein (Erläuterungen zu Section Augustusburg-Flöha, 2. Aufl. 1907, S. 70). — Bei Niederlichtenau ist auch im NW-Schenkel auf Section Mittweida-Taura ein über 50° steiles Einfallen eingetragen.

53) Siehe Taf. I der Erläuterungen zu Section Frankenberg-Hainichen (2. Aufl. 1909).

54) Siehe das obere Profil auf Blatt Frankenberg-Hainichen.

55) Siehe das obere Profil auf Blatt Frankenberg-Hainichen.

56) F. Koßmat: Erscheinungen und Probleme des Überschiebungsbaues im varistischen Gebirge Sachsens. Zentralblatt f. Min. etc. 1925, Abt. B, S. 352.
Scheumann schließt aus der Tatsache, daß der von der Gneismasse des Zwischengebirges überschobene Keratophyr am Südrande der Deckscholle seine Struktur als submarine Pillowlava noch vollständig erhalten hat, daß die Überschiebung des Gneises über den Keratophyr unmittelbar nach dessen Eruption, d. h. in der Manticocerasstufe des Oberdevons erfolgte (1937, S. 176—177). Das würde den Anfang der varistischen Orogenese in einen viel früheren Zeitpunkt zurückverlegen, als man bisher angenommen hat. Daß die Einklemmung des südlich angrenzenden Kulmstreifens auf eine SO gerichtete Rückschuppungsbewegung zurückzuführen ist, glaube ich nicht. Eher würde ich es, falls sich nachweisen ließe, daß die Keratophyre wirklich devonisch sind, für möglich halten, daß erst die Schubfläche zwischen dem Keratophyr und dem Kulm die in der sudetischen Phase entstandene Hauptüberschiebungsfläche ist, auf welcher der Frankenberger Gneis samt dem Keratophyr aus seinem im Süden gelegenen Heimatgebiete herangeschoben wurde.
Die Lage des Keratophyrstreifens im Hangenden des Kulms spricht aber viel mehr für ein unterkarbo-

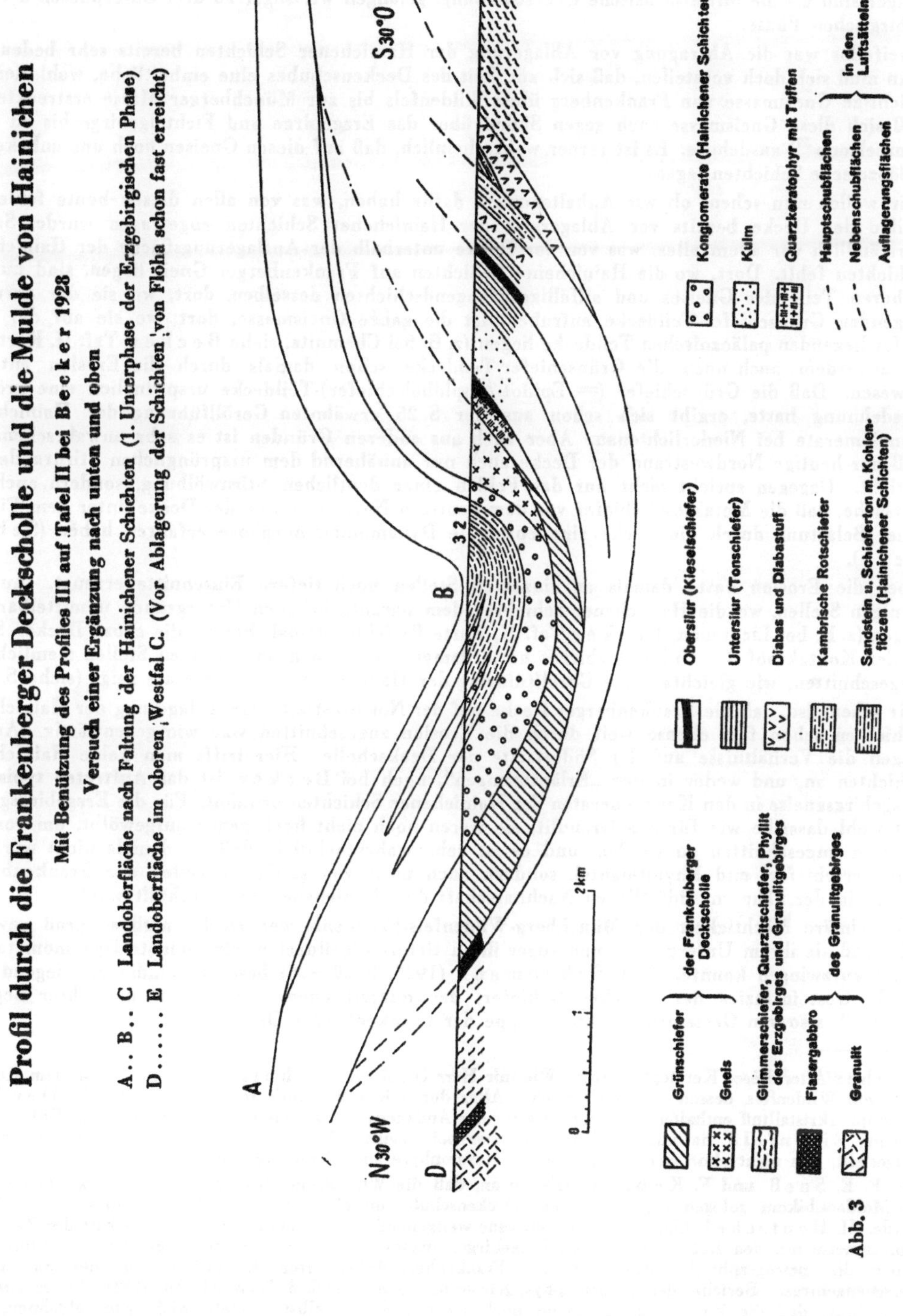
Profil durch die Frankenberger Deckscholle und die Mulde von Hainichen
Mit Benützung des Profiles III auf Tafel II bei Becker 1928
Versuch einer Ergänzung nach unten und oben
A . . B . . C Landoberfläche nach Faltung der Hainichener Schichten (1. Unterphase der Erzgebirgischen Phase)
D . . . . . E Landoberfläche im oberen Westfal C. (Vor Ablagerung der Schichten von Flöha schon fast erreicht)
N30°W
S30°O
A
B
C
D
E
3 2 1
0
1
2km
Grünschiefer
Gneis
der Frankenberger Deckscholle
Glimmerschiefer, Quarzitschiefer, Phyllit des Erzgebirges und Granulitgebirges
Flasergabbro
Granulit
des Granulitgebirges
Obersilur (Kieselschiefer)
Untersilur (Tonschiefer)
Diabas und Diabastuff
Kambrische Rotschiefer
Sandstein u. Schieferton m. Kohlenflözen (Hainichener Schichten)
Konglomerate (Hainichener Schichten)
Kulm
Quarzkeratophyr mit Tuffen
Hauptschubflächen
Nebenschubflächen
in den Luftsätteln
Auflagerungsflächen

Abb. 3

vorgang war abgeschlossen, als die Schichten von Hainichen-Berthelsdorf mit ihrer Übergangsflora vom Kulm zum unteren Oberkarbon sich ablagerten." Die durch den Deckenschub repräsentierte Hauptphase der varistischen Gebirgsbildung ist also in Sachsen die Sudetische, während die dem Deckenschub nachfolgende weitgespannte flache Großfaltung im wesentlichen ein Werk der Erzgebirgischen Phase ist. Diese Großfaltung muß aber älter sein als die Mittelsächsische Überschiebung, welche Becker (S. 81) mit Recht auch der Erzgebirgischen Phase zurechnet; denn die Großfaltung verbiegt nicht mehr die Mittelsächsische Überschiebungsfläche und die über ihr gelegene Lausitzer Masse. Da nach Becker die erzgebirgswärts gerichteten Schuppungen noch jünger sind als die Mittelsächsische Überschiebung, gelangen wir sogar zu drei Unterphasen der Erzgebirgischen Phase.

Zweifellos war die Abtragung vor Ablagerung der Hainichener Schichten bereits sehr bedeutend. Man muß sich doch vorstellen, daß sich zur Zeit des Deckenschubes eine einheitliche, wohl ziemlich mächtige Gneismasse von Frankenberg über Wildenfels bis zur Münchberger Masse erstreckte und daß sich diese Gneismasse auch gegen Süden über das Erzgebirge und Fichtelgebirge bis zu ihrer Wurzelzone [57]) ausdehnte. Es ist ferner wahrscheinlich, daß auf diesen Gneisen noch uns unbekannte paläozoische Schichten lagen.

Wir wollen nun sehen, ob wir Anhaltspunkte dafür haben, was von allen diesen heute fehlenden Teilen der Decke bereits vor Ablagerung der Hainichener Schichten abgetragen wurde. Selbstverständlich vor allem alles, was von der Decke unterhalb der Auflagerungsfläche der Hainichener Schichten fehlt. Dort, wo die Hainichener Schichten auf Frankenberger Gneis liegen, sind nur die höheren Teile des Gneises und allfällige Hangendschichten desselben, dort, wo sie der darunter liegenden Grünschiefer-Teildecke aufruhen, ist die ganze Gneismasse, dort, wo sie auf der noch tiefer liegenden paläozoischen Teildecke liegen (z. B. bei Chemnitz, siehe Becker Taf. II, Karte A), ist außerdem auch noch die Grünschiefer-Teildecke schon damals durch die Erosion entfernt gewesen. Daß die Grünschiefer (= Epidot-Amphibolschiefer)-Teildecke ursprünglich eine größere Ausdehnung hatte, ergibt sich schon aus der S. 25 erwähnten Geröllführung der Hainichener Konglomerate bei Niederlichtenau. Aber auch aus anderen Gründen ist es sehr unwahrscheinlich, daß der heutige Nordwestrand der Decke auch nur annähernd dem ursprünglichen Stirnrande entspricht. Dagegen spricht nicht nur das Fehlen einer deutlichen Stirnwölbung, sondern auch die Tatsache, daß die Metakieselschiefer vor dem heutigen Nordwestrande der Decke unter dem Einfluß einer Belastung durch die Decke eine epizonale Dynamometamorphose erfahren haben (Scheumann).

Aber die Erosion hatte damals an einzelnen Stellen noch tiefere Einschnitte erzeugt. An den wenigen Stellen, wo die Hainichener Schichten dem parautochthonen Untergrunde unmittelbar aufliegen (z. B. bei Lichtenau, Becker Taf. II, Karte B) fehlte damals bereits die ganze Decke. Sogar in den Kontakthof des Granulitgebirges hatte damals die Erosion an einzelnen Stellen ziemlich tief eingeschnitten, wie gleichfalls die Geröllführung der Hainichener Konglomerate zeigt (siehe S. 25).

Wir sehen also, daß die Frankenberger Decke auf der Nordwestseite vor Ablagerung der Hainichener Schichten schon fast ebenso weit durch die Erosion zugeschnitten war wie gegenwärtig. Anders liegen die Verhältnisse auf der Südostseite der Deckscholle. Hier trifft man keine Hainichener Schichten an, und weder in den „Erläuterungen", noch bei Becker ist das Auftreten typischer Erzgebirgsgneise in den Konglomeraten der Hainichener Schichten erwähnt. Für die Erzgebirgsgneise gilt wohl dasselbe wie für den Granulit, sie waren noch nicht hoch genug aufgewölbt, um von der Erosion angeschnitten zu werden, und es ist sehr wahrscheinlich, daß sie damals nicht nur vom Glimmerschiefer- und Phyllitmantel, sondern auch noch von größeren Teilen der Frankenberger Decke in der näheren südöstlichen Nachbarschaft des Hainichener Sees verhüllt waren.

Die primäre Mächtigkeit der Münchberg-Wildenfels-Frankenberger Decke muß so groß gewesen sein, daß sie ihrem Untergrunde und sogar ihren tieferen Teildecken eine leichte Dynamometamorphose aufzwingen konnte. K. H. Scheumann (1925, S. 29—36) beschreibt „die vorwiegend epizonale Gesteinsfazies der Metakieselschiefer, der quarzitischen Grauwacken und ihrer Begleitgesteine", also von Gesteinen der Silurgruppe der Frankenberger Decke.

---

nisches Alter dieses Keratophyrzuges. Wie mir Herr Dr. Arno Schüller mitteilte, ist in dem Kohlenkalk von Wildenfels, dessen unterkarbonisches Alter durch Korallenfunde festgestellt ist (Schüller 1939), Keratophyrkristalltuff enthalten, was eindeutig für das Andauern von Keratophyreruptionen bis ins Unterkarbon spricht. Eigenfeld hat nur für den Keratophyr bei Ölsnitz i. V. die Zugehörigkeit zur Manticocerasstufe festgestellt, was nicht ohne weiteres auf andere Keratophyre ausgedehnt werden darf.

[57]) F. E. Sueß und F. Koßmat nehmen an, daß die Wurzelzone des Frankenberger Zwischengebirges im Moldanubikum gelegen ist, so daß ein Deckenschub von einer ganz gewaltigen Schubweite vorliegen würde. H. Hentschel hingegen macht auf eine weitgehende petrographische Verwandtschaft der Zwischengebirgsgneise mit den Roten Gneisen des Erzgebirges, insbesondere der Katharinaberger Kuppel aufmerksam (Über die petrographische Ableitung der Frankenberg-Mobendorfer Kristallinscholle des Sächsischen Zwischengebirges. Berichte der mathem.-phys. Klasse der sächs. Akad. d. Wiss. 84. Bd. 1932). Ich möchte die Vorstellung, daß die Zwischengebirgsgneise noch im Erzgebirge selbst wurzeln, nicht ganz ablehnen, aber doch sie vom südlichsten Teil der Erzgebirgskuppel ableiten, da sonst für den Ablagerungsraum des unter der Gneisdecke mitgeschleppten Paläozoikums kein Platz ist. Auch der Zusammenhang mit der Münchberger Gneismasse läßt eine nähere Herkunft der Frankenberger Decke als unwahrscheinlich erscheinen.

Nun tritt in der Helvetischen Zone der Schweiz bei einer Deckenbelastung von einigen km noch keine Dynamometamorphose auf [58]). In den nördlichen Kalkalpen ist bei einer Belastung von 3500 m noch nichts von Metamorphose vorhanden [59]). Wie das Profil Abb. 3 zeigt, ist der von den Hainichener Schichten bedeckte Teil der Frankenberger Decke nur mehr 1000—2000 m mächtig. Es müssen also einige 1000 m mächtige Gesteinsmassen von der Frankenberger Decke schon vor Ablagerung der Hainichener Schichten abgetragen worden sein.

III. DIE ABTRAGUNG VOR ABLAGERUNG DES WESTFALS

a) Die Abtragung vor Ablagerung der Schichten von Flöha (Westfal B)

Die ausführliche und klare Darstellung in den „Erläuterungen" zu den Spezialkarten Augustusburg-Flöha (2. Aufl. 1907, S. 70—92) und Chemnitz (3. Aufl. 1908, S. 28—31) gibt ein sehr anschauliches Bild von den paläogeographischen Verhältnissen des verhältnismäßig kurzlebigen, waldumgebenen Süßwassersees, in dem die Schichten von Flöha abgelagert wurden. Es wird eine untere Stufe (co1) und eine obere Stufe (co2) unterschieden, die durch eine 20—50 m mächtige Quarzporphyrdecke getrennt sind. Die untere Stufe hat eine Mächtigkeit von 20—100 m, die obere eine solche von 20—60 m. Nach W. Gothan (1932, S. 11) ergibt sich aus der Flora kein wesentlicher Altersunterschied zwischen co1 und co2, so daß wir annehmen können, daß sich — geologisch gesprochen — bald nach Ausfluß der Quarzporphyrlava das Becken wieder mit Wasser gefüllt hatte. Zur Zeit der Ablagerung von co1 muß noch ein nicht unbeträchtliches Relief bestanden haben. Das ergibt sich schon daraus, daß sowohl co1 als die darüberliegende Quarzporphyrdecke gegen Westen nicht über Altenhain und das Ostende von Niederwiesa hinausreichten, was beweist, daß hier damals ein N-S verlaufender, etwa 100 m hoher Abhang bestand, der sowohl den See gegen Westen begrenzte, als das Weiterfließen der Porphyrlava gegen Westen verhinderte. Noch mehr aber spricht für ein kräftiges Relief die Tatsache, daß die Konglomerate im Ostteil von co1 „manchmal nur aus einem wilden Haufwerk grober und eckiger Blöcke" bestehen, deren Größe „zuweilen den Inhalt eines Kubikmeters" erreichen (Gäbert und Siegert 1907, S. 73). Es müssen daher im Osten des Sees noch Berge bestanden haben — an ein Hochgebirge darf natürlich nicht gedacht werden —, von denen ein Wildbach herabkam, der in den See einmündete.

Zur Zeit der Ablagerung der oberen Stufe (co2) ist das Relief schon flacher geworden, denn die Schichtengruppe co2 überschreitet die Schwelle von Altenhain-Niederwiesa und breitet sich nach Westen bis in den Raum von Chemnitz aus. Auch „sind hier die Konglomerate untergeordneter zur Entwicklung gelangt" (Gäbert und Siegert 1907, S. 81) und in der Regel feinkörniger. „So bedeutende Schwankungen in der Größe der Gerölle wie innerhalb der unteren Konglomerate kommen in den entsprechenden Gebilden der oberen Stufe nicht vor, vielmehr sind kleinere, nuß- bis faustgroße Geschiebe bei weitem die häufigsten" (Gäbert und Siegert 1907, S. 82). Aus der Verbreitung der Quarzporphyrgerölle in den Konglomeraten von co2 ist ersichtlich, daß die Wasserläufe, welche sie gebracht haben, in der Richtung von SO gegen NW geflossen sind; denn die Gerölle, die dem Quarzporphyr des Roten Steins bei Euba entstammen, „treten vorherrschend zwischen Gablenz, dem Zeisigwald und Euba", diejenigen aus dem co1 und co2 trennenden Quarzporphyr „vorwiegend bei Lichtenwalde" auf (Siegert und Danzig 1908, S. 30).

Wie die Profile unterhalb der Spezialkarte Augustusburg-Flöha zeigen, ist die Lagerung des Westfals von Flöha bereits annähernd horizontal, nur Verwerfungen bewirken eine verschiedene Höhenlage der einzelnen Teile der Ablagerung. Die Winkeldiskordanz gegen die Hainichener Schichten ist sehr bedeutend. Das zeigt am schönsten der Aufschluß im Kuhloch [60]), wo die Hainichener Schichten des Südostschenkels der Mulde 50—60° NW fallen, während die Schichten von Flöha fast horizontal liegen. Denkt man sich daher die geringmächtige Schichtenfolge der Schichten von Flöha abgehoben, so bleibt eine Landoberfläche zurück, welche sich — im Vergleich mit der Auflagerungsfläche der Hainichener Schichten — nur mehr wenig von der heutigen Oberfläche des Grundgebirges unterscheidet. Das gilt natürlich vor allem für den von den Schichten von Flöha bedeckten Raum, aber in abgeschwächtem Maße sicher auch für dessen Umgebung. Es verhält sich somit das Westfal in Sachsen genau so wie die vollkommen gleichalten Schichten des Pilsner Beckens und die nur

[58]) Albert Heim: Geologie der Schweiz.

[59]) O. Ampferer und W. Hammer (1911). Wenn man hier die Gesteinsmassen ergänzt, welche einst über dem nicht metamorphen Hauptdolomit gelegen waren, der in der Tiefe des Fensters des Hinterhornbachtales zu Tage tritt, so gelangen wir zu einer Gesteinsmächtigkeit von etwa 3500 m (800 m Rhät und Jura der Allgäudecke, 1200 m Hauptdolomit und 1500 m Rhät, Jura und Kreide der Lechtaldecke).

[60]) Das Kuhloch ist ein nahe dem Ostrande des Blattes Chemnitz 250 m nördlich vom Imsberg (320 m) gelegener Graben, der oberhalb Lichtenwalde ins Zschopautal mündet. Erläuterungen zu Blatt Chemnitz S. 31.

sehr wenig jüngeren tiefsten Schichten bei Kladno[61]), wo gleichfalls die Auflagerung auf einer der heutigen schon recht ähnlichen Landoberfläche festgestellt werden muß (Spengler 1941, S. 105—107).

Schon Rathsburg schreibt (1904, S. 409): „Als hohes Faltengebirge sehen wir das Erzgebirge zur mittleren Karbonzeit emporragen, aber bereits in der jüngeren Karbonzeit und noch weit mehr zur Rotliegendzeit finden wir die fließenden Gewässer im Verein mit der Verwitterung eifrig an der Zerstörung seines Aufbaues begriffen. Schon damals muß das Erzgebirge zum Teil bis zu seiner heutigen Oberfläche[62]) erniedrigt worden sein, wie die Karbonbildungen beweisen, die sich im östlichen Erzgebirge an mehreren Stellen dem Gneisplateau direkt aufgelagert vorfinden." Hier möchte ich im Gegensatz zu Rathsburg — dem ich sonst völlig zustimme — nur die Worte: „noch weit mehr" lieber auf die jüngere Karbonzeit beziehen, da die Abtragung im Oberkarbon weitaus größer war als im Rotliegenden, wie sich aus meiner weiteren Arbeit ergibt.

Es ist daher der Zeitraum zwischen der Ablagerung der Hainichener und Flöhaer Schichten, zwischen tiefstem Namur A (Hartung 1938, S. 134) und Westfal B, derjenige Abschnitt der Karbonzeit, in den außer der in drei Unterphasen zerfallenden erzgebirgischen Phase der varistischen Faltung auch das Maximum der Abtragung fällt. Fast der ganze über das heutige Niveau aufragende Teil der Erzgebirgs- und Granulitkuppel, aber auch noch beträchtliche Teile der Zwischengebirgsdecke (südöstlicher Teil) fielen dieser Abtragungszeit zum Opfer. Daß schon zur Zeit der Ablagerung von col die Erzgebirgsgneise in ähnlicher Weise wie jetzt freilagen, zeigt die Zusammensetzung der Konglomerate im Ostteil des Gebietes. „Local, und zwar vorzüglich im Osten des Gebietes, können jedoch die Geschiebe einer oder mehrerer der im Oberlauf des Flöha-Flusses anstehenden Gneisvarietäten (Muscovitgneis, zweiglimmeriger Gneis, feinschuppiger Gneis und kristalline Grauwacke sog. Glimmertrapp) so vorherrschen, daß sie fast allein das Konglomerat zusammenzusetzen scheinen (das Gneisskonglomerat Naumanns), während in der Nähe des Phyllites die oft nur wenig gerundeten Bruchstücke dieses Gesteines überwiegen" (Gäbert und Siegert 1907, S. 73).

Ferner sind wohl auch Teile der Hainichener Schichten vor Ablagerung des Westfals zerstört worden. Sind nun Anhaltspunkte vorhanden, daß die Hainichener Schichten ursprünglich wesentlich ausgedehnter waren als gegenwärtig? Die bereits S. 25 geschilderte Beschaffenheit der Grundbreccie bei Niederlichtenau wie überhaupt die Tatsache, daß das hauptsächlich von Norden zugeführte Konglomerat sehr grob ist[63]), macht es unwahrscheinlich, daß die Stufe des Grundkonglomerates primär wesentlich weiter nach Norden reichte als heute. Da aber auch in der oberen, kohlenführenden Stufe der Hainichener Schichten im Nordflügel der Mulde die Konglomerate vorherrschen und nur stark verunreinigte Kohlenschmitze vorkommen (Siegert und Danzig 1909, S. 42, 45) muß man annehmen, daß auch die obere Stufe der Hainichener Schichten schon ursprünglich in der Richtung gegen Norden keine viel größere Ausdehnung hatte als gegenwärtig. Hingegen ist es ohne weiteres möglich, daß die Hainichener Schichten ursprünglich noch ein beträchtliches Stück weiter gegen Süden reichten als jetzt. Das gilt vor allem für die kohlenführenden Schichten, weniger für die Grundkonglomerate, die im Südschenkel der Mulde bereits Anzeichen einer Geröllzufuhr von Süden erkennen lassen (altpaläozoische und Erzgebirgsgesteine, unter ersteren fossilführende Devonkalke. Siegert und Danzig 1909, S. 44 — Becker 1928, S. 46).

b) Die Abtragung vor Ablagerung des Oberkarbons von Brandau (Westfal C)

Nach Němejc (1935, S. 693) gehören die vier Anthrazitflöze führenden Oberkarbonablagerungen von Brandau ins Westfal C, sind also nur unwesentlich jünger als das Oberkarbon von Flöha, so daß die Landoberfläche, auf welcher sie liegen, wohl als identisch angesehen werden kann mit derjenigen, welcher die Schichten von Flöha aufgelagert sind.

Wie die Profile bei Purkyně und Němejc (1930, S. 9) zeigen, bildet das Oberkarbon und Perm bei Brandau eine an der breitesten Stelle 1,5 km breite, flache, SO-NW streichende Mulde[64]), die sich 3,5 km im Streichen verfolgen läßt. Denkt man sich das Oberkarbon und Perm abgehoben, so bleibt eine an der tiefsten Stelle nur 150 m tiefe Hohlform zurück. Hier ist es also besonders deutlich, daß sich die Landoberfläche des kristallinen Grundgebirges zur Zeit des Westfals nur mehr wenig von der heutigen unterscheidet.

Rathsburg (1904, S. 424) konnte zeigen, daß infolge der leichteren Zerstörbarkeit der Oberkarbon- und Permsedimente (im Vergleiche mit den Erzgebirgsgneisen) die vordiluviale Erosion

---

61) Nach F. Němejc (1937, S. 688) gehört die Flora des tiefsten Flözes im Pilsener Becken an die Grenze von Westfal B und Westfal C, diejenige des Grundflözes bei Kladno ins unterste Westfal C; die Schichten von Flöha gehören nach Gothan (l. c. S. 15) „dem Westfal B (oder älteren C)" an.

62) Diese Worte wurden von mir wegen ihrer Wichtigkeit gesperrt.

63) In den Erläuterungen zu Blatt Frankenberg-Hainichen werden S. 40 Blöcke bis zu 1 m^3 Inhalt angegeben.

64) Diese Muldenform ist erst nach dem Rotliegenden entstanden. In der Zeit zwischen der Ablagerung des Westfal C und des Rotliegenden, also wohl in der Asturischen Phase, wurde das Karbon noch in erzgebirgischer Richtung (SW-NO) flach gefaltet (Purkyně S. 26).

im Brandau-Olbernhauer Becken das Oberkarbon und Perm fast völlig ausgeräumt hat. „Es mußte also hier eine Ausräumung und Wegschwemmung der lockeren Gebilde stattfinden. Auf diese Weise wurde hier annähernd dasselbe Oberflächenbild wieder hergestellt, wie es zur Karbon- und Rotliegendzeit gewesen sein muß, als in die damalige Gebirgsmulde die Schuttmassen des Oberkarbons und Rotliegenden zusammengeschwemmt wurden." Hierzu ist zu bemerken, daß die Auflagerungsfläche des Oberkarbons auf dem Grundgebirge erst durch die jungvaristische Tektonik ihre Muldenform erhielt.

Die Landschaft war zur Zeit des Westfal C bei Brandau zweifellos flacher als bei Flöha. Das ergibt sich aus dem Fehlen grober Grundkonglomerate. Hazard (1889, S. 24) und Purkyně (1930, S. 24) geben in den unterhalb der Mertelmühle aufgeschlossenen oberkarbonischen Konglomeraten nur Gerölle von Hühnereigröße an. Ferner spricht dafür die von Purkyně (S. 25) erwähnte Tatsache, daß die Kohlenflöze unmittelbar dem Gneisuntergrund aufliegen. Es handelt sich offenbar um eine ganz flache Vertiefung im Gelände, die zeitweise mit Torfmoor, zeitweise mit einem Süßwassersee erfüllt war. Es dürfte bei Brandau etwa so ausgesehen haben wie im Bereiche der westböhmischen Steinkohlenbecken, wo die nahe der Basis auftretenden Flöze flache Vertiefungen im Gelände erfüllen, so daß die Landschaft zur Zeit des Westfals den Charakter einer flachwelligen Fastebene gehabt haben muß (Petrascheck 1922/24).

Daß sich das Oberkarbon von Brandau noch etwa 10 km weiter nach Nordwesten fortsetzte, zeigt ein kleiner Konglomerataufschluß an einer Prallstelle der Flöha 1 km westlich von Reukersdorf (Blatt Zöblitz). Da von hier bis kubikfußgroße Gerölle aus dem Konglomerat angegeben werden (Reinisch 1929, S. 35), scheint die Landschaft mit der Annäherung an den Raum von Flöha bereits gebirgiger gewesen zu sein.

c) Die Abtragung vor Ablagerung des Oberkarbons der Altenberger Scholle (Westfal B)

Ein weiteres kleines, durch die Erosion stark zerstückeltes, aber für unsere Frage wichtiges Vorkommen von Oberkarbon erstreckte sich von Seyde und Schönfeld (Blatt Nassau) nach Bärenfels und Bärenburg (Blatt Altenberg-Zinnwald), wozu südlich davon die noch viel kleineren Karbonvorkommen östlich von Zaunhaus-Rehefeld (Blatt Altenberg-Zinnwald) und östlich von Altenberg, sowie ein winziges, völlig in Blöcke aufgelöstes Konglomeratvorkommen bei Holzhau (Blatt Nassau) kommen (Beck 1887, S. 18—30 und Gäbert 1908, S. 15—21). Die sehr spärliche Flora dieser Oberkarbonablagerungen hat im Gegensatz zu den bisher besprochenen seit den Untersuchungen von Geinitz im Jahre 1856 keine moderne paläontologische Bearbeitung erfahren. Aber wir können uns auf das Urteil Gothans (1932, S. 15) stützen, der auch dieses Karbonvorkommen als gleich alt betrachtet mit demjenigen von Flöha [65]). In dieser Hinsicht besonders bemerkenswert ist die mit Flöha übereinstimmende Gliederung; denn auch hier ist die Karbonablagerung durch eine Quarzporphyrdecke in eine untere (st1) und eine obere (st2) Abteilung geschieden. Genau wie bei Flöha führen auch hier nur die Konglomerate der oberen Stufe Porphyrgerölle; stellenweise sind es reine Porphyrbreccien und -konglomerate, die nach Beck (1887, S. 24) durch Eruptivtätigkeit entstandene Tuffe sind. Anthrazitische Kohle tritt bei Schönfeld und Bärenburg in st2 auf [66]). In dem südlicher gelegenen Vorkommen am Brandberge bei Zaunhaus fehlt st1, das Karbon beginnt mit geringmächtigen Porphyrtuffen, über denen 30 m mächtige, Kohlen führende Schichten st2 liegen (Gäbert 1908, S. 19 und Schreiter 1927, S. 158).

Das starke Vorherrschen von zum Teil recht groben Konglomeraten — es werden sowohl in st1 als in st2 Gerölle bis 0,5 m Ø angegeben — scheint für ein ähnlich lebhaftes Relief wie bei Flöha zu sprechen.

Gegen Süden schließt sich das bereits in Böhmen, aber noch im Bereiche des Blattes Altenberg-Zinnwald gelegene Vorkommen an, welches B. Müller (1933, S. 140) aus dem Bornhaustollen beschreibt. Müller bezeichnet die in diesem Stollen aufgeschlossenen, 62,3 m mächtigen Gesteine nicht ausdrücklich als Karbon, sondern als „Paläozoische Schiefer als Liegendes der Porphyrdecke". Tatsächlich spricht die petrographische Beschaffenheit dieser fossilleeren Schiefer weder eindeutig für Oberkarbon noch für Rotliegendes. Aber die Lage, die genau derjenigen des nur 2 km nördlicher gelegenen Oberkarbons am Brandberge bei Zaunhaus entspricht, macht es wohl sehr wahrscheinlich, daß es sich auch hier um Oberkarbon handelt. Die Schichten im Bornhaustollen unterscheiden sich von denen am Brandberge durch das Vorherrschen von Tonschiefern und das Fehlen eines Kohlenflözes; dafür sind Graphitschiefer vorhanden (durch den Teplitzer Quarzporphyr am Kontakt veränderte Kohlenschmitze?).

---

65) Gothan schreibt hier irrtümlicherweise Schönwald statt Schönfeld.

66) Erläuterungen zu Section Nassau S. 24. — Eine neuere Beschreibung des Schönfelder Oberkarbons gibt R. Schreiter (1927, S. 149—150).

Das südlichste Oberkarbonvorkommen der Altenberger Scholle ist das von L a u b e (1887, S. 84, 229—231) beschriebene, auf der böhmischen Seite des Erzgebirges gelegene Anthrazit und Calamites Suckowii führende Vorkommen, welches durch den Bahnbau bei Niklasberg aufgeschlossen wurde.

Zur Beurteilung der voroberkarbonischen Abtragung ist hier wichtig, daß das Oberkarbon teils auf Gneis (Holzhau, Brettmühle, Bärenburg, Altenberg), teils auf Phyllit (Schönfeld, Essigmühle bei Seyde, Brandberg bei Zaunhaus) aufliegt. Das zeigt, daß vor Ablagerung des Karbons die Phyllitmassen nicht nur an Brüchen in den Gneis eingesenkt, sondern auch die höher aufragenden Teile des Phyllits bereits abgetragen waren. Wir müssen doch annehmen, daß ursprünglich ein zusammenhängender Phyllitmantel die Gneise verhüllte.

Auch im Bereiche der Altenberger Scholle und ihrer Umgebung ist wohl seit dem Westfal nicht mehr viel von den kristallinen Schiefern des Erzgebirges abgetragen worden. Nur ist heute im Bereiche des Teplitzer Quarzporphyrs und des Schellerhauer Granits die Oberfläche der kristallinen Schiefer durch Einbruch versenkt und durch Ausfüllung der Rinne mit permischen Eruptivgesteinen verhüllt. Erst die vorcenomane Landoberfläche überzieht in gleicher Höhe das kristalline Grundgebirge und die permischen Eruptivgesteine.

d) Die Abtragung vor Ablagerung des Zwickauer und Lugau-Ölsnitzer Steinkohlenbeckens (Oberstes Westfal C)

Das Oberkarbon des „Erzgebirgischen" (Zwickauer und Lugau-Ölsnitzer) Steinkohlenbeckens ist an der Erdoberfläche nur sehr wenig aufgeschlossen, aber als wirtschaftlich weitaus wichtigstes Steinkohlenbecken durch den Bergbau in seiner Ausdehnung unter Tags sehr gut bekannt. Allerdings gilt das nur insoweit, als die wegen ihrer Mächtigkeit und Reinheit bauwürdigen und wegen ihrer Tiefenlage baumöglichen Flöze reichen.

Durch die sehr genauen, durch Profile erläuterten Darstellungen von H. M i e t z s c h[67]) und Th. S i e g e r t[68]) sind Form und Inhalt dieser Kohlenbecken sehr gut beschrieben. Dazu kommt die Monographie des Lugau-Ölsnitzer Steinkohlenreviers von H. K r u g (1920). In neuerer Zeit werden diese Darstellungen ergänzt durch kurze Beschreibungen von O. S t u t z e r[69]) und von K. P i e t z s c h[69a]).

Nach W. G o t h a n (Die Altersstellung des Karbons von Flöha i. Sa. im Karbonprofil auf Grund der Flora S. 12) gehört das Oberkarbon des Erzgebirgischen Beckens dem h ö c h s t e n W e s t f a l C an. Zum Westfal D kann die Ablagerung deshalb nicht gehören, weil das Hauptleitfossil dieser Stufe (Neuropteris ovata) fehlt[70]).

Das flözführende Oberkarbon ist bis auf ganz schmale Randstreifen im Südwesten (zwischen Planitz und Nieder-Cainsdorf auf Blatt Planitz-Ebersbrunn und am Schmelzbach auf Blatt Kirchberg-Wildenfels) und im Südosten (bei Nieder-Würschnitz auf Blatt Stollberg-Lugau) durch das Rotliegende verhüllt. Letzteres greift besonders im N o r d e n über das Karbon hinaus aufs Grundgebirge über. Nach S i e g e r t (S. 19) reicht auf Blatt Stollberg-Lugau das Karbon bis zu der Linie: nördlich Hohndorf-Nordgehänge des Hofgrabentälchens-Nordteil von Erlbach-Südende von Ursprung-nordwestlich Leukersdorf nach Norden. Der Ferdinandsschacht hat noch das Oberkarbon, der König-Johann-Schacht, das Bohrloch A (nahe der nördlichen Blattgrenze, Profil unterhalb der Karte) und der Teutoniaschacht A (bei P. 327,8) hingegen haben unterhalb des Rotliegenden unmittelbar den Phyllit angetroffen. Auf Blatt Lichtenstein scheint die Nordgrenze des Oberkarbons noch nicht genau bekannt zu sein; M i e t z s c h teilt nur mit, daß der Schacht des Steinkohlenbau-Vereins „Königsgrube" westlich von Bernsdorf und eine Tiefbohrung nördlich von St. Egydien unmittelbar unter dem Rotliegenden das Grundgebirge angetroffen haben (S. 3). Auf

[67]) H. M i e t z s c h : Erläuterungen zu Section Lichtenstein (1877) und zu Section Zwickau-Werdau, I. Aufl. (1877) — Geologische Profile durch das Kohlenfeld von Zwickau (samt Erläuterungen) 1877.

[68]) Th. S i e g e r t : Erläuterungen zu Section Stollberg-Lugau (1881) — Profile durch das Steinkohlenrevier von Lugau-Ölsnitz (samt Erläuterungen) (1882) — Erläuterungen zu Section Zwickau-Werdau. II. Aufl. (1901) — Die obere Steinkohlenformation (in den Erläuterungen zu Section Kirchberg-Wildenfels, II. Aufl. 1901, S. 54—63).

[69]) O. S t u t z e r : Überblick über den geologischen Aufbau des erzgebirgischen Steinkohlenbeckens. In der Festschrift: 75 Jahre Gemeinschaftsarbeit der sächsischen Steinkohlenwerke. Zwickau 1936, S. 25—35. In derselben Festschrift befindet sich auch eine R e v i e r k a r t e des Westsächsischen Steinkohlenbergbaues (1 : 25 000) und zugehörige S c h n i t t d a r s t e l l u n g e n (1 : 10 000), bearbeitet unter Führung von Markscheider Dipl.-Ing. L a n d g r a f.

[69a]) K. P i e t z s c h : Die sächsischen (Steinkohlen-)Vorkommen. In: Der deutsche Steinkohlenbergbau, Technisches Sammelwerk Bd. 1. Essen 1942, S. 243—251.

[70]) Die Einreihung des Erzgebirgischen Beckens in das Stefan in der Tabelle S. 78 in D a n n e n b e r g „Geologie der Steinkohlenlager" (2. Aufl. 1941) beruht auf einem Irrtum. In demselben Werk wird das Oberkarbon des Erzgebirgischen Beckens auf S. 251 richtig ins obere Westfal gestellt.

Blatt Zwickau dürfte das Oberkarbon nicht weit über den Nordrand der Stadt Zwickau hinausreichen, da hier (nach Profil C—D der Festschrift) schon ein sehr tief liegendes Flöz, die untere Abteilung des „Tiefen Planitzer Flözes", die „Abwaschungsgrenze" erreicht.

Auch nach Westen reicht das Oberkarbon nicht weit über die Stadt Zwickau hinaus; wenigstens haben die Bohrlöcher II, IV und V des erzgeb. St. A. Vereins unterhalb des Rotliegenden unmittelbar das Oberdevon angetroffen [71]).

Auch im Süden greift das Rotliegende nicht unbeträchtlich über den Ablagerungsraum des Oberkarbons auf die älteren Gesteine über. Nach Siegert [72]) „sind zwar mehrfach mit Bohrversuchen und Schachtabteufungen in der Gegend von Vielau, Ober-Reinsdorf und Friedrichsgrün noch Schichten der Steinkohlenformation erreicht, jedoch überall arm an Kohlen befunden worden. Für die Gegend von Härtensdorf und Wildenfels ist das völlige Fehlen der Steinkohlenformation nachgewiesen; wenigstens ist man mit dem ungefähr 200 m südlich vom Buchstaben e des Wortes Härtensdorf der Karte geschlagenen Bohrloche direkt unter dem Rotliegenden in einer Tiefe von etwa 130 bis 140 m auf ein „schieferstiftartiges Gestein", also wahrscheinlich auf Tonschiefer des Devons oder Kulms gestoßen". Über neuere Bohrungen berichten Krug (1920, S. 6) und Danzig (1913, S. 83—84). Die 1909 ausgeführte Bohrung von Härtensdorf erreichte nach Krug „nach Durchstoßung von 379 m Rotliegendem das flözleere Karbon, dessen Mächtigkeit mit 115,5 m festgestellt wurde." Das Bohrprofil auf Taf. 17 bei Krug zeigt, daß das Oberkarbon hier aus Konglomeraten besteht, welche mit dünneren Lagen von Schieferton wechsellagern. Es scheint sich demnach um eine sehr dem Rande des Beckens genäherte Ablagerung zu handeln. Die Obergrenze des — übrigens nicht ganz sicheren — Oberkarbons liegt hier zufällig gerade in der Höhe des Meeresspiegels. Unterhalb der oberkarbonischen Konglomerate wurde noch 18,2 m Kulmtonschiefer erbohrt.

Weiter östlich wurden in der Flur Oberzschocken in den Jahren 1899—1905 drei Bohrungen ausgeführt, welche bei Krug mit I, II, III, bei Danzig mit C, A, B bezeichnet sind. Die Bohrung I=C liegt auf Blatt Lichtenstein, II=A auf Blatt Lößnitz-Zwönitz (eingetragen), III=B auf Blatt Stollberg-Lugau [73]). Genaue Bohrprofile befinden sich auf Taf. 17 bei Krug. Alle drei Bohrungen haben das Oberkarbon angetroffen, aber nur die mehr im Innern des Beckens angesetzte Bohrung I auch schwache Kohlenflöze. Demnach reicht das Oberkarbon mindestens bis zur Linie: Charlottenhof in Härtensdorf — Raum südlich des Zollhauses östlich von Zschocken nach Süden. Unterhalb des Oberkarbons haben die drei Bohrungen Tonschiefer erreicht.

Anhaltspunkte für die Ausdehnung des Oberkarbons gegen Osten geben die Tiefbohrungen von Leukersdorf (1913), welche unter dem Rotliegenden noch 125 m Oberkarbon (Krug Taf. 18 und Koßmat 1925, S. 64) und von Neukirchen (auf Blatt Burkhardsdorf), welche noch 53 m Oberkarbon unter dem Rotliegenden angetroffen hat, sowie der Schurf nördlich vom Bahnhof Jahnsdorf (Danzig 1914, S. 44—45).

Nach Siegert (1881) ist der tiefste Punkt, an dem im Lugau-Ölsnitzer Becken die Auflagerung des Oberkarbons auf dem Phyllit erreicht wurde, der Frisch-Glück-Schacht bei Ölsnitz. Hier liegt die Auflagerungsfläche 929,5 m unter der Erdoberfläche (S. 17), 503,9 m unter dem Meeresspiegel (S. 15). In dem oben erwähnten Bohrloch I wurde diese in einer Tiefe von 1086 m angetroffen. Im Zwickauer Teil des Beckens liegt die tiefste bisher durch den Bergbau erreichte Stelle des Oberkarbons im Morgenstern-Schacht III in einer Teufe von etwa 1080 m (Nach Profil A—B der Festschrift). In dem unbekannten, zwischen dem Zwickauer und dem Ölsnitzer Teil des Beckens gelegenen Raume dürfte die Auflagerungsfläche des Oberkarbons auf dem Grundgebirge stellenweise noch tiefer liegen.

Wie das Profil unterhalb der geologischen Spezialkarte Stollberg-Lugau zeigt, wird der Untergrund des östlichen Teiles des erzgebirgischen Oberkarbons durchwegs von Phyllit gebildet; Anhaltspunkte dafür bieten die in dem Profile eingezeichneten Schächte und Bohrlöcher. Da nach der Karte auch alle Schächte und Bohrlöcher, die außerhalb der Profillinie den Untergrund des Oberkarbons erreichten, Phyllit angefahren haben, so scheint nach den Angaben in der Karte und den Profilen von Siegert (1882) im Bereiche des Blattes Stollberg-Lugau nirgends etwas anderes als Phyllit im Liegenden des Oberkarbons anzustehen. Wie mich aber Herr Prof. Pietzsch aufmerksam machte, sind die Angaben insofern nicht ganz verläßlich, als unter „Phyllit" zum Teil jüngere, dem Silur angehörige Schiefer, ja sogar Kieselschiefer (offenbar Obersilur) eingetragen

---

[71]) Die genannten Bohrlöcher sind auf den geologischen Spezialkartenblättern eingetragen. II befindet sich am Nordrande des Blattes Planitz-Ebersbrunn, etwa in der Mitte zwischen Lichtentanne und Nieder-Planitz (bei 10), IV und V liegen auf Blatt Zwickau-Werdau, und zwar IV nur etwa 120 m vom Südrande des Blattes entfernt, V südlich von Marienthal. Die Bohrprofile siehe in den Erläuterungen zu Blatt Zwickau-Werdau, II. Aufl. S. 80 u. 82. 1901.

[72]) Th. Siegert: „Die obere Steinkohlenformation" in K. Dalmer: Erläuterungen zu Section Kirchberg-Wildenfels, S. 55 (II. Aufl. von C. Gäbert 1901).

[73]) Die genaue Lage der Bohrungen ist bei Danzig beschrieben. Alle drei Bohrlöcher sind ferner in der Karte Taf. I bei Krug und in der Revierkarte der Festschrift 1936 eingetragen. Dasselbe gilt auch für das Bohrloch von Härtensdorf (1909).

sind. In einer von K. Pietzsch bearbeiteten, nicht veröffentlichten Karte der „Verbreitung der Steinkohlenformation im Erzgebirgischen Becken" (1 : 100 000) findet sich beim König-Johann-Schacht die Angabe: 583 m Rotliegendes, Phyllit (z. T. Silur). Es scheinen sich daher im nördlichen Teile des Blattes Stollberg-Lugau noch einzelne — wahrscheinlich isolierte — Reste von Silur über dem Phyllit erhalten zu haben, deren Abgrenzung gegen den wirklichen Phyllit nicht festzustellen ist.

Zwischen dem Altpaläozoikum des Vogtlandes und demjenigen nordwestlich von Chemnitz besteht seit dem Westfal wahrscheinlich keine Verbindung mehr. Durch den Beharrlichkeitsschacht bei Grüna wurde gerade die Nordgrenze des Phyllits gegen die Glimmerschieferhülle des Granulitgebirges erreicht [74]).

Hingegen wurden im Bereiche der Blätter Planitz-Ebersbrunn und Zwickau-Werdau das Obersilur und das Oberdevon der Vogtländischen Hauptmulde angetroffen, wobei im Bürgerschacht II das Oberdevon in einer Mächtigkeit von 102,17 m durchteuft und der darunter liegende obersilurische Kieselschiefer erreicht wurde, in den der Schacht noch 47,36 m tief abgeteuft wurde. Auch der zwischen dem Zwickauer Schwanenteich und der Mulde gelegene, nur 200 m von der Ostgrenze des Blattes entfernte Tiefbauschacht I erteufte oberdevonische Schalsteine und Tonschiefer [75]). Die Bohrung von Pölbitz hat mit 583,72 m die Basis des Rotliegenden noch nicht erreicht [76]), hingegen hat das Bohrloch zwischen Hölzel und Rothenbach (südlich von Glauchau) in einer Tiefe von 705,72 m unmittelbar unter dem Rotliegenden das Untersilur angetroffen [77]).

Die einzige, aber wichtige Stelle im Bereiche des Blattes Lichtenstein, die uns Auskunft über den Untergrund des Oberkarbons gibt, ist der frühere, jetzt wieder verfüllte Zwickau-Reinsdorfer Schacht [78]), wo in 519,60 m Tiefe oberdevonische Schichten in einer Mächtigkeit von 26 m erteuft wurden. Leider wissen wir sonst nichts über den Untergrund des Oberkarbons im Bereiche des Blattes Lichtenstein. Es ist infolgedessen auch nicht möglich, die Stelle genau anzugeben, bis zu welcher das Altpaläozoikum der Vogtländischen Hauptmulde gegen Osten reicht. Die einzigen Anhaltspunkte dafür bieten die auf Blatt Kirschberg-Wildenfels unter dem Rotliegenden verschwindenden altpaläozoischen Schichten. Das „Vogtländische Kambrium" reicht hier fast bis zum Ostrande des Blattes; vielleicht reicht es auf Blatt Lichtenstein ebenso weit? Was nun die nach Becker (1925, S. 212) durch eine Scherfläche vom Kambrium getrennten, unterhalb der aus kristallinen Schiefern bestehenden Wildenfelser Decke mitgeschleppten Silur-Devon-Unterkarbongesteine bei Wildenfels betrifft, so zeigt nur die oben erwähnte Bohrung von Härtensdorf, daß der Wildenfelser Kulm noch mindestens 2 km weit unter dem Rotliegenden nach Norden reicht. Sonstige Anhaltspunkte fehlen. Es ist hier aber durchaus möglich, daß der unter dem Rotliegenden verborgene Teil der kristallinen Deckscholle von Wildenfels größer ist als der sichtbare. Das Untersilur der Vogtländischen Hauptmulde reicht am Südrande des Oberkarbons und Rotliegenden bis Rosental bei Wilkau-Haßlau, das Devon nur bis zur westlichen Blattgrenze.

Nach der folgenden Bemerkung von Krug (S. 10) scheint sich auch im Untergrunde von Ölsnitz etwas Altpaläozoikum erhalten zu haben: „Das Karbon liegt meist unmittelbar auf dem Urgebirge, dem Phyllit, auf, teilweise sind jedoch auch silurische Kieselschiefer und vermutlich devonische Grünsteine eingeschoben, wie u. a. bei den Schächten der Bürgergewerkschaft in Zwickau und neuerdings bei dem Gottes-Hilfe-Schacht in Ölsnitz beobachtet wurde."

Bemerkenswert ist, daß dem Oberkarbon des Erzgebirgischen Beckens im Gegensatze zu demjenigen von Flöha die ganz groben, bis 1 m³ erreichenden, wenig oder gar nicht gerundeten Blöcke fehlen. Siegert beschreibt das Oberkarbonkonglomerat im Bereiche des Zwickauer Beckens folgendermaßen: „Die Konglomerate sind in den oberen Niveaus der Zwickauer Steinkohlenformation selten und treten erst nach unten hin in zahlreicheren und stärkeren Schichten auf. Sie bestehen meist aus Geröllen von Quarz und Kieselschiefer, zwischen denen bisweilen zahlreiche, bis walnußgroße Kaolinputzen eingestreut liegen. . . . Ferner wurden hin und wieder in den Konglomeraten . . . mehr oder weniger frische Granulitgerölle beobachtet. In den untersten Niveaus der Steinkohlenformation treten einzelne Nester und Bänke von Konglomeraten und Breccien auf, deren grünlichgraues bis rotbraunes Bindemittel faustgroße, wenig gerundete, ziemlich frische Rollstücke von karbonischem Melaphyr, von Tonschiefer und anderen in der Nähe anstehenden Gesteinen umschließt. Die Konglomerate besitzen fast nur weiße oder hellgraue Farben und infolge des meist tonig-sandigen, selten kieseligen Bindemittels nur ausnahmsweise eine größere Festigkeit und Beständigkeit" (Siegert 1901, S. 14) und im Lugau-Ölsnitzer Becken: „Die Konglomerate enthalten meist Gerölle von Quarz und Kieselschiefer; Geschiebe von Phyllit fehlen selten,

---

74) Erläuterungen zu Blatt Hohenstein-Limbach, 2. Aufl. S. 31 und das 2. Profil unterhalb dieser Spezialkarte.

75) Th. Siegert: Erläuterungen zu Section Zwickau-Werdau (1901), S. 3, 4.

76) Erläuterungen zu Blatt Zwickau-Werdau, 2. Aufl. S. 82.

77) Erläuterungen zu Blatt Glauchau-Waldenburg, 2. Aufl. 1901, S. 30. — Vergl. auch das unterhalb dieses Spezialkartenblattes angebrachte Profil.

78) Th. Siegert: Erläuterungen zu Section Zwickau-Werdau, S. 4. — Der Zwickau-Reinsdorfer Schacht ist identisch mit dem im äußersten Südosten des Zwickauer Reviers gelegenen Hentzschel-Schacht (auch Drei-Fritzen-Schacht genannt).

treten jedoch in größerer Menge nur in den tieferen, dem Urgebirge näher gelegenen Horizonten auf; kleine Kaolinbröckchen sind in der Regel vorhanden." (Siegert 1881, S. 9). Diese Beschreibung zeigt, daß nach der Härte gut ausgelesenes, offenbar weit transportiertes und sicherlich gut gerolltes Material (Quarz und Kieselschiefer) vorherrscht. Nur in den untersten Niveaus ist Aufarbeitungsschutt des unmittelbaren Untergrundes vorhanden. K. Pietzsch (1942, S. 244) erwähnt das „Kümmelgebirge", eine meist nur wenige Dezimeter mächtige Lage von Verwitterungsschutt an der Basis des Oberkarbons. Wildbachschutt wie bei Flöha (S. 29) scheint hier zu fehlen. Das Auftreten von Granulitgeröllen läßt erkennen, daß damals bereits der Granulit des Granulitgebirges freigelegt war und der Gerölltransport vorwiegend von Nordosten gekommen ist.

Von Wichtigkeit ist, daß in den Geröllen des Oberkarbons des Erzgebirgischen Beckens die Granite des Eibenstocker, Kirchberger und Bergener Massivs und deren Kontaktgesteine noch fehlen. Das beweist, daß im Gegensatze zu den Räumen von Flöha und Brandau im westlichen Erzgebirge die oberkarbonische Landoberfläche noch hoch über der heutigen lag.

Wir können aber annehmen, daß trotz des geringen Altersunterschiedes, welcher zwischen den Oberkarbonablagerungen von Flöha (Westfal B) und denjenigen von Zwickau-Ölsnitz (oberstes Westfal C) besteht, die Einebnung des Varistischen Gebirges inzwischen weitere Fortschritte gemacht hat. Die Fläche, auf welcher das Oberkarbon von Zwickau und Ölsnitz aufgelagert ist, kann man bereits als eine Fastebene (oder höchstens als ein flachwelliges Hügelland) bezeichnen. Das ergibt sich nicht nur aus den Profilen auf den geologischen Spezialkarten Zwickau-Werdau und Stollberg-Lugau, sondern auch aus folgender Beschreibung Stutzers (1936, S. 25): „Die Auflagerungsfläche des Karbons ist im Zwickauer Revier ziemlich eben. Das Ölsnitzer Gebiet war vor Ablagerung des Karbons eine schwach gewellte Landschaft, etwa ähnlich der heutigen Oberflächenform dieses Gebietes. Phyllithügel schauten über Niederungen hervor. Hierauf ist die Absätzigkeit der unteren Flöze zurückzuführen."

Das gilt wohl nicht nur für den Untergrund des heute noch erhaltenen Kohlenbeckens, sondern auch für dessen Umgebung. Die Tatsache, daß die Flöze durchwegs mit „Abwaschungsgrenzen" mit dem Rotliegenden in Berührung kommen (Siegert 1901, S. 7), läßt erkennen, daß die Oberkarbonablagerung ursprünglich nach allen Richtungen etwas ausgedehnter war als gegenwärtig. Viel ausgedehnter aber dürfte das Oberkarbon des Erzgebirgischen Beckens auch ursprünglich nicht gewesen sein. Das ergibt sich aus der besonders von Krug hervorgehobenen Tatsache, daß die Flöze gegen die Ränder des Beckens zu an Mächtigkeit abnehmen oder „versteinen". Sehr deutlich tritt diese Erscheinung am Nordrande des Lugau-Ölsnitzer Beckens auf: „Das Flöz I (Glückauf-Flöz) ist im äußersten Norden bereits auf 1 m Mächtigkeit zurückgegangen, Flöz II zeigt in ausgedehnten Teilen, sowohl beim Gersdorfer Steinkohlen-Verein, wie bei Vereinigtfeld durchgreifende Versteinung, Flöz III vertaubt weit vor der Erreichung der Ausdehnungsgrenze der erwähnten oberen Flöze in den Hohndorfer Feldern, oder geht, wie beim Gersdorfer Verein, wo es mit Flöz II vereinigt auftritt, durch allmähliche Abnahme der Kohlenführung zu Ende, und Flöz IV ist, soweit es zur Ablagerung gekommen, ausgekeilt. Auch Flöz V (Grundflöz), welches sich beträchtlich weiter als alle anderen nach Norden erstreckt, zeigt einen ständigen Rückgang der Mächtigkeit und besitzt da nur noch 1 m Stärke, wo es von der Abwaschung erreicht wird. Der Nordrand des Beckens lag aller Wahrscheinlichkeit in unmittelbarer Nähe" (Krug S. 34—35).

Dasselbe gilt aber auch für den Südrand des Beckens. Die bereits S. 33 erwähnte Tatsache, daß die Bohrung von Härtensdorf das Oberkarbon in einer flözleeren, konglomeratreichen Fazies antraf, daß ferner die Bohrungen II und III östlich von Zschocken ebenfalls flözleeres Oberkarbon erteuft haben, spricht dafür, daß wir uns auch hier nicht allzuweit vom ursprünglichen Rande des Oberkarbons und somit vom Ufer des Sees befinden.

e) Das Ausmaß der vor dem Westfal C eingetretenen Abtragung

In der Zeit zwischen der Wende vom Unter- zum Oberkarbon und dem höheren Westfal (C) ist im Erzgebirge und Granulitgebirge — wenn man den Anschauungen von F. Koßmat (1925, S. 25) über das Alter der Tektonik und Metamorphose folgt — eine ganz gewaltige Abtragung eingetreten.

Das ergibt sich vor allem daraus, daß das Westfal C von Brandau und die nur wenig älteren Oberkarbonsedimente der Altenberger Scholle unmittelbar dem Gneis aufliegen, also einem kristallinen Schiefer, welcher erst an der Wende vom Unter- zum Oberkarbon seine Metamorphose in großer Tiefe unterhalb der damaligen Erdoberfläche erlangt hat. Wie mächtig muß also mindestens die Gesteinsmasse gewesen sein, welche hier in dem genannten Zeitraum abgetragen wurde? Nach F. E. Sueß (1926, S. 97) entspricht die Metamorphose der Erzgebirgsgneise der Mesozone Grubenmanns. Nach H. P. Cornelius (1935, S. 316) herrscht in den Alpen noch in Tiefen von 9 bis 10 km unter der Erdoberfläche epizonale Dynamometamorphose. Somit muß mit Rücksicht auf die Tiefenstufe der Metamorphose die über den Gneisen in dem Zeitraum zwischen Unterkarbon und Westfal C abgetragene Gesteinsmasse eine Mächtigkeit von mehr als 10 000 m besessen haben.

Ist es nun auch mit Rücksicht auf die Tektonik möglich und wahrscheinlich, daß eine so mächtige Gesteinsmasse über den Erzgebirgsgneisen gelegen war? Bekanntlich zeigt das Erzgebirge so typisch wie kaum ein anderes Gebiet den allmählichen Übergang von stark metamorphen über weniger metamorphe zu nicht metamorphen Gesteinen: Über den Gneisen folgen die Glimmerschiefer, über diesen die Phyllite, die gegen oben ohne scharfe Grenze in die nur Spuren von Metamorphose aufweisenden Phycodenschichten (Vogtländisches „Kambrium", in Wirklichkeit Tremadoc) übergehen; darüber liegt das nicht metamorphe Silur und Devon, endlich der Kulm. In horizontaler Richtung ist dieser Übergang heute noch vorhanden, in vertikaler Richtung muß er über den Erzgebirgsgneisen früher vorhanden gewesen sein. Wenn wir die Mächtigkeiten der genannten Schichtgruppen aus den Übersichtsprofilen II und V bei Koßmat (1925, Taf. II) entnehmen, so lagen ursprünglich über Annaberg (Profil II):

Kulm	1000 m
Devon	400 m
Silur	500 m
Phyllit + „Kambrium"	1600 m
Glimmerschiefer	2500 m
Gneis	2000 m
Summe:	8000 m

Wenn wir nun bedenken, daß über der Erzgebirgskuppel noch die Münchberg-Wildenfels-Frankenberger Decke mit aufgelagertem Altpaläozoikum lag, so gelangen wir leicht zu der durch die Tiefenstufe der Metamorphose geforderten Zahl von über 10 km.

Welche Zeit steht uns nun für diese Abtragungsvorgänge zur Verfügung? Da die Metamorphose an der Wende von Unter- zum Oberkarbon gleichzeitig mit den Faltungs- und Überschiebungsvorgängen eingetreten ist — F. E. Sueß spricht an der angeführten Stelle ausdrücklich von paratektonischer Kristallisation — die ganze Namurstufe und das Westfal A + B, wobei die Hauptarbeit der Abtragung zweifellos der Namurstufe zufällt. Dieser Zeitraum entspricht genau demjenigen, in welchem der Westteil des oberschlesischen Steinkohlenbeckens abgelagert wurde (Gothan 1935, Tab. S. 224). Nur die auf den Ostteil des Beckens beschränkte, geringmächtige Schichtgruppe der Chelmer Schichten entspricht dem Westfal C. Nun berechnet Schwarzbach (1942, S. 540) auf Grund der Bildungsgeschwindigkeit der Kohlenflöze und der Zwischenmittel die Gesamtdauer der Ablagerung des oberschlesischen Steinkohlenbeckens auf 14 Millionen Jahre, wobei er mit einer Gesamtmächtigkeit des oberschlesischen Oberkarbons von 6800 m (6500 m Zwischenmittel + 300 m Steinkohle) rechnet. Das entspricht der Mächtigkeit im Westteil (Bubnoff 1930, S. 496), wo die Chelmer Schichten fehlen: im Ostteil ist die Mächtigkeit geringer. 14 Millionen Jahre stehen also für die Abtragung des Gebirges im Erzgebirgsraum zur Verfügung. Wenn wir annehmen, daß zwischen dem Gneis und dem Oberkarbon von Brandau 10 000 m Gestein abgetragen wurde, so entspricht dies einer durchschnittlichen jährlichen Abtragung von 0,7 mm. Das ist ein durchaus möglicher Betrag. In Wirklichkeit wird es wohl so gewesen sein, daß im Namur — als das Gebirge noch höher war — die jährliche Abtragung wesentlich mehr als 0,7 mm betrug, im Westfal B hingegen, als das Gebirge schon stark erniedrigt war, wesentlich weniger.

Zu demselben Ergebnisse über die Länge des Zeitraumes, der für die Abtragung zwischen der Sudetischen Orogenese und dem Westfal C zur Verfügung stand, gelangen wir, wenn wir die von Schwinner (1944, Tabelle II gegenüber von S. 234) mit Hilfe der Pb/U-Methode berechneten Zahlen zugrunde legen. Nach Schwinner sind zwischen der Sudetischen und der Asturischen Orogenese 15 Millionen Jahre gelegen. Rechnen wir für das oberste Westfal (C + D) 1 Million[79]) Jahre ab, so erhalten wir gleichfalls 14 Millionen Jahre.

Selbstverständlich ist das Ausmaß der Abtragung in der zwischen dem Erzgebirgssattel und dem Granulitgebirgssattel gelegenen Muldenzone bedeutend geringer gewesen. Wir stehen jetzt wieder vor derselben Frage wie im Barrandium (Spengler 1941, S. 11): Erfolgte zuerst das Aufsteigen der beiden Sättel zu zwei gewaltigen Gebirgszügen von Himalayahöhe, die durch ein Längstal getrennt waren, und dann erst die Abtragung, die schon im obersten Westfal C zu einem Endrumpf führte, oder vollzog sich das Aufsteigen der Sättel gleichzeitig mit der Abtragung ebenso langsam wie diese? In diesem Falle hätte nie ein Gebirge in geographischem Sinne bestanden, die Fastebene des Westphal C wäre ein Primärrumpf. Hier geben uns die in der Muldenzone zwischen den beiden Sätteln erhaltenen Hainichener Schichten eine viel genauere Antwort, als es im Barrandium möglich ist: Weder das eine noch das andere Extrem trifft zu. Wie bereits S. 26 gezeigt wurde, ist das Aufsteigen der beiden Sättel in zwei Phasen erfolgt: Es begann vor Ablagerung der Hainichener Schichten in der Sudetischen Phase und wurde erst vollendet nach deren Ablagerung in der Erzgebirgischen Phase. Aber sicherlich hat das Aufsteigen auch während der Ablagerungszeit der Hainichener Schichten nicht ganz geruht. Es hat damals zwei parallele Gebirgsketten gegeben,

[79]) Wenn wir nach der von Schwarzbach angegebenen Methode die Zeit berechnen, welche zu der Ablagerung der dem Westfal C + D entsprechenden Schichten von Chelm und Libiaz des oberschlesischen Steinkohlenbeckens erforderlich war, so gelangen wir zu einem Zeitraum von 1 325 000 Jahren (vgl. dazu S. 46).

von denen die eine dem Erzgebirge, die andere dem Granulitgebirge entspricht. Nur hatten diese Ketten nicht die phantastische Höhe, die sich ergeben würde, wenn das Aufsteigen ein einheitlicher und sehr rascher Vorgang gewesen wäre, sondern sie waren beträchtlich niedriger — vielleicht nur Mittelgebirge. Der Abtragungsschutt dieser parallelen Gebirgsketten mußte zum Teil in dem Längstal zwischen beiden zur Ablagerung gelangt sein — er ist uns tatsächlich erhalten geblieben in Form der Hainichener Schichten. Zur Zeit der Ablagerung der Grundkonglomerate der Hainichener Schichten war der Aufstieg der beiden Sättel wahrscheinlich noch ziemlich lebhaft, wie das grobe Sediment erkennen läßt; es war dies das Abklingen der Sudetischen Phase. Dann folgte eine Zeit, in der das Aufsteigen fast oder ganz ruhte: jetzt wurden die feinkörnigen Sedimente der oberen Abteilung der Hainichener Schichten abgelagert, das Längstal war zeitweise vermoort, zeitweise mit einem Süßwassersee erfüllt. Zu Beginn der Erzgebirgischen Phase wurde der Abtragungsschutt aus der relativen Ruhepause zwischen beiden Faltungsphasen selbst von der Faltung ergriffen. Jetzt erst erreichten die beiden Gebirgsketten vielleicht ihre größten Höhen, aber auch die Abtragung wurde besonders stark. Zur Zeit der Ablagerung der Schichten von Flöha (Westfal B) war das Gebirge bereits weitgehend erniedrigt, aber doch noch vorhanden, wie der Wildbachschutt im Ostteil des Beckens von Flöha zeigt (S. 29), ist Westfal C, zur Zeit der Bildung der Brandauer Schichten, war die Abtragung noch weiter fortgeschritten (S. 31), im obersten Westfal C, als es zur Bildung der ausgedehnten Moore der Zwickauer und Ölsnitzer Schichten kam, war bereits das Stadium eines in langsamer epirogenetischer Senkung begriffenen Endrumpfes erreicht (S. 35).

Es fragt sich, ob auf Grund der Ergebnisse dieser Untersuchungen in Sachsen nicht die Frage des Alters der Faltung im Barrandium einer Revision bedarf. Aus dem Barrandium wissen wir nur, daß die Faltung zwischen dem Oberdevon und dem Westfal B eingetreten ist. Ich war bisher geneigt, anzunehmen, daß dort die Faltung in der Bretonischen Phase erfolgte, und zwar lediglich aus dem Grunde, damit mehr Zeit für die Abtragung zur Verfügung steht. Nun ist aber das, was die Abtragung im Barrandium geleistet hat, ungleich weniger als ihre Leistung in Sachsen in dem viel kürzeren Zeitraum zwischen der Wende des Unter- zum Oberkarbon und dem Westfal C. Im Barrandium wurde zwischen der Faltung und der Transgression des Westfal C eine Gesteinsmasse von 3000—4000 m Mächtigkeit, im Erzgebirge eine solche von mehr als 10 000 m abgetragen. Es ist daher ganz gut möglich, daß auch im Barrandium die Faltung erst in der Sudetischen Phase eingetreten ist. Der vollständige Parallelismus im Streichen zwischen der böhmischen Silurmulde und den Falten der Saxothuringischen Zone scheint dafür zu sprechen, ist aber natürlich kein Beweis dafür. Anderseits ist aber das Fehlen des Oberdevons und des Unterkarbons im Barrandium kein Beweis dagegen, denn beide Formationen können ja durch Abtragung vollständig verschwunden sein. Aber selbst wenn sie nie vorhanden waren, wäre es kein Gegenbeweis; denn die Faltung muß ja nicht unmittelbar nach Ablagerung der Sedimente eingetreten sein. Nur dann, wenn man sich gänzlich auf den von F. E. Sueß[80]) eingenommenen Standpunkt über das Alter der Tektonik der Böhmischen Masse in Mähren stellt, ist man genötigt, die Faltung des Barrandiums der Bretonischen Phase zuzurechnen. Ich betrachte daher die Frage des Alters der Faltung des Barrandiums als unentschieden. Die in der Außenzone (Westfälischen Zone) liegenden mächtigen Sedimente der Namurstufe und des Westfal A + B sind wohl im wesentlichen der Abtragungsschutt aus der großen Erosionsperiode, welche der Sudetischen Orogenese folgte. Im Ruhrgebiet entspricht nach Kukuk (1928, Tabelle Abb. 34 bei S. 448) den Stufen des Namurs und des Westfals A + B die Schichtenfolge von den Ob.Alaunschiefern bis zum Flöz Ägir, welches die Untere und die Obere Gasflammkohle trennt. Es handelt sich um eine 3200—3400 m mächtige klastische Schichtenfolge[81]), in der schon ein beträchtlicher Teil des Abtragungsschuttes des Varistischen Gebirges angehäuft sein kann; denn die Abtragung im unteren Teile des Oberkarbons hat wohl nur an wenigen Stellen ein so hohes Maß erreicht wie im Erzgebirge. Selbstverständlich soll damit nicht gesagt sein, daß der Abtragungsschutt aus dem Erzgebirge ins Ruhrgebiet gelangte, sondern wahrscheinlich wurde er durch nach Norden fließende Flüsse in das Meer transportiert, dessen Küstensedimente in dem Teile der Außenzone liegen, der unter dem Quartär der Norddeutschen Tiefebene nördlich von Sachsen verborgen ist.

IV. DIE DER ASTURISCHEN PHASE NACHFOLGENDE ABTRAGUNG

Die einzigen Anzeichen von leichten tektonischen Bewegungen, die sich in dem Zeitraume zwischen dem Westfal und der oberen Abteilung des Unterrotliegenden[82]) vollzogen haben, ergeben sich

---

80) F. E. Sueß: Intrusionstektonik und Wandertektonik im variszischen Grundgebirge (Berlin 1926). Vergl. dazu E. Spengler, Lotos 87. Bd. S. 124—133.

81) Nach S. v. Bubnoff: Geologie von Europa II. Bd., 1. Teil, S. 279—280. Die — allerdings geringe — Mächtigkeit der Oberen Alaunschiefer ist dabei gar nicht dazugezählt.

82) Bis in die jüngste Zeit ist es in Deutschland — auch in den Erläuterungen zu den geologischen Spezialkartenblättern von Sachsen — üblich gewesen, nur die Cuseler Schichten als Unterrotliegendes zu bezeichnen

aus der leichten Diskordanz zwischen diesen beiden Formationen. Diese Diskordanz ist im Erzgebirgischen Becken (Zwickau-Ölsnitz), bei Brandau und in dem Raume von Chemnitz-Flöha erkennbar. Es handelt sich hier offenbar um Bewegungen, welche der Asturischen Phase Stilles[83]) (Grenze von Westfal und Stefan) zuzurechnen sind.

a) Erzgebirgisches Becken

Der Diskordanzwinkel zwischen dem obersten Westfal C und dem höheren Unterrotliegenden läßt sich am besten an dem Winkel messen, den die mit einer Abwaschungsgrenze an das Rotliegende herantretenden Kohlenflöze mit den Schichten des Rotliegenden bilden. Wie die Profile durch das Zwickauer und das Lugau-Ölsnitzer Becken[84]) zeigen, ist der Diskordanzwinkel sehr klein; er wäre überhaupt nicht mit Sicherheit feststellbar, wenn das Gebiet nicht durch den Bergbau so vorzüglich aufgeschlossen wäre.

Wenn wir zunächst das Zwickauer Gebiet betrachten, so fällt vor allem auf, daß die Diskordanzwinkel in den SO—NW, also normal auf das varistische Streichen geführten Schnitten nicht größer sind als in den NO—SW oder O—W gerichteten Profilen. In dem SO—NW gerichteten Profile II bei Mietzsch tritt der größte Winkel am Südostrande des Beckens bei Krückelsschacht auf (10°). Südöstlich vom Hoffnungsschacht sind nur 5°, zwischen dem Bürgerschacht II und dem Bahnhofsschacht 9°, bei diesem etwa 8° zu messen. Da das Fallen am Südostrande des Profiles relativ zum Fallen des höheren Unterrotliegenden gegen NW, an den anderen hier erwähnten Stellen gegen SO gerichtet ist, ergibt sich für die Asturische Phase eine muldenförmige Verbiegung des Oberkarbons.

In dem O—W geführten Profile I liegt der größte Diskordanzwinkel am Westrande des Beckens beim Segen-Gottes-Schacht mit etwa 10°, während weiter im Osten nur Winkel von 5°—7° zu beobachten sind. In dem SW—NO gerichteten Profile IV sind die Diskordanzwinkel kleiner (etwa 5° am SW-Rande beim Himmelfahrtschacht), in dem gleichfalls SW—NO geführten Profile III und dem S—N gezogenen Schnitte V sind sie noch kleiner.

Ähnlich liegen die Verhältnisse im Lugau-Ölsnitzer Revier. Auch hier ist eine sehr flache, NO—SW streichende muldenförmige Verbiegung des Oberkarbons vorhanden, wie sich aus der folgenden Beschreibung bei Krug (S. 24) ergibt: „Unmittelbar auf den kambrischen Schichten des Urtonschiefers lagert das Steinkohlengebirge vom Ausstriche bei Niederwürschnitz ausgehend mit 10 bis 15° Einfallen nach Norden, Nordosten und Nordwesten.... Im letzten Drittel der nördlichen Ausdehnung tritt unter den Fluren von Gersdorf eine Verflachung der Ablagerung bis auf 2 Grad ein, während unter dem Orte Hohndorf die Schichten eine söhlige Lage annehmen, um dann im weiteren Norden in ein sanftes Ansteigen von 3° überzugehen. Das Streichen der Schichten ist vorwiegend von NO nach SW gerichtet.“ Verhältnismäßig am größten sind die Diskordanzwinkel in dem durch Verbiegung der flözführenden Schichten ausgezeichneten Raume zwischen Lugau und Nieder-Würschnitz (Profile 2 und 3 bei Siegert). Zwischen dem Einigkeitsschacht und dem Neuschacht besteht nach Profil 2 zwischen dem Hauptflöz und dem Rotliegenden ein Diskordanzwinkel von 12°—13°. Sonst aber sind die Diskordanzwinkel im Lugau-Ölsnitzer Gebiet eher kleiner als im Zwickauer[85]). Besonders am Nordrand liegen die Schichten des Rotliegenden fast parallel mit denen des Oberkarbons, so z. B. in dem NW—SO gezogenen Profil 8 beim Plutoschacht.

Bei der Kleinheit des Diskordanzwinkels und dem geringen Unterschied zwischen der NW—SO-Richtung und den anderen Richtungen ist es sehr fraglich, ob wir hier überhaupt von einer asturischen Faltung sprechen dürfen, ob es sich nicht eher um epirogenetische Vorgänge, um kleinwellige Undationen im Sinne von Stille (1924, S. 26) handelt. Auf den ersten Blick macht die oben erwähnte Verbiegung der Flöze in den Profilen 2 und 3 bei Lugau—Nieder-Würsch-

---

und mit den Lebacher Schichten das Mittelrotliegende zu beginnen. In den neuesten Erläuterungen (zu Blatt Dresden, 3. Aufl. 1934) läßt jedoch Pietzsch, ähnlich wie es im Saargebiet und in Frankreich schon früher üblich war, den Begriff des Mittelrotliegenden gänzlich auf und unterscheidet nur Unter- und Oberrotliegendes. Dieser Vorgang ist besonders durch das Auftreten der Saalischen Phase der Varistischen Orogenese begründet, die in erdgeschichtlicher Hinsicht der wichtigste Einschnitt in der Zeit des Rotliegenden ist. Es soll daher auch hier dieser Vorgang eingehalten werden.

83) H. Stille: 1924, S. 127. F. Koßmat: 1925, S. 111, 112.

84) H. Mietzsch: Geologische Profile durch das Kohlenfeld von Zwickau (Beil. z. d. Erl. zu Bl. Zwickau 1. Aufl. 1877). — Th. Siegert: Geol. Profile durch das Steinkohlenrevier von Lugau-Ölsnitz (Beil. z. d. Erl. zu Bl. Stollberg-Lugau 1882). Die der Festschrift 1938 beigegebenen Profile sind leider für eine Messung des Diskordanzwinkels unbrauchbar, da die Neigung der Rotliegendschichten nicht eingetragen ist. Dasselbe gilt auch für die Profile bei Krug.

85) Nach Krug (S. 26) „ergab die Entblößung der untersten Stufe des Rotliegenden, daß das sog. Abwaschungskonglomerat eine das Steinkohlengebirge in ganz flachem Winkel schneidende Neigung besitzt. Durch wiederholte Beobachtung ist der Neigungswinkel zu durchschnittlich 5° bestimmt worden.“

nitz den Eindruck von Faltung. Aber gerade hier zeigt die aus den Profilen ersichtliche Tatsache, daß die muldenförmige Einsenkung der Flöze von unten gegen oben abnimmt, daß die Senkungsbewegungen schon während des obersten Westfal C begonnen haben und daß es sich daher um kleine Spezial-Undationen im Bereiche der größeren Geosynklinale des Erzgebirgischen Beckens handelt[86]). Wie die Profile Fig. 2 und Fig. 4 bei Siegert (1881, S. 21, 22) erkennen lassen, sind aber Verwerfungen von geringer Sprunghöhe (16 m in Fig. 2, 4 m in Fig. 4) in der Asturischen Phase im Lugau-Ölsnitzer Becken eingetreten. Weitaus die Hauptmasse der Verwerfungen aber, die in so großer Zahl das Erzgebirgische Becken durchsetzen, sind wesentlich jünger (vergl. S. 53).

Die Diskordanz zwischen dem Westfal und der oberen Abteilung des Unterrotliegenden ist aber nicht nur eine tektonische, sondern gleichzeitig auch eine Erosionsdiskordanz. Das Gelände, über welches die obere Abteilung des Unterrotliegenden transgrediert, war sehr uneben. Stutzer[87]) schreibt: „Zur Zeit des nun folgenden Unterrotliegenden war das Gebiet noch trockenes Land. Ein großer Teil der abgelagerten Karbonschichten wurde abgetragen und ein großer Teil der ursprünglichen Flözführung verschwand. Es bildete sich ein breites Tal, in welchem ein Fluß von NO nach SW dahinfloß, wie man aus der Richtung der Abwaschung und aus dem Vorkommen von Granulitgeröll im Grauen Konglomerat, das die Abwaschung bedeckt, schließen kann. In dieser Zeit entstand mit der Abwaschung, an welcher die Kohlenflöze heute im Norden enden, auch der eigenartige karbonische Inselberg von Zwickau, in welchem die Flöze mit nach oben immer kleiner werdenden Flächenraum aufeinander folgen. Wie ein Zeugenberg ragte er damals in der Erosionslandschaft empor. Heute ist er durch jüngere Sedimente bedeckt, aber vollständig erschlossen für den Bergbau. Auch die 2000 Quadratmeter große Insel des unteren Planitzer Flözes im Westen des Himmelsfürstschachtes entstand damals. Eine 40 bis 120 m breite Rinne, die mit Grundkonglomerat angefüllt ist, trennt sie vom übrigen Flöze." Die Gipfelfläche des Inselberges von Zwickau lag bei Oberhohndorf. Vergleiche dazu die „Karte der Grubenfelder und Flözausstriche im Zwickauer Steinkohlenrevier" (1 : 25 000) bei Siegert 1901 sowie das Profil II von H. Mietzsch und die Beschreibung des Inselberges[88]).

Die Profile von Siegert durch das Lugau-Ölsnitzer Revier lassen erkennen, daß das Auskeilen des Oberkarbons gegen Norden in erster Linie auf Erosion in der Festlandszeit vor der Transgression der oberen Abteilung des Unterrotliegenden zurückzuführen ist. Siegert (1881, S. 20) schreibt: „Analoge Verhältnisse[89]) herrschen im Lugau-Ölsnitzer Steinkohlengebiete. Auch diese Ablagerungen werden nach Norden zu von einer Denudationsfläche schräg angeschnitten und begrenzt, welche sich vom südlichen Ausstriche aus langsam nach Norden senkt. Infolge davon wird die Mächtigkeit der erhalten gebliebenen, dem Südgehänge der erzgebirgischen Talwanne angelagerten Karbonschichten nach Norden zu eine immer geringere und hört endlich ganz auf, während gleichzeitig der auf dieser Abwaschungsfläche diskordant aufgelagerte Südflügel des erzgebirgischen Rotliegenden nach Norden zu immer mächtiger wird." Vergleiche dazu die Profile 1, 8 und 9 von Siegert.

W. Schriel (1922, S. 44) führt die aus diesen Profilen ersichtliche Tatsache, daß „ein Flöz nach dem anderen von den die Saarbrückener Schichten diskordant überlagernden Lebacher Schichten abgeschnitten wird" auf orogenetische Vorgänge der Asturischen Phase zurück. Wenn man aber — besonders in dem Profil 9 — den Neigungswinkel der Kohlenflöze mit demjenigen des Tuffrotliegenden (Tu) vergleicht, so zeigt es sich, daß hier fast Parallelität vorhanden ist. Das beweist, daß das Abschneiden der Flöze an der Auflagerungsfläche des Rotliegenden größtenteils auf die Erosionsdiskordanz zurückzuführen ist. Dem Erosionseinschnitt ist nur stellenweise eine ganz flache Verbiegung des Kohlenflöze führenden Oberkarbons vorausgegangen.

In ganz übereinstimmender Weise wie von Siegert wird die Erscheinung des Auskeilens des Karbons von Krug (S. 33—34) erklärt: „In gleicher Weise, wie im Zwickauer Becken, findet auch hier die Ablagerung im Norden ein unvermutetes Ende. Das gesamte Karbon mit 121 m Mächtigkeit ist innerhalb 800 m in nördlicher Richtung in stufenförmiger Weise abgetragen worden, und zwar in einer bis heute nachgewiesenen Ausdehnung von über 3 Kilometern. Der Verlauf dieser Abwaschungslinie von SW nach NO entspricht fast genau der Richtung derjenigen in Zwickau."

Sehr merkwürdig ist, daß sich unter dem Schutze des Grundkonglomerates des Rotliegenden auch Kleinformen der Abtragung prächtig erhalten haben. Es hat sich stellenweise geradezu eine

---

86) Auch Th. Brandes (Das erzgebirgische Becken als Beispiel einer Geosynklinale kleiner Spannweite. Leipzig 1914, S. 26) scheint die Erscheinung ähnlich zu deuten. Er schreibt: „Auch die Ottweiler-Cuseler Lücke könnte der Ausdruck orogenetischer Vorgänge sein, mit denen die von Siegert... beschriebenen Verwerfungen, die nur das Steinkohlengebirge betroffen haben sollen, in Einklang zu bringen wären. Leider ist es mir z. Z. nicht gelungen, solche Störungen von Ottweiler-Cuseler Alter wieder nachzuweisen, es wäre daher sehr wohl möglich, die Lagerung des grauen Konglomerates auf dem Karbon und die dazwischenliegende Erosionsdiskordanz als durch epirogenetische Vorgänge hervorgerufen zu erklären."

87) O. Stutzer: Festschrift Zwickau 1936, S. 31. — Sehr merkwürdig sind die von Stutzer beschriebenen, bis über 80 m tiefen, vor der Transgression des Rotliegenden entstandenen Naturschächte (1934, S. 473).

88) H. Mietzsch: Erläuterungen zu Section Zwickau 1. Aufl. (1877), S. 19 und die zugehörigen Profile.

89) Nämlich wie im Zwickauer Becken.

Miniatur-Terrassenlandschaft aus der Zeit des Unterrotliegenden erhalten, wie besonders schön die Profile durch die Abwaschungsränder des Neuflözes zeigen (Taf. 11 und 13 bei Krug). Diese Terrassen erinnern zum Teil etwas an Schichtstufen, so besonders die auch von Reibisch (1934) in Abb. 6 auf S. 52 reproduzierte Abbildung Krugs. Um wirkliche Schichtstufen kann es sich aber nicht handeln, da nach Reibisch „diese Terrassenbildung unbekümmert um jeden Gesteinswechsel der karbonischen Bänke erfolgte". Es kann sich daher nur um normale Felsterrassen handeln.

Reibisch versucht nun, die Bildung dieser Terrassen — abweichend von der sonst üblichen Erklärung (Wechsel von Seiten- und Tiefenerosion) — durch einen Wechsel von Sedimentation und Seitenerosion zu erklären. „Eine wirkliche Treppenlandschaft kann es überhaupt nicht gegeben haben, da die Treppen erst nach und nach in Richtung von unten nach oben mit fortschreitender Aufschüttung des Grabens angelegt wurden und ihre Entstehung zufälligen Flußverlegungen verdanken." (S. 52). Dieser Vorgang würde den überraschend guten Erhaltungszustand der Terrassenlandschaft erklären, denn Seitenerosion und Ablagerung der Schotter wären fast gleichzeitige Vorgänge, so daß durch Lateralerosion geschaffene Formen sehr rasch eingebettet und dadurch vor Zerstörung geschützt wurden. Auch die Einlagerung von ganzen Flözstücken neben weitgehend abgerundeten Geröllen in das „Graue Konglomerat" würden so leichter zu erklären sein.

Mit anderen Ansichten von Reibisch kann ich mich aber nicht einverstanden erklären, vor allem nicht damit, daß „in der Tiefe der Gräben die Sedimentation vom Beginn der Oberkarbonischen bis zum Abschluß der Rotliegenden überhaupt nicht zur Unterbrechung gekommen ist" und daß die Grabenbildung vom Westfal „mit ständig wechselnder Intensität, aber ohne eigentliche Unterbrechung" bis ins Rotliegende angedauert hat. Die Ausbildung eines Oberflächenreliefs an der Grenze von Oberkarbon und Rotliegendem ist doch nur bei einer zeitweisen Unterbrechung der Sedimentation möglich. Ich stelle mir den Vorgang etwa so vor, daß in der Festlandsperiode im untersten Rotliegenden zunächst verhältnismäßig enge und steilwandige Täler in das flözführende Oberkarbon eingeschnitten wurden. Diese Täler wurden allmählich zugeschüttet; aber der Zuschüttungsvorgang muß zeitweise von Lateralerosion unterbrochen gewesen sein, durch die die Täler verbreitert und die Stufen in die über die Schotter der Talaue aufragenden Hänge eingeschnitten wurden.

Daß die Täler — wie Reibisch meint — ursprünglich tektonische Gräben waren, kommt mir sehr unwahrscheinlich vor. Wenn man den Verlauf der in der Revierkarte der Festschrift 1936 eingetragenen Abwaschungsgrenze des Neuflözes im Ölsnitzer Revier vom Kaiserin-Augusta-Schacht über Friedensschacht, Deutschlandschacht II zum Vereinigtfeldschacht III verfolgt, so ist keinerlei Abhängigkeit vom Streichen der Verwerfungen zu erkennen. Man hat durchaus den Eindruck, daß diese Abwaschungslinie etwa der Isohypse im Gehänge eines Erosionstales folgt. Ebensowenig zeigt der Umriß des Zeugenberges von Oberhohndorf [90]) im Zwickauer Revier eine Anhängigkeit vom Verlaufe der Verwerfungen. Die Verwerfungen sind vielmehr zweifellos — von kleinen Ausnahmen abgesehen — jünger als die Tal- und Terrassenbildung und erst nach vollständiger Ausfüllung der Täler mit Sediment in der Saalischen Phase entstanden.

In der Erosionsperiode der unteren Abteilung des Unterrotliegenden wurde wohl in der Umgebung des Oberkarbons auch etwas vom Grundgebirge abgetragen, aber das Ausmaß dieser Abtragung ist zweifellos geringfügig im Vergleiche mit der vor dem Westfal eingetretenen Denudation.

Nur im westlichen Erzgebirge dürfte diese Abtragung ein größeres Ausmaß erreicht haben. Das ergibt sich aus folgender Überlegung: Es ist möglich, daß die Trockenlegung des Erzgebirgischen Beckens am Ende des Westfal C durch eine Hebung des westlichen Erzgebirges verursacht ist, welche mit der Intrusion der großen westerzgebirgischen Granitplutone (Neudeck-Eibenstock, Kirchberg und Bergen) im Zusammenhang steht. Über das Alter dieser gewaltigen Granitstöcke wissen wir nur, daß sie jünger als die Sudetische Orogenese und älter als die obere Abteilung des Unterrotliegenden sind, in der sie bereits als Gerölle in den Konglomeraten erscheinen (S. 50), während im Zwickauer Oberkarbon Gerölle der Granite und deren Kontaktgesteine noch fehlen (S. 35). Es ist daher möglich, daß diese Granite erst nach der Ablagerung des Zwickauer Oberkarbons (an der Westfal-Stefan-Grenze oder im Stefan) intrudiert sind und mit der Intrusion eine bedeutende, aber sich langsam vollziehende kuppelförmige Aufwölbung des westlichen Erzgebirges verbunden war, die im Unterrotliegenden zu einer Abtragung bis hinab auf die Granitstöcke führte.

b) Raum von Chemnitz und Flöha

Der Raum von Chemnitz, Flöha und Frankenberg ist die ostnordöstliche Fortsetzung des Erzgebirgischen Beckens. Auch hier ist zweifellos eine ganz geringfügige Winkeldiskordanz zwischen

---

[90]) Karte der Grubenfelder und Flözausstriche im Zwickauer Steinkohlenrevier (1 : 25 000) bei Siegert 1901.

dem Westfal (Schichten von Flöha) und der oberen Abteilung des Unterrotliegenden vorhanden, nur ist der Winkel wegen des Mangels an Aufschlüssen nirgends meßbar. In den Erläuterungen zu Blatt Augustusburg-Flöha wird auf Seite 93 folgendes über die untere Stufe des Mittelrotliegenden mitgeteilt: „Sie bedeckt mit einer 50 m kaum übersteigenden Mächtigkeit und in schwebender oder wenig geneigter Lagerung diskordant die obere Steinkohlenformation, das Devon, das Kambrium und die Gneisformation, sowie in Ortelsdorf in der NW-Ecke des Blattes auch den Kulm." (Hiermit sind allerdings die Hainichener Schichten gemeint).

Noch stärker prägt sich die diskordante Lagerung bei dem der oberen Stufe der oberen Abteilung des Unterrotliegenden angehörigen Zeisigwalder Porphyrtuffs aus, der gegen Osten über das Karbon hinaus auf den Phyllit (im Oederaner Wald und bei Schweddey) und den Glimmerschiefer (östlich Gückelsberg) übergreift. Allerdings betrachten Siegert und Danzig (1908, S. 46) den Zeisigwalder Porphyrtuff, dessen Eruptionsstelle nach Rathsburg (1904, S. 395) im Zeisigwalde östlich von Chemnitz, und zwar am Beutenberge, gelegen ist, als eine äolische Ablagerung, so daß es nicht notwendig ist, anzunehmen, daß er auf einer völlig eingeebneten Fläche aufgelagert ist.

Es sind also sichere Anzeichen einer teilweisen Abtragung der Schichten von Flöha vor Ablagerung der oberen Abteilung des Unterrotliegenden vorhanden; es ist somit auch hier eine Erosionsdiskordanz vorhanden. Die Tatsache, daß sich der Zeisigwalder Porphyrtuff wesentlich weiter gegen Osten erstreckt als die untere Stufe der oberen Abteilung des Unterrotliegenden zeigt, daß diese auf eine Vertiefung im Gelände, ein sehr breites flaches Tal beschränkt ist, dessen Sedimente sich bis Berthelsdorf bei Hainichen gegen NO verfolgen lassen. Da diese Vertiefung noch im varistischen Streichen gelegen ist, ist sie offenbar tektonisch angelegt, ein „Trog" im Sinne von Stille. Dieser „Erzgebirgstrog" war im SO von der „Erzgebirgsschwelle", im NW von der „Granulitgebirgsschwelle" begrenzt (Stille 1928, S. 712, 719 und Taf. XVII bei S. 704).

c) Brandauer Becken und Altenberger Scholle

Nach Purkyně prägt sich die Asturische Phase im Brandauer Becken dadurch aus, daß die Oberkarbonsedimente eine WSW-ONO streichende, also im erzgebirgischen (varistischen) Streichen gelegene, sehr flache, von vorpermischen Längsbrüchen durchsetzte Mulde bilden[91]), an die sich gegen NW wahrscheinlich noch einige weitere Falten anschließen, wie das 35° SSO gerichtete Einfallen im Schweinitztale unterhalb der Mertelmühle (Hazard 1889, S. 24) zeigt. Hier handelt es sich — im Gegensatze zu dem Erzgebirgischen Becken und zu dem Raume um Chemnitz und Flöha — zweifellos um echte orogenetische Faltung. Diese Falten erlagen in der Zeit vor der Transgression des Rotliegenden einer teilweisen Abtragung, und das diskordant darüber folgende Rotliegende wurde zu einer flachen, an Brüchen versenkten Mulde von SO-NW gerichtetem Streichen verbogen[92]). Auch hier ist es sicher, daß im Gefolge der Asturischen Faltung außer dem Oberkarbon auch etwas Gneis abgetragen wurde, aber auch hier spielt diese Abtragung eine verschwindende Rolle im Vergleich mit derjenigen vor dem Westfal. Eine Abtragung des Grundgebirges während des Rotliegenden ergibt sich ja schon aus dem Auftreten von bis kopfgroßen Gneisgeröllen in den permischen Konglomeraten, und zwar sowohl bei Brandau (Hazard 1889, S. 27) als bei Nieder-Neuschönberg auf Blatt Zöblitz (Reinisch 1929, S. 36).

Bemerkenswert ist ferner das von Hazard (1889, S. 27) und von Rathsburg (1904, S. 397) erwähnte Vorkommen von Porphyrgeröllen in diesen Konglomeraten aus dem Grunde, weil in der näheren Umgebung von Brandau und Olbernhau kein Porphyr vorhanden ist, von dem sie stammen könnten. Das nächstgelegene Vorkommen von Quarzporphyr ist das etwa 11 km nordöstlich von Olbernhau befindliche Westende des Sayda-Berggießhübler Gangschwarmes bei Voigtsdorf (Moesta 1928, S. 384). Wenn man nicht annehmen will, daß diese äußerst schmalen Gänge die Quarzporphyrgerölle im Rotliegenden von Brandau geliefert haben, müßte man diese aus der über 20 km weit entfernten Teplitzer Quarzporphyrmasse herleiten.

Das Karbon der Altenberger Scholle ist viel stärker als dasjenige von Flöha und auch stärker als das Brandauer tektonisch gestört. Im Kohlenbergbau von Schönfeld fällt das Oberkarbon ziemlich steil gegen Osten ein[93]), das Stollenprofil am Brandberge bei Zaunhaus zeigt 15—20° südgerichtetes Einfallen, während die kleine Mulde am Brandberge 35—40° geneigte Schenkel erkennen läßt[94]). Das in „Zwitterstocks Tiefem Erbstollen" bei Altenberg aufgeschlossene Oberkarbonkonglomerat zeigt ein etwa 30° gegen Westen gerichtetes Einfallen[95]). Auch die

---

91) Vergl. die geologische Karte Taf. 2 und das untere der beiden Profile der Abb. 4 auf S. 9, sowie den Text S. 25—27 bei Purkyně und Němejc (1930).

92) C. Purkyně: S. 9, Abb. 4, oberes Profil und Text S. 27.

93) Siehe das Profil über Schönfeld unterhalb der Spezialkarte Blatt Nassau. Nach den Erläuterungen S. 28 beträgt der Einfallswinkel des flözführenden st2 durchschnittlich etwa 30°, steigert sich aber örtlich bis 85°.

94) Siehe Erl. zu Blatt Altenberg-Zinnwald, S. 18, 19 (Profil).

95) Siehe das Profil von Altenberg unterhalb Blatt Altenberg-Zinnwald.

unter dem Karbon liegenden Gneise und Phyllite zeigen in der Altenberger Scholle meist N-S-Streichen und westlich vom Teplitzer Quarzporphyr vorwiegend östliches, östlich von diesem westliches Einfallen[96]). Es besitzen also die Karbonablagerungen der Altenberger Scholle im allgemeinen die Lagerung einer NS bis NNW-SSO streichenden Mulde. Es ist allerdings fraglich, ob es sich bei dieser „Mulde" um eine durch normalen tektonischen Tangentialdruck entstandene Mulde handelt. Die eigenartige Verknüpfung dieser Mulde mit den Spalten, an denen die gewaltigen Magmamassen des Teplitzer Quarzporphyres und des Schellerhauer Granites emporgestiegen sind, legt vielmehr die Vermutung nahe, daß es sich hier um eine Einbruchs- und Zerrungserscheinung handelt, um eine Art spaltendurchsetzten Graben mit abwärts geschleppten Rändern, welcher den permischen Magmamassen den Aufstieg ermöglicht hat. G. Moesta (1928, S. 393—401) deutet die Altenberger Scholle ebenso wie den Vulkan des Tharandter Waldes (siehe S. 47) als eine Effusionspinge. Während beim Vulkan des Tharandter Waldes diese Deutung außerordentlich überzeugend wirkt, ist das meiner Ansicht nach für die Altenberger Scholle nicht in dem Maße der Fall, und zwar einerseits wegen ihrer viereckigen Form, anderseits wegen ihrer viel bedeutenderen Größe. Der Vulkan des Tharandter Waldes hat einen annähernd halbkreisförmigen Umfang, ist von bogenförmig verlaufenden Spalten umgeben und besitzt einen Durchmesser von 12 km in SW-NO-Richtung, die Altenberger Scholle hingegen besitzt die Gestalt eines in N-S-Richtung langgestreckten Viereckes, dessen Seiten folgende Längen haben: Oberleutensdorf-Hartmannsdorf 25 km, Hartmannsdorf-Dippoldiswalde 10 km, Dippoldiswalde-Teplitz 30 km, Teplitz-Oberleutensdorf 17 km. Dabei handelt es sich bei diesem Umfang vielleicht gar nicht um die ganze Scholle, denn diese erstreckt sich vielleicht noch ein Stück unter das Böhmische Mittelgebirge hinein. Ich habe den Eindruck, daß Moesta in diesem Falle Ursache und Wirkung verwechselt hat, daß nämlich nicht das Einsinken der Scholle die Folge der Effusion des porphyrischen Magmas ist, sondern umgekehrt das tektonische Einbrechen der Scholle an den sie begrenzenden Verwerfungen dem Magma den Durchtritt an die Erdoberfläche ermöglicht hat[97]). Das war auch die bisherige Deutung der Scholle. Daß aber der Einbruch der Scholle schon in vorvaristischer Zeit erfolgte und diese dadurch vom übrigen Erzgebirge getrennt wurde, wie W. v. Seidlitz (1926, S. 8) meint, und daß überhaupt der Bau der Scholle dem Varistischen Gebirge fremd gegenübersteht, kann ich nicht glauben. Wenn man nämlich im Sinne von F. E. Sueß (1926, S. 57—63) und F. Koßmat (1925, S. 25) den jetzt vorliegenden Metamorphosezustand der Erzgebirgsgneise erst der Sudetischen Phase der Varistischen Orogenese zurechnet, gilt das selbstverständlich ebenso für die Gneise innerhalb wie außerhalb der Scholle, und die Randspalten können erst von unterpermischem Alter sein. Es ist auch klar, daß die Spalten nicht älter sein können als die durch diese Spalten emporgedrungenen Magmamassen. Im nördlichen Teile des Gebietes, bei Bärenfels und Bärenburg, sind zwei parallele Zerrungszonen vorhanden, welche von der „Klinge" südlich Bärenburg bis Kipsdorf durch einen schmalen Streifen Karbon tragenden Roten Gneises voneinander getrennt sind; durch das östliche Spaltensystem ist der Teplitzer Quarzporphyr, durch das westliche der Granit von Schellerhau hochgestiegen.

Das Ostfallen des Schönfelder Oberkarbons zeigt, daß sich an die N-S streichende Mulde im Westen ein NNW-SSO streichender Sattel anschließt, in dessen Kern die Granitstöcke von Fleyh und Bobritzsch liegen. Der Granit von Fleyh muß älter sein als der unterpermische Granitporphyrgang Hartmannsdorf-Oberleutensdorf, der ihn durchsetzt (siehe geologische Übersichtskarte von Sachsen!) Es ist daher wahrscheinlich, daß die Intrusion dieser beiden Granitstöcke ebenso wie diejenige der westerzgebirgischen ins höhere Oberkarbon fällt. Gallwitz (1934, S. 379, Tabelle) stellt die Intrusion des Bobritzscher Granits ins obere Westfal. Im Bereiche dieses NNW-SSO streichenden Sattels muß also die Landoberfläche des Westfal B und C — ebenso wie im Bereiche der westerzgebirgischen Granitplutone — noch hoch über der heutigen gelegen gewesen und noch zur Zeit des Rotliegenden eine bedeutende Abtragung erfolgt sein.

d) Die Abtragung des Nordsächsischen Sattels vor Ablagerung des Oberkarbons von Schladebach-Leipzig

Der einzige Raum Sachsens, in dem das Westfal D und das Stefan vorhanden sind, ist die Nordwestecke des Landes, in die der Südostteil der Halleschen Oberkarbonmulde hineinreicht. Das Oberkarbon ist in der 1880—1886 ausgeführten Tiefbohrung von Schladebach in einer Mächtigkeit von 989,80 m durchteuft worden[98]). Die unterste Stufe, die hier 130 m mächtigen Grillenberger

---

96) Erl. zu Blatt Nassau, S. 8, zu Blatt Altenberg-Zinnwald, S. 11 und 15.

97) Das schließt natürlich nicht aus, daß auch nach der Effusion des Magmas noch Nachbewegungen der Scholle erfolgt sind. So scheint nach Moesta (l. c. S. 396) die Schiefstellung der Scholle gegen Osten — wie sich aus der Verteilung der Strukturmodifikationen im Quarzporphyr ergibt — erst nach dessen Ausfluß erfolgt zu sein.

98) Siehe das vollständige Profil der Tiefbohrung bei F. Beyschlag und K. v. Fritsch: Das jüngere Steinkohlengebirge und das Rotliegende in der Provinz Sachsen und den angrenzenden Gebieten. Abhandlg. d. Preuß. Geol. Landesanstalt N. F. H. 10, S. 2—7 oder in den Erläuterungen zur geologischen Karte von Preußen, Blatt Merseburg (Ost), 1909, S. 5—6.

Schichten, gehört nach Gothan (1927, S. 255—257) ins Westfal D, in die Zone der Neuropteris ovata, die darüber liegenden Mansfelder und Wettiner Schichten ins Stefan.

Im Westteil der Stadt Leipzig, in Heines Kanal in Plagwitz, war nach Credner (1883, S. 19—21) die diskordante Auflagerung des Oberkarbons auf der gefalteten und erodierten Grauwacke aufgeschlossen. Nach Pietzsch (Grahmann und Pietzsch 1925, S. 5) handelt es sich bei dieser fossilleeren, früher als Silur oder Kulm betrachteten Grauwacke wahrscheinlich um ein kambrisches oder praekambrisches Gestein. 1938 (S. 17 und Tabelle S. 22) stellt Pietzsch die Grauwacke von Leipzig ins Algonkium. Die Profile Credners (Fig. 2 und 3) zeigen nicht nur eine starke Winkeldiskordanz, sondern sind auch wegen des lebhaften Erosionsreliefs bemerkenswert, dem die Grundkonglomerate des Oberkarbons eingelagert sind. Credner schreibt (S. 19): „Die Oberfläche dieses Grauwackenkomplexes ist eine außerordentlich unregelmäßige, so daß sie sich bald bis fast zum Wasserspiegel des Kanals hinabsenkt, bald wieder bis beinahe unter die Ackerkrume emporhebt; und zwar vollzieht sich dies in so kurzen Abständen, daß die Konturen der Grauwackenschichtköpfe an gegenüberliegenden Stellen der beiderseitigen Kanalwände die größten Abweichungen aufweisen. Am auffälligsten gestalten sich diese Unregelmäßigkeiten ungefähr in der Mitte der derzeitigen Kanallänge, dort, wo dieser aus seiner westlichen Richtung knieförmig nach NW umbiegt. Hier ragt die Grauwacke in drei isolierten Klippen schroff empor, um sich dann nach NW zu im weiteren Verlauf des Kanales allmählich bis direkt unter die von Geschiebelehm gebildete Erdoberfläche zu heben."

Die Faltung der Grauwacke mußte man bei ihrer Zurechnung zum Kulm in die Sudetische Phase stellen. Ist die Grauwacke aber algonkisch, kann die Faltung auch vorvaristisch sein.

Der Asturischen Phase wird von Schriel (1922, S. 45) nur die Bildung der von Etzold (1914, S. 152—154) aus der Verteilung der Kontaktmetamorphose in den Grauwacken und aus seismischen Gründen erschlossenen NW-streichenden Verwerfungen zugeschrieben. Bei algonkischem Alter der Grauwacke wird auch diese Alterseinstufung unsicher.

Das kräftige, unter der Oberkarbonbedeckung erhaltene Relief kann nur auf Erosionsvorgänge zurückgeführt werden, die unmittelbar vor der Transgression des Westfal D stattgefunden haben. Denn ältere Erosionsformen wären bereits eingeebnet gewesen. Es hat daher zu dieser Zeit im Raume von Leipzig eine von Erosionsrinnen durchfurchte Berg- oder Hügelgruppe bestanden, deren Abtragung zu Beginn der Ablagerung des Oberkarbons noch angedauert hat, wie die groben Grundkonglomerate beweisen.

Die Grauwacken von Plagwitz bilden zusammen mit den Silurgrauwacken und dem Granit von Otterwisch, der Silurgrauwacke der Deditzer Höhe östlich von Grimma, der Clanzschwitzer Grauwacke, den kambrischen und silurischen Gesteinen des Collmbergzuges, dem Kulm westlich von Riesa und den Graniten[99]) der Laaser Berge den unter der jüngeren Bedeckung noch sichtbaren Teil des Nordsächsischen Sattels (Credner 1883, Profil S. 5).

Die Granite werden von Gallwitz (S. 365—369, 378—379) mit denen von Dohna im Elbtalschiefergebirge als „Granite des Westlausitzer Zuges" zusammengefaßt und als spättektonischer Pluton ins Namur gestellt. Da die Granite zum Teil noch zu Gneisen geworden sind, müßte das Gebiet auch noch von Bewegungen der Erzgebirgischen Phase betroffen worden sein, und zwar wäre dies die einzige Stelle, wo die Erzgebirgische Phase die Metamorphose von Granit in Gneis hervorgerufen hätte. Sind aber die Granite vorsilurisch, wie Pietzsch (1938, S. 17) annimmt, kann — was zweifellos wahrscheinlicher ist — diese Metamorphose entweder kaledonisch oder sudetisch sein.

Ebenso ist das Alter der Abtragung, welche diese Granite und Gneise freigelegt hat, ganz unsicher. Es ist daher besser, bei der Betrachtung der karbonischen Abtragungsvorgänge den Nordsächsischen Sattel nicht mit einzubeziehen.

V. DIE ABTRAGUNG VOR DER ABLAGERUNG DES PERMS DES DÖHLENER BECKENS

Das Döhlener Becken ist die einzige Stelle in Sachsen, wo Ablagerungen der unteren Abteilung des Unterrotliegenden (Cuseler Schichten), und zwar in Form von Steinkohlen führenden Sandsteinen und Schiefertonen vorhanden sind. Unterlagert werden diese Sedimente noch von dem gleichfalls ins Unterrotliegende zu stellende Wilsdruffer Porphyrit, unter dem an einigen Stellen noch der Unkersdorfer Tuff liegt[100]).

---

[99]) Der auf den Blättern Oschatz-Wellerswalde und Riesa-Strehla als kristallines Grundgebirge ausgeschiedene Biotitgneis wird von Gallwitz (1934, S. 366) als örtlich tektonisch stärker beanspruchter und dadurch schiefrig gewordener karbonischer Granit betrachtet.

[100]) K. Pietzsch: Erläuterungen zu Blatt Wilsdruff, 2. Aufl. 1922, S. 24. — Erläuterungen zu Blatt Dresden, 3. Aufl. 1934, S. 53.

Wie das Profil I bei Koßmat (1925, Taf. II) zeigt, liegt das Rotliegende des Döhlener Beckens mit einer sehr großen Winkeldiskordanz den Erzgebirgsgneisen, dem Elbtalschiefergebirge und dem Meißner Syenit auf. Diese Diskordanz wurde am Spitzberg bei Possendorf, aber auch durch den Bergbau unmittelbar beobachtet. Wie Pietzsch[101]) mitteilt, wurden im Augustusschacht 50—60° ostfallende Diabastuffe, in Grubenaufschlüssen bei Wilmsdorf 60—80° NNO fallende Schichten des Elbtalschiefergebirges festgestellt.

Diese Diskordanz ist der Ausdruck einer gewaltigen Abtragung. Welches Ausmaß erreichte nun diese Abtragung? Zu einer Abschätzung des Ausmaßes der Abtragung führen drei Wege:

1. Bei kristallinen Schiefern die Tiefenstufe der Metamorphose.
2. Bei gefalteten Schichten die Rekonstruktion der Luftsättel der abgetragenen Falten.
3. Die Rekonstruktion des primären Daches der Tiefengesteine.

In dem oben erwähnten Koßmatschen Profile durch das Döhlener Becken fällt die Mittelsächsische Überschiebung etwa 45° gegen NNO ein. Unter der Annahme, daß der Neigungswinkel dieser Schubfläche auch in dem abgetragenen Teile des Gebirges gleich bleibt, wäre sie oberhalb des SSW-Endes des Rotliegenden in 2500 m Höhe über der heutigen Landoberfläche gelegen gewesen. Da es aber wahrscheinlicher ist, daß ihr Neigungswinkel gegen oben abnimmt, wollen wir annehmen, daß sie dort nur 1500 m über der heutigen Erdoberfläche lag. Weiter wollen wir die Annahme machen, daß auch dort noch die Phyllitzone über ihr lag[102]) und daß die Schieferung der Phyllite dort horizontal lag. Die Mächtigkeit der unteren Abteilung der Phyllite kann man nach dem Profile 14 bei Pietzsch (1917, Taf. VIII) — wo die Lagerungsverhältnisse am wenigsten gestört zu sein scheinen — auf etwa 1 km schätzen. Die Phyllite sind kristalline Schiefer der Epizone; zu deren Zustandekommen ist eine Überlagerung von wenigstens 4000 m Gestein erforderlich (nach Cornelius 1935, S. 516). Wir gelangen also auf diesem Wege für das SSW-Ende des Rotliegenden in dem Profile zu einem Mindestbetrag der Abtragung von: 1500 + 1000 + 4000 = 6500 m. Über den paläozoischen Zonen des Elbtalschiefergebirges ist natürlich wesentlich weniger abgetragen worden. Theoretisch müßte es möglich sein, durch Rekonstruktion der Luftsättel der Falten des Elbtalschiefergebirges ein Maß für deren Abtragung zu erhalten. Dazu aber wäre es nötig, die primäre Mächtigkeit der einzelnen paläozoischen Schichtgruppen zu kennen. Nun findet man leider keine Angaben über diese Mächtigkeiten in den Arbeiten von Pietzsch; wahrscheinlich sind die Aufschlüsse zu schlecht und die Lagerung zu gestört für eine genauere Angabe der Mächtigkeiten. Man kann aber eine wenigstens annähernde Vorstellung über die Mächtigkeit der meisten Schichtengruppen durch Abmessen auf den Profilen erhalten. In Abb. 2 soll der Versuch gemacht werden, als Beispiel das Profil 6 bei Pietzsch bis zur tektonischen Uroberfläche[103]) zu ergänzen. Es ist mir selbstverständlich klar, daß eine solche Konstruktion sehr viel Hypothetisches enthält, aber sie gibt doch annähernd ein Maß von der Größe der Abtragung.

Aus den Profilen ergeben sich nun folgende beiläufige Mächtigkeiten der einzelnen Schichtgruppen des Paläozoikums:

Kulm (Kieselschiefer-Hornsteinbreccien) .... 200 m (?)[104]) (Profil 12)
„ (Tonschiefer und Grauwacken) .... 300 m (?) (Profil 12)

		Profil 1	Profile 6 und 7	
Silur	(Kieselschiefer)	70 m	40 m	
„	(Hornstein)	100 m	120 m (SW)	
„	(Tonschiefer)	100 m	100 m (SW)	200 m (NO)
Kambrium (?)	(Diabastuff)	100 m	150 m (SW)	150 m (NO)
„	(Diabas)	100 m		70—100 m (NO)
„	(Kalkstein)	30 m	30 m	
„	(Tonschiefer)	80 m	80 m	

---

101) K. Pietzsch: Erläuterungen zu Blatt Tharandt, 2. Aufl. 1914, S. 69. — Erläuterungen zu Blatt Kreischa, 2. Aufl. 1917, S. 54, 55.

102) Es könnte sich natürlich auch um die Glimmerschieferzone handeln; in diesem Falle würde man zu einem höheren Betrage der Abtragung gelangen.

103) Selbstverständlich hat die tektonische Uroberfläche in ihrer aus den Profilen ersichtlichen bizarren Form als Landoberfläche nie existiert, sondern die Abtragung hat schon vor Bildung der zahlreichen Schubflächen begonnen und während der Bewegung an diesen Flächen angedauert und dabei jeweils die hangendsten Teile des Profiles entfernt. Wahrscheinlich sind einige der Schubflächen erst durch das Eingreifen der Erosion ausgelöst worden (Kerbwirkung).

104) Beim Kulm ist es schwerer als beim Kambrium und Silur durch Abmessen auf den Profilen die Mächtigkeit festzustellen, denn einerseits liegt der Kulm infolge steiler, enger Faltung mehrmals übereinander (K. Pietzsch, Elbtalschiefergebiet, S. 255), andererseits fehlen vielleicht die hangendsten Teile des Kulms in den Profilen. In dem Profile durch das Vogtland bei Koßmat (Übersicht der Geologie von Sachsen, 2. Aufl. Taf. II, Profil V) ist er 1000 m mächtig gezeichnet. Hier soll er nur 500 m mächtig angenommen werden, doch ist es wahrscheinlich, daß auch hier seine primäre Mächtigkeit größer war.

Wie der an der Seite des Profiles angebrachte Höhenmaßstab zeigt, hat die Erosion in der paläozoischen Zone des Elbtalschiefergebirges nur etwa 1000 m mächtige Gesteinsmassen abgetragen, in der Kulmzone wird sogar der Betrag von 1000 m nicht erreicht, wenn die Gesamtmächtigkeit des Kulms mit nur 500 m angenommen wird, was allerdings unwahrscheinlich wenig ist. Die Ergänzung des Profiles gegen oben zeigt ferner, daß das primäre Hangende der Phyllitzone, dessen große Mächtigkeit die Metamorphose der Phyllite zur Folge hatte, im Bereiche dieses Profiles hauptsächlich durch die Erosion in der Namurstufe, und zwar vor Ausbildung der Schubfläche I (zwischen Phyllitzone und Paläozoikum) abgetragen wurde. Denn ohne einen bis in den Phyllit herabreichenden Erosionseinschnitt wäre die Ausbildung dieser Schubfläche gar nicht möglich gewesen. Es ist allerdings auch denkbar, daß ein Teil des Hangenden des Phyllits nicht durch Erosion abgetragen, sondern an der Schubfläche I gegen SW abgeschoben wurde. In diesem Falle müßte man aber die zwischen den Schubflächen I und II gelegene Schuppe des Elbtalschiefergebirges in einer etwas anderen Weise gegen oben ergänzen.

In der Weesensteiner Grauwackenzone ist sicherlich wieder mehr abgetragen worden als im Bereiche des Paläozoikums, denn sie stellt gegenüber der paläozoischen Muldenzone wieder eine Sattelzone dar. In der Weesensteiner Grauwackenzone bestehen allerdings große Unsicherheiten, da 1. nicht bekannt ist, welche Schichtengruppe der Weesensteiner Grauwackenformation als das Liegende und welche als das Hangende zu betrachten ist (P i e t z s c h 1917, S. 230—231), 2. unbekannt ist, was über der Weesensteiner Grauwackenformation lag. Unter der Annahme des einfachsten Baues, daß nämlich das in den Profilen sichtbare steile NO-Fallen den überkippten Mittelschenkel eines gegen SW überkippten Sattels darstellt und daß im Hangenden der Weesensteiner Grauwackenformation die normale Schichtenfolge: Kambrium + Silur + Devon + Kulm lag, ergibt sich in Profil 6 eine Abtragung von etwas über 2000 m Gestein.

Daß hier die vorpermische Abtragung recht bedeutend gewesen sein muß, geht auch aus der Tatsache hervor, daß das Rotliegende unmittelbar über einem T i e f e n g e s t e i n, und zwar im Plauenschen Grunde über dem Meißner Syenit, bei Weißig östlich von Dresden über dem Lausitzer Granit liegt.

Welche Z e i t steht nun für die vorpermische Abtragung zur Verfügung? Die jüngste am Bau des Elbtalschiefergebirges beteiligte Schichtengruppe ist der Kulm. Die Tektonik muß daher jedenfalls nachkulmisch sein. P i e t z s c h (1917/2, S. 284) läßt die Frage noch offen, ob die Hauptfaltung des Elbtalschiefergebirges der vor- oder der nachwaldenburger Phase (Sudetischen oder Erzgebirgischen Phase) angehört. B e c k e r (1928, S. 73, 81) stellt mit guten Gründen die Mittelsächsische Überschiebung in die Erzgebirgische Phase. Auch die Verhältnisse im Elbtalschiefergebirge selbst sprechen für die Zuweisung der Mittelsächsischen Überschiebung und der anderen parallelen Schubflächen zu der Erzgebirgischen Phase. Denn es ist wohl unmöglich anzunehmen, daß die Metamorphose der Erzgebirgsgneise erst zur Zeit der Sudetischen Hauptfaltung vollendet war (K o ß m a t 1925, S. 25) und gleichzeitig die die Gneise abschneidende und mylonitisierende (P i e t z s c h 1927, S. 4) Mittelsächsische Überschiebung derselben Gebirgsbildungsphase angehört. Zwischen beiden Bewegungen muß vielmehr ein großer zeitlicher Zwischenraum liegen — die ganze Namurstufe.

Anderseits hat aber P i e t z s c h zweifellos recht, daß die NW-SO-Bewegung im Elbtalschiefergebirge (Schleppung der Elbtalzone bei G a l l w i t z) etwas jünger sein muß als die Mittelsächsische Überschiebung (1927, S. 25). Auf S. 28 konnte ich feststellen, daß wir innerhalb der Erzgebirgischen Phase drei Unterphasen unterscheiden müssen. Die Mittelsächsische Überschiebung (und die mit ihr annähernd parallelen Schubflächen) wären dann der mittleren, die Schleppung der Elbtalzone der letzten Unterphase der Erzgebirgischen Phase zuzurechnen, die sich auch im Bereiche des Frankenberger Zwischengebirges nach B e c k e r (1928, S. 82) in SO-gerichteten Rücküberschiebungen gegen das Erzgebirge zu äußert.

Noch jünger wäre dann die W e s t l a u s i t z e r S t ö r u n g. Innerhalb der Erzgebirgischen Phase ist dann für diese kein Platz mehr, wir müssen sie mit S c h r i e l und G a l l w i t z in die Asturische Phase stellen. In diesem Zeitpunkt kann aber die Abtragung schon in vollem Gange sein. G a l l w i t z (1934) schreibt über die Westlausitzer Störung: „Diese Bewegungen und die sie begleitenden Umformungen des Gesteins müssen sich bereits in geringerer Erdtiefe abgespielt haben als die vorhergehenden. Wir müssen also zwischen die Erzgebirgische Phase, in die wir mit hoher Wahrscheinlichkeit die Schleppung der Elbtalzone stellen konnten, und die Westlausitzer Störung nicht nur die Bildung des gesamten Meißner Massivs, sondern auch eine lange Zeit der Abtragung stellen. Die Westlausitzer Störung rückt damit mindestens in die asturische Phase."

Für die Abtragung stehen also die Zeiträume des W e s t f a l und des S t e f a n zur Verfügung.

Nun transgrediert aber das Rotliegende nicht nur über den fertigen tektonischen Bau des Elbtalschiefergebirges, sondern auch über die Tiefengesteine der Elbtalzone. Selbstverständlich kann die Abtragung bereits vor der Intrusion dieser Tiefengesteine begonnen haben — denn sie ist ein Vorgang an der Erdoberfläche, die Intrusion hingegen ein solcher der Tiefe. Aber sehr weit fortgeschritten kann die Abtragung zur Zeit der Intrusion der Tiefengesteine noch nicht gewesen sein — denn sonst wäre ja die Überlagerung des Magmas für eine p l u t o n i s c h e Erstarrung bereits zu gering gewesen.

Wann sind nun die Tiefengesteine der Elbtalzone intrudiert? Mit der Reihenfolge dieser Intrusion hat sich H. Gallwitz (1934) beschäftigt.

Gallwitz unterscheidet in dieser Arbeit spättektonische und nachtektonische Plutone. Die spättektonischen Plutone weisen konkordante Kontakte mit dem Nebengestein auf und sind noch durch ihre Form und den Verlauf der Flaserung an die Tektonik des Nebengesteines angepaßt, während die nachtektonischen Plutone diskordante Kontakte besitzen und durch richtungslos-körnige Struktur ausgezeichnet sind. Besonders deutlich sind diese Unterschiede zwischen beiden Gruppen im Meißner Massiv, wo die Syenite und Hornblendegranite zur ersteren, der Hauptgranit und der Riesensteingranit zur letzteren Gruppe gehören.

Gallwitz stellt am Schluß seiner Arbeit (S. 379) das Ergebnis der Untersuchungen in einer Tabelle zusammen. Hier werden die Granite des Westlausitzer Zuges (Dohna) und die Turmalingranite in die Namurstufe, die spättektonischen Syenite und Hornblende-Biotit-Granite des Meißner Massivs ins ältere, der Hauptgranit von Meißen ins mittlere, der Riesensteingranit sowie der Lausitzer und Bobritzscher Granit ins jüngere Westfal eingereiht.

Wenn man aber mit Pietzsch (1938, S. 17) den Lausitzer Granit als vorvaristisch betrachtet, so kann dieser natürlich schon zu Beginn des Karbons freigelegt gewesen sein. Aber mit Rücksicht auf die von allen Beobachtern dem Oberkarbon zugerechnete Intrusion der Meißner Syenit-Granit-Masse kann die Abtragung im Westfal noch kein allzu großes Maß erreicht haben, denn sonst hätte ja bereits das für die granitische Erstarrung des Meißner Massivs notwendige mächtige Gesteinsdach gefehlt.

Demnach fällt im Bereiche der Elbtalzone — und daher auch des Döhlener Rotliegendbeckens — der Hauptteil der Abtragung ins Stefan. Es ist das ein bemerkenswerter Gegensatz zum Erzgebirge, welches im Stefan bereits zur Fastebene abgetragen war (S. 35). Wie bereits Gallwitz richtig erkannt hat (S. 378), muß daher „im ausgehenden Oberkarbon . . . die Elbtalzone eine viel kräftigere Hebung erfahren haben als das südwestlich angrenzende Gebiet des heutigen Erzgebirges."

Nur mit einer Stelle der Tabelle bei Gallwitz bin ich nicht ganz einverstanden: mit der Einreihung der Mittelsächsischen Überschiebung in die Sudetische Phase. Wie bereits S. 28 erwähnt wurde, möchte ich im Gegensatz zu Gallwitz auch die Mittelsächsische Überschiebung in die Erzgebirgische Phase, aber in einen etwas älteren Zeitpunkt als die Schleppung der Elbtalzone stellen. Die Einreihung der Mittelsächsischen Überschiebung in die Sudetische Phase steht auch im Widerspruch mit der von Gallwitz selbst (S. 369) mitgeteilten und durch das geologische Kärtchen auf S. 370 veranschaulichten Tatsache, daß der dem Namur angehörige Turmalingranit von Gottleuba durch die Mittelsächsische Überschiebung abgeschnitten wird.

Es soll nun ebenso wie S. 36 auch hier versucht werden, den Zeitraum, der für die vorpermische Abtragung des Elbtalschiefergebietes zur Verfügung steht, in Jahrmillionen auszudrücken. Wie bereits S. 36 angeführt wurde, berechnet M. Schwarzbach (1942) die Gesamtdauer der Ablagerung des oberschlesischen Steinkohlenbeckens auf 14 Millionen Jahre. Er gelangt zu dieser Zahl unter der Voraussetzung, daß sich 0,1 mm Steinkohle und 0,6 mm Zwischenmittel jährlich bildeten. Berechnen wir auf Grund dieser Zahlen die Dauer des oberschlesischen Westfals und benützen wir dazu die von Patteisky[105]) angegebenen Maximalmächtigkeiten der einzelnen Schichtgruppen:

Schichten von:	Steinkohle:	Zwischenmittel:
Libiaz	10 m	410 m
Chelm	5 m	295 m
Lazisk	29 m	646 m
Orzesche	35 m	1665 m
Ruda	38 m	547 m
Summe:	117 m	3563 m
Bildungsdauer:	1 170 000 Jahre	5 938 333 Jahre
Zusammen:	7 108 333 Jahre (rd. 7 Mill. Jahre)	

Die Dauer des Stefans schätzt Schwarzbach — meiner Ansicht nach eher zu niedrig[106]) — auf 3,5 Millionen Jahre (¼ von 14 Millionen Jahren). Wir gelangen also zu dem Ergebnis, daß für die vorpermische Abtragung der Elbtalzone 10 bis 11 Millionen Jahre zur Verfügung stehen, ein Zeitraum, in dem die im Vergleich mit dem Erzgebirge (S. 36) wesentlich geringere Leistung im Elbtalschiefergebirge leicht erledigt werden konnte.

105) In A. Dannenberg: Geologie der Steinkohlenlager, 2. Aufl. 1941, S. 222, 224.

106) Für eine längere Dauer des Stefans spricht die große Mächtigkeit. So besitzt das Stefan im Becken von St. Etienne nach P. Bertrand (1928, S. 93) eine Mächtigkeit von 2500—3000 m. Ich würde daher eher glauben, daß das Stefan 5—6 Mill. Jahre gedauert hat. Schwinner (1944) nimmt für den Zeitraum Stefan + Unterrotliegend 10 Mill. Jahre an; es ist nicht sehr wahrscheinlich, daß davon nur 3,5 Mill. auf das Stefan entfallen. Ich will mich aber doch hier an die von Schwarzbach gegebenen Zahlen halten.

Etwas knapp ist die Zeit für die Abtragung des Daches des Lausitzer Granites, wenn man seine Intrusion mit Gallwitz ins Obere Westfal versetzt. Aber 4 Millionen Jahre stehen doch zur Verfügung, in denen bei einer Jahresleistung von 0,5 mm eine 2000 m mächtige Gesteinsmasse abgetragen werden konnte. Erst die obere Abteilung des Unterrotliegenden (Lebacher Schichten) transgrediert bei Weißig über den Lausitzer Granit (Etzold 1909, S. 24). Eine 2000 m mächtige Überlagerung könnte zwar für den Lausitzer Granit ausreichen [107]), aber bei einem so gewaltigen Pluton ist es doch wahrscheinlicher, daß die Überlagerung mächtiger als 2000 m war. Bei der Annahme eines vorvaristischen Alters der Intrusion (nach der Ansicht von Pietzsch) erledigt sich diese Schwierigkeit von selbst.

Die durch die oberkarbonische Abtragung geschaffene vorpermische Landoberfläche liegt im Döhlener Becken noch ziemlich tief unter der vorcenomanen, wie die den Spezialkartenblättern: Wilsdruff, Tharandt, Dresden und Kreischa beigegebenen, durch den Steinkohlenbergbau festgestellten Profile erkennen lassen. Hingegen muß sie bei Gottleuba, im Bereiche des Markersbacher Granites, noch hoch über der vorcenomanen Landoberfläche gelegen gewesen sein. Wenn nämlich die Annahme von Gallwitz (S. 372), daß der Markersbacher Granit von spät-unterrotliegendem Alter ist, zutrifft, ist er eher jünger als die Steinkohlen führenden Schichten des Döhlener Beckens. Wäre nun bei Gottleuba die vorpermische Landoberfläche von der vorcenomanen nicht mehr stark verschieden gewesen, so wäre die Bildung eines Tiefengesteines hier nicht mehr möglich gewesen. Bei Weißig hingegen sind — wie ein Blick auf die geologische Spezialkarte Blatt Pillnitz-Weißig zeigt — die vorpermische und die vorcenomane Landoberfläche fast identisch.

Wie sah nun die durch die vorpermische Abtragung geschaffene Landoberfläche im Untergrunde des Döhlener Beckens aus? Die Cuseler Schichten nehmen nur den tieferen Teil eines Beckens ein, die Lebacher Schichten greifen gegen Westen und Süden über den Raum der Cuseler Schichten über [108]). Die tiefsten Teile des Beckens sind von dem Unkersdorfer Tuff und dem Wilsdruffer Porphyrit ausgefüllt, darüber folgt in einer Mächtigkeit von 100—190 m das Sediment der Cuseler Schichten („Steinkohlengebirge"). Denkt man sich die Eruptivgesteine und das Steinkohlengebirge ausgeräumt, bleibt eine rund 200 m tiefe Hohlform zurück. Aber auch der Boden dieses Beckens war keineswegs eben. Pietzsch (1934, S. 51) hebt ausdrücklich hervor, daß die Auflagerungsfläche des Rotliegenden „keine vollkommen ebene Fläche, sondern unregelmäßig gestaltet" ist. An einigen Stellen wurden flache Kuppen und Rücken des Untergrundes durch den Bergbau nachgewiesen [109]). Daß zu Beginn des Unterrotliegenden sogar noch ein beträchtliches Relief in der Umgebung des Beckens bestand, ergibt sich aus dem Auftreten des groben Hänichener Grundkonglomerates, welches Gerölle bis zu 75 cm Durchmesser führt [110]). Allerdings dürften die Unebenheiten dieser Landschaft nicht allein durch die Erosion, sondern auch durch vulkanische Aufschüttung bedingt gewesen sein, wie das Vorherrschen von Geröllen des offenbar dem tiefsten Rotliegenden angehörigen Quarzporphyres des Tharandter Waldes zeigt.

Wie Moesta (1928, S. 379) in sehr überzeugender Weise gezeigt hat, bildete das Vulkangebiet des Tharandter Waldes eine „Gestaffelte Effusions-Pinge", die durch das von Innen gegen Außen fortschreitende Einbrechen des Daches über einem durch Ausfluß der Lava an der Erdoberfläche gebildeten Hohlraum entstanden ist. Unmittelbar nach Abschluß der Eruptionen dürfte der Vulkan die Form einer von einem Ringgebirge umgebenen Einsturzskaldera gezeigt haben, in deren Mitte sich wohl ein Zentralkegel erhob, der aus den Lavamassen aufgebaut war, die aus der im Eruptionszentrum gelegenen Spalte des Grunder Quarzporphyrganges ausgeflossen war (Moesta S. 371). Der Vulkan überragte vielleicht bedeutend seine ganze Umgebung und lieferte daher bei seiner Abtragung reichlich Schutt in das Döhlener Becken.

In seiner Form und in seinen Größenverhältnissen ist der Tharandter Vulkan am besten mit dem Albaner Gebirge oder mit Santorin zu vergleichen. Die Kaldera des Albaner Gebirges besitzt einen Durchmesser von 10,2 × 11,1 km, diejenige von Santorin einen solchen von 11,1 × 17,4 km [111]), während die Kaldera des Tharandter Vulkanes einen Durchmesser von 9 × 12 km besaß.

Zur Zeit der Bildung der Kohlenflöze dürfte die Landschaft schon viel flacher geworden sein, aber ganz eben war sie auch damals sicherlich nicht.

Es besteht kein Zweifel, daß der von Baumfarn- und Calamitenwäldern umgebene Süßwassersee der Cuseler Schichten — bzw. zur Zeit der Ablagerung der Flöze das Torfmoor — in der Richtung gegen SW, S und SO nicht weiter reichte als die heute noch erhaltenen Sedimente. Das ergibt sich

---

107) Vergl. dazu meine Ausführungen über das Dach der mittelböhmischen Granitmasse bei Tehau südöstlich von Prag (1941 S. 115).

108) Vergl. die auf den Spezialkartenblättern Wilsdruff, Tharandt und Kreischa eingetragene rote Linie.

109) Erläuterungen zu Blatt Dresden, S. 51, zu Blatt Tharandt (2. Aufl. 1914) S. 69, zu Blatt Kreischa (2. Aufl. 1917) S. 59.

110) Erläuterungen zu Blatt Kreischa (2. Aufl.) S. 55.

111) Nach F. v. Wolff: Plutonismus und Vulkanismus. Handbuch der Geophysik, 3. Bd., Berlin 1940, S. 224.

aus der Mächtigkeitsabnahme und dem schließlichen Auskeilen der Flöze in diesen Richtungen [112]). Hingegen ist im NO ein Teil des Steinkohlengebirges durch die vorcenomane Erosion abgetragen worden, so daß in dieser Richtung die Ausdehnung des Sees — bzw. Moores — nicht genau bekannt ist [113]). Ob die im Untergrunde der Stadt Dresden durch Bohrungen nachgewiesenen Lebacher Schichten auch durch Cuseler Schichten unterlagert werden, ist nicht bekannt, aber durchaus möglich (Pietzsch 1934, S. 65). Die Lebacher Schichten von Weißig (östlich von Dresden) werden aber nicht mehr von Cuseler Schichten unterlagert. Gegen N wird das Steinkohlengebirge zwar auch von der vorcenomanen Abtragung angeschnitten [114]), aber die starke Abnahme der Flözmächtigkeit im Nordwestteil des Beckens spricht dafür, daß auch in dieser Richtung der See und das Moor nicht viel weiterreichten als die gegenwärtig noch erhaltenen Sedimente.

VI. DIE SAALISCHE PHASE DER VARISTISCHEN OROGENESE UND DIE IN IHREM GEFOLGE AUFTRETENDE ABTRAGUNG

Im Gegensatz zu der auf das Döhlener Becken beschränkten unteren Abteilung des Unterrotliegenden (Cuseler Schichten), ist die früher als Mittelrotliegendes bezeichnete obere Abteilung des Unterrotliegenden (Lebacher Schichten) in Sachsen sehr verbreitet. Abgesehen vom Döhlener Becken erstreckt sich eine ununterbrochene, 65 km lange Zone von Lebacher Schichten aus dem thüringisch-sächsischen Grenzgebiet westlich von Werdau bis nach Hainichen. Dazu kommen einige kleine Vorkommen in Nordsachsen (Saalhausen bei Oschatz) und die winzigen Reste von Brandau und Nieder-Neuschönberg im Erzgebirge sowie von Weißig östlich von Dresden.

a) Döhlener Becken

Im Döhlener Becken wird die feinklastische, überwiegend tonige Sedimentation der Cuseler Schichten in der unteren Abteilung der Lebacher Schichten (rml) fortgesetzt. Nur die grauen Gesteine der Cuseler Schichten werden durch überwiegend rotgefärbte abgelöst, und Kalkgehalt stellt sich ein (Kalkbank am Windberg nordwestlich von Niederhäslich mit der berühmten Stegocephalen- und Reptilienfauna). Der See breitet sich gegen SW in das Quohrener Nebenbecken aus [115]). Die feinklastische untere Abteilung der Lebacher Schichten (rml) erreicht im ehemaligen Kaiserschacht auf Blatt Wilsdruff eine größte Mächtigkeit von 270 m [116]) — ist also wesentlich mächtiger als das ganze „Steinkohlengebirge" der Cuseler Schichten (ru) und dürfte bei der Ähnlichkeit des Sedimentes daher auch einem längeren Zeitabschnitt entsprechen.

Wenn wir die von Schwarzbach für das oberschlesische Steinkohlenbecken angegebene Sedimentationsgeschwindigkeit (0,1 mm Steinkohle und 0,6 mm Zwischenmittel jährlich) auch hier annehmen dürfen, hat sich das „Steinkohlengebirge" in einem Zeitraume von etwa 300 000 Jahren gebildet, wobei dort, wo das Hauptflöz seine größte Mächtigkeit von 9 m erreicht (Heinrichschacht, Profil II bei Hausse, Text S. 79), durch etwa 90 000 Jahre ein Torfmoor bestanden hatte, während die Stufe der bunten Schieferletten (rml) etwa 450 000 Jahre zu ihrer Bildung gebraucht hat. Die obere, konglomeratische Abteilung der Lebacher Schichten (rm2) ist aber zweifellos wesentlich rascher abgelagert worden, und erst recht die Schichtgruppe der Breccientuffe (Tb), die wohl einzelnen Vulkaneruptionen ihre Entstehung verdankt.

Im Raume südwestlich des Döhlener Beckens wurde eine lokale Vorphase der Saalischen Phase der Varistischen Orogenese durch gewaltige vulkanische Explosionen eingeleitet, bei denen die mächtigen Breccientuffe abgelagert wurden. Dann setzte eine kräftige Hebung des Erzgebirgsraumes ein. Das geht daraus hervor, daß die überwiegend feinkörnige Sedimentation der Cuseler Schichten und der unteren Abteilung der Lebacher Schichten (rml) im oberen Teile der letzteren durch grobe Konglomerate abgelöst wird, die Gneis-Porphyr-Konglomerate, die gegen

---

112) R. Haußе: Profile durch das Steinkohlenbecken des Plauenschen Grundes (Das Döhlener Becken) bei Dresden. Erläuterungen zur geol. Spezialkarte des Königreichs Sachsen 1892, S. 49. Vgl. dazu besonders die Profile auf Taf. II.

113) Da das Hauptflöz beim Heinrichsschacht in der Kohlsdorfer Mulde seine größte Mächtigkeit von 9 m erreicht (Hauße S. 79 und Profil II) ist es wahrscheinlich, daß das Moor noch ein beträchtliches Stück über Kohlsdorf hinaus gegen NO reichte.

114) Vgl. das Profil unterhalb des Spezialkartenblattes Wilsdruff.

115) K. Pietzsch: Erläuterungen zu Blatt Kreischa, 2. Aufl. 1917, S. 63.

116) K. Pietzsch: Erläuterungen zu Blatt Wilsdruff, 2. Aufl. 1922, S. 39, und Profil I auf Taf. I bei R. Hauße, Profile durch das Steinkohlenbecken des Plauenschen Grundes bei Dresden (1892).

oben in reine Gneiskonglomerate übergehen. Daraus können wir schließen, daß diese Hebung eine bedeutende Abtragung zur Folge hatte, bei der zuerst der die Gneise bedeckende Tharandter Quarzporphyr — der offenbar ursprünglich wesentlich verbreiteter war als jetzt — entfernt und dann erst der darunter liegende Gneis von der Erosion angegriffen wurde. Daß der Transportweg der Gneisblöcke nur ganz kurz war, zeigt die folgende Beschreibung[117]): „Die reinen Gneiskonglomerate (rm2) bestehen fast nur aus Bruchstücken von grauem Gneis mit etwa nur einem Prozent Quarzporphyr- und noch seltener Amphibolit-, Quarz- und Quarzitgeröllen[118]). Auch rote Gneise sind höchst selten..... Das Bindemittel ist ein oft ziemlich lockerer, von Eisenoxyd rötlich gefärbter Gneisgrus. Sehr gewöhnlich, namentlich in der Gegend der Hermsdorfer Höhen, besitzen die Gneisbruchstücke so eckige und scharfkantige Form, daß das Gestein einem rohen Gebirgsschutte gleicht. An der Quohrener Kipse erreichen einzelne solche Gneisblöcke die Größe von einem Kubikmeter.“ Es muß also damals in dem Raume südwestlich von Hermsdorf höhere, aus grauem Gneis aufgebaute Berge gegeben haben, von denen Wildbäche herabgekommen sind. Es ist daher für die Stufe der Gneiskonglomerate wahrscheinlich, daß wenigstens bei Wendischcarsdorf die Südwestgrenze des Ablagerungsraumes des Rotliegenden von der heutigen Verbreitungsgrenze der Sedimente nicht sehr verschieden war.

Diese Bewegungen wurden als „lokal“ deshalb bezeichnet, weil sie auf die Elbtalzone beschränkt zu sein scheinen — denn im Erzgebirgischen Becken ist rm2 nicht als grobes Konglomerat, sondern überwiegend als Schieferletten ausgebildet — und als „Vorphase“, weil sie durch einen langen Zeitraum, in dem im Erzgebirgischen Becken die Schichtgruppen rm2, rm3 und rm4 abgelagert wurden (siehe S. 52), von der Saalischen Hauptphase getrennt sind. Wegen des lokalen Charakters ist es vielleicht besser, statt von einer Hebung des Erzgebirges von einer Senkung des Elbtalraumes zu sprechen, was ja in seiner Wirkung auf das Sediment des Döhlener Beckens auf dasselbe hinauskommt.

Den Höhepunkt erreichte die Saalische orogenetische Phase wohl erst lange nach der Ablagerung der Gneiskonglomerate mit der tektonischen Störung des Rotliegenden im Döhlener Becken. Infolge des gänzlichen Fehlens des Oberrotliegenden ist es hier unmöglich, festzustellen, ob die muldenförmige Verbiegung der Schichten und die Ausbildung der NW—SO streichenden Verwerfungen bereits der Saalischen Phase angehören oder erst ein Werk einer vorcenomanen Phase der Saxonischen Orogenese sind. Doch scheint mir mit Rücksicht auf den Umstand, daß die Bildung ähnlicher Verwerfungen im Erzgebirgischen Becken bereits vor Ablagerung der „kleinstückigen Konglomerate“ des Oberrotliegenden (rol) (Stutzer 196, S. 33) erfolgt ist, das saalische Alter dieser Störungen weitaus wahrscheinlicher zu sein. Ich befinde mich da in Übereinstimmung mit Koßmat (1925, S. 111) und wohl auch mit Pietzsch[119]).

Da sämtliche Verwerfungen des Döhlener Beckens gegen NO einfallen und einen gesenkten Nordostflügel besitzen, gleichzeitig aber die Schichten flach gegen SW geneigt sind, haben wir sehr typische antithetische Repetitionsverwerfungen im Sinne von Cloos[120]) vor uns (vergleiche dazu die Profilserie bei Hausse!). Sie deuten mit Sicherheit darauf hin, daß in der Saalischen Phase eine Dehnung dieses Raumes in SW—NO-Richtung eingetreten ist.

Bei dem gänzlichen Fehlen des Oberrotliegenden ist es hier selbstverständlich unmöglich, Betrachtungen über die Abtragung des durch diese tektonischen Vorgänge erzeugten Gebirges anzustellen. Nur soviel ist sicher, daß die von der Cenomantransgression angetroffenen Unebenheiten des Bodens (Schwellen- und Klippenfazies über dem Syenit, Unterquader über dem Rotliegenden)[121]) nichts mehr mit der Saalischen Orogenese zu tun haben, sondern nur mehr durch die Gesteinshärte bedingt sind (selektive Erosion).

b) Erzgebirgisches Becken

1. Das Unterrotliegende

Hier soll von der Entwicklung des Rotliegenden im Zwickauer und Lugau-Ölsnitzer Steinkohlenbecken ausgegangen werden, die durch den Bergbau wesentlich besser bekannt sind als die Nachbargebiete.

117) K. Pietzsch: Erläuterungen zu Blatt Kreischa (2. Aufl. 1917) S. 66.

118) Wenn der Transportweg nur etwas größer gewesen wäre, würden wenigstens die Gangquarze und Quarzite in größerer Menge in den Geröllen auftreten.

119) K. Pietzsch: Erläuterungen zu Blatt Kreischa (2. Aufl. 1917) und zu Blatt Dresden (3. Aufl. 1934). Nur in den Erläuterungen zu Blatt Wilsdruff (2.Aufl.1922) S. 43 hält Pietzsch ein jungjurassisches Alter der Verwerfungen für wahrscheinlich.

120) H. Cloos: Über antithetische Bewegungen. Geol. Rundschau 19. Bd. 1928, S. 246—249. Vgl. dazu besonders die untere Abb. in Fig. 1 auf S. 247.

121) K. Pietzsch: Erläuterungen zu Blatt Dresden (3. Aufl. 1934), S. 66—79. Vgl. auch das schematische Profil Fig. 3 auf S. 45 bei W. Petrascheck (1899).

Wie bereits S. 39 gezeigt wurde, war der Raum zur Zeit der Ablagerung der unteren Abteilung des Unterrotliegenden Festland, welches von einem wohl in NO—SW-Richtung fließenden Fluß durchflossen war, dessen Erosionsleistungen unter der schützenden Decke der höheren Stufen des Rotliegenden erhalten geblieben sind.

Sediment treffen wir erst wieder in der 1. Stufe der oberen Abteilung (rml) des Unterrotliegenden, in dem Äquivalent der Lebacher Schichten, an. Diese Stufe wird im Döhlener Becken als „Stufe der bunten Schieferletten", bei Zwickau hingegen als „Stufe der vorherrschenden Konglomerate und Arkosesandsteine" bezeichnet. Siegert (1901, S. 52) beschreibt diese Schichtengruppe folgendermaßen: „In der gesamten Schichtenreihe des Mittelrotliegenden herrscht ein vielfacher Wechsel von tonig-lettigen, sandigen und groben, aus größeren Geröllen gebildeten Ablagerungen. Ihre drei Hauptmodifikationen, die Schieferletten, die Sandsteine und die Konglomerate, bilden ein System von mehr oder weniger ausgedehnten, bald schlanken, bald plumpen Linsen, die sich selten weit fortsetzen und daher niemals in zwei benachbarten Aufschlüssen die gleiche Mächtigkeit besitzen. In der unteren Stufe herrschen in der Regel die Konglomerate und die Sandsteine vor, während die Schieferletten zurücktreten. Außerdem schalten sich, aber nicht überall und stets nur untergeordnet, graue Schiefertone mit schwachen Kohlenflözchen, ferner schwache Bänke von Mergel und Kalkstein ein."

Dieser unregelmäßig, linsenartig gestaltete Wechsel von grob- und feinklastischem Sediment, der besonders schön bei einem Vergleich der an der Seite des Kartenblattes „Zwickau-Werdau" angebrachten Schachtprofile ersichtlich ist, kann als typisch für ein vorwiegend fluviatiles Sediment bezeichnet werden. Der zur Cuseler Zeit erodierende Fluß wird zu Beginn der Lebacher Zeit zur Accumulation gezwungen. In seinem viele Kilometer breiten Bett, auf dem er immer wieder seinen Lauf änderte, gab es auch kleine stehende Gewässer — Tümpel oder Altwässer — in denen Ton und bisweilen auch Kalk abgesetzt wurde. Einige dieser Tümpel waren zeitweise Moore und lieferten das „Wilde Kohlengebirge" der Zwickauer Bergleute. Die vorherrschend rote Farbe und die Arkosen sprechen wohl dafür, daß das Klima bereits trockener war als im Oberkarbon. Vielleicht waren die Abtragungsräume bereits nahezu vegetationslos, aber im Flußtale selbst herrschte noch Vegetation, wie die von Sterzel beschriebene Flora und die Kohlenschmitze beweisen. Besonders interessant ist in dieser Hinsicht die von T. Sterzel[122]) mitgeteilte Verteilung der Flora auf das „Wilde Kohlengebirge", also die Kohlenschmitze führenden grauen Schichten und das übrige überwiegend rotbraun gefärbte Sediment der Stufe. Im Bereiche der feuchteren Räume, in denen die grauen Schiefertone und die Kohlen abgesetzt wurden, tritt ein ziemlich mannigfaltiger, aus Cordaiten, Farnen und Calamiten, nur untergeordnet aus Coniferen bestehender Wald auf, der übrige Teil der Flußaue war mit reinem Coniferenwald (Walchia und Araucarioxylon) bewachsen, der auch auf trockenem Sandboden gedeiht.

Daß der Fluß auch in dieser Zeit noch von NO gekommen ist, zeigt die Angabe von Siegert (1901, S. 53), daß er „zahlreiche gerundete Geschiebe von mittelgebirgischem Granulit führt, während solche des viel näher liegenden Kirchberger Granites fehlen". Erst in dieser Stufe muß daher das Granulitgebirge in größerem Umfange für die Abtragung freigelegt gewesen sein: „Neben den sparsamen Granulitgeröllen im Oberkarbon ist die untere Stufe des Mittelrotliegenden die erste Formation des Erzgebirgischen Beckens, in welcher die von Nord herabkommenden Gewässer reichliche Gerölle von Granulit eingeschwemmt haben, so daß erst in der älteren Rotliegendenperiode die Denudation des bis dahin bedeckten Granulitlakkolithen energischer begonnen haben kann." (Siegert und Danzig 1908, S. 34.)

Doch müssen südlich und südwestlich von Zwickau auch Zuflüsse aus dem Kirchberger Granitmassiv und dessen Kontakthof gemündet haben, denn Dalmer gibt aus den Konglomeraten von rml in der Nordwestecke des Blattes Kirchberg-Wildenfels Gerölle von Feldspat (Gäbert, 1901, S. 65), ferner vom Eisenbahneinschnitt nördlich vom Bahnhof Stenn Arkosen, sowie zahlreiche Gerölle von Fruchtschiefern und Andalusitglimmerfels an (Dalmer 1885, S. 52). Er führt — was durchaus möglich ist — dieses massenhafte Auftreten von Kontaktgesteinen in den Konglomeraten des Rotliegenden darauf zurück, daß damals erst das flach liegende Dach des Kirchberger Plutons entblößt war und daher die Kontaktzone eine größere Ausstrichbreite als heute besaß (Dalmer 1885, S. 9). Allerdings sind die Kontaktgesteine in der Regel härter und witterbeständiger als der Granit und müssen sich daher auch schon aus diesem Grunde stärker anreichern als dieser. Aber auch der Granit muß schon angeschnitten gewesen sein, aber die freiliegenden Teile waren stark grusig verwittert. Dadurch erklärt es sich, daß Granitgerölle nur sehr spärlich vorhanden sind, hingegen die Sandsteine reichlich Feldspatkörner und Biotitblättchen führen.

Die verhältnismäßig große Mächtigkeit von rml (Maximalmächtigkeit bei Zwickau 200 m (Siegert 1901, Tab. S. 51), im Lugau-Ölsnitzer Gebiet 240 m (Siegert 1881, Tab. S. 115), bei Chemnitz 200—250 m (Siegert und Danzig 1908, S. 33)) zeigt, daß sich die Mulde zwischen Erzgebirge

---

122) T. Sterzel: Paläontologischer Charakter des Rotliegenden von Section Stollberg-Lugau. (In den Erläuterungen zu dieser Section, 1881, S. 142).

und Granulitgebirge während der Ablagerung der oberen Abteilung des Unterrotliegenden wieder in langsamer epirogenetischer Senkung gegenüber dem Erzgebirgs- und Granulitgebirgssattel befand, wodurch die energischere Abtragung und die große Sedimentanhäufung in der Mulde erst ermöglicht wurde.

Die nun folgende mittlere Stufe oder „Stufe des Porphyrtuffes und der altvulkanischen Ergüsse" (Siegert 1901, Tab. S. 51) ist durch die sehr rege Vulkantätigkeit gekennzeichnet. Wie die an der Seite des geologischen Spezialkartenblattes Zwickau-Werdau angebrachten Schachtprofile zeigen, beginnt diese Vulkantätigkeit mit der Bildung mächtiger Porphyrtuffe, also mit der Förderung vulkanischer Aschen. Es ist klar, daß nach der viele Jahrmillionen dauernden Ruheperiode [123]) die Eruptionstätigkeit durch explosive Vorgänge eingeleitet werden mußte, bei denen nur lockere Auswürflinge gefördert wurden, ähnlich wie bei den heutigen Vulkanen durch die auf lange Ruhepausen folgenden explosiven Eruptionen nur lockeres Material gefördert wird (Vesuv im Jahre 79, Krakatau im Jahre 1883). Daß sich die Asche nicht in einer gleichmäßig dicken Schicht über größere Räume verteilte, sondern ihre Mächtigkeit an ganz nahe gelegenen Stellen sehr stark wechselte (Siegert 1901, S. 55), ist nur selbstverständlich. Es spricht aber für Ablagerung auf trockenem Boden, nicht unter Wasser. Es muß sich um eine Folge gewaltiger Explosionen gehandelt haben, wie die große Mächtigkeit der Tuffe zeigt [124]). Die Vegetation ist auf dem fruchtbaren Tuffboden viel üppiger geworden [125]).

Wie das in dieser Hinsicht besonders lehrreiche Profil des Tiefbauschachtes I in Zwickau zeigt [126]), folgte dieser explosiven Vulkantätigkeit eine längere Ruhepause, in der hier 5,45 m Sediment abgelagert wurde. Dann setzt abermals Eruptionstätigkeit ein, die wieder mit Aschenförderung begann (0,75 m Tuff). Diesmal aber folgte der Ausfluß von Melaphyrlava. Der Melaphyr ist in zwei getrennten Strömen auf den südlichen Teil des Zwickauer Beckens beschränkt [127]) und erreicht seine größte Mächtigkeit im Frisch-Glück-Schacht bei Oberhohndorf mit 65,8 m (Siegert 1901, S. 58). Im Tiefbauschacht II wurde der westliche Rand des Melaphyrergusses direkt beobachtet: „Derselbe bestand am südlichen Stoße des Schachtes aus einem 3,5 m mächtigen Haufwerke von Melaphyrblöcken, welches sich aber von dort aus nur 2,5 m weiter nach N erstreckte und deshalb am entgegengesetzten Schachtstoße völlig fehlte" (Siegert 1901, S. 57). Auch bei Glauchau erfolgte eine Melaphyreruption (Rothenbacher Bohrloch).

Nach der Melaphyreruption wurde im Profil des Tiefbauschachtes I neuerdings 5,2 m Sediment abgelagert, und dann erfolgte eine Pechsteineruption, die gleichfalls durch Aschenregen eingeleitet wurde (0,8 m Tuff + 7,3 m Pechstein) [128]). Der Pechsteineruption ist unmittelbar der Ausfluß einer nur 3,25 m mächtigen Quarzporphyrlava gefolgt, mit der Ablagerung von 0,75 m Tuff schließt die Vulkantätigkeit.

Im Lugau-Ölsnitzer Revier liegen die Verhältnisse ähnlich, nur ist der Pechstein viel verbreiteter als der Melaphyr [129]). Auch bei Chemnitz wird die Eruptivtätigkeit durch die Ablagerung des 50 m mächtigen „Unteren Porphyrtuffes" eingeleitet, erst nach Ablagerung von 7—8 m Sediment folgt eine Quarzporphyreruption, die aber auch mit Aschenförderung beginnt [130]).

Die Zeit der Vulkaneruptionen war nur eine rasch vorübergehende Episode, dann traten wieder ähnliche Verhältnisse wie vorher ein, doch mit dem Unterschiede, daß nunmehr (in rm2) die tonig-lehmige Sedimentation (Schieferletten) weitaus vorherrscht, was wiederum besonders deutlich die Profile des Bürgerschachtes II und des Tiefbauschachtes I zeigen, welche

---

123) Seit der Eruption des dem Westfal angehörigen oberkarbonischen Melaphyrs (Mc) ist bei Zwickau keine Vulkaneruption erfolgt.

124) Die größte Mächtigkeit erreicht der Tuff im Segen-Gottes-Schacht mit 51,87 m und ist hier in 7 Bänke geteilt, was wohl auf 7 Eruptionen hindeutet. Noch mächtiger ist der Porphyrtuff im Bohrloch von Rothenbach südlich von Glauchau: 82,18 m, worin allerdings auch Sedimentlagen enthalten sind (Erläuterungen zu Blatt Glauchau-Waldenburg, 2. Aufl., S. 31).

125) Vgl. die von T. Sterzel gegebenen Fossillisten (Erl. zu Blatt Zwickau-Werdau, 2. Aufl. S. 128—132, und zu Blatt Stollberg-Lugau S. 144—145).

126) An der Seite des Spezialkartenblattes Zwickau-Werdau angebracht.

127) Erläuterungen zu Blatt Zwickau-Werdau, 2. Aufl. S. 57. — Vgl. auch die der 1. Aufl. der Erläuterungen zu Blatt Zwickau beigegebenen Profile von Mietzsch.

128) Die aus diesem und dem Profile des Bürgerschachtes II ersichtliche Verknüpfung von Tuff- und Lavaeruptionen spricht gegen W. Klüpfels „Faziesgesetz der vorquartären Vulkaneruptionen" (1933). 1937 (S. 6) schreibt er: „Der permische Zyklus ... beginnt im Unterrotliegenden mit Porphyrtuffen, welche nach einer Pause (Konglomerate!) im Mittelrotliegenden fortsetzen. Nach einer Pause im Oberrotliegenden (Konglomerate!) folgen die Intrusionen von Quarzporphyr, Orthoklasporphyr, Porphyrit und Melaphyr." Das ist aber nicht möglich, da bereits in den Konglomeraten des Oberrotliegenden reichlich Quarzporphyrgerölle auftreten, und zwar besonders dort, wo der Untergrund aus permischem Quarzporphyr besteht (vgl. dazu S. 72).

129) Der Melaphyr ist nur auf den südlichsten Teil des Reviers beschränkt. Vgl. das Profil 9 der Profile durch das Steinkohlenrevier von Lugau-Ölsnitz, welche als Beilage zu den Erläuterungen zu Blatt Stollberg-Lugau erschienen.

130) Profil in einem Steinbruch bei Furth, Erl. zu Blatt Chemnitz, 3. Aufl. 1908, S. 40—41.

an der Seite des geologischen Spezialkartenblattes Zwickau-Werdau angebracht sind. Kalkstein- und Dolomitlagen sowie „Wildes Kohlengebirge" kommen auch in rm2 vor, letzteres allerdings nur in den untersten Teilen.

Gehen wir von Zwickau gegen Osten, so sehen wir, daß die Sandsteine und Konglomerate in rm2 häufiger werden (S i e g e r t 1901, S. 62 und 1881, S. 132).

	Westlichste Schächte bei Zwickau:	Schächte östlich der Mulde:	Lugau-Ölsnitzer Revier:
Schieferletten	80—92%	49—75%	28—76%
Konglomerat:	0—7 %	9—26%	2—50%

Auch das spricht dafür, daß der Fluß von Nordosten gekommen ist. Die Vegetation ist bei Chemnitz noch reicher als in rm1, d. h. sie ist durch den auf den Vulkanismus zurückzuführenden Verkieselungsprozeß besonders reichlich überliefert und gut erhalten [131]). Von den östlichen Teilen der Blätter Stollberg-Lugau (S i e g e r t 1881, S. 131) und Hohenstein-Limbach [132]) an gegen Osten schaltet sich auch in dieser Stufe eine Tufflage ein, der „Obere oder Zeisigwalder Porphyrtuff", der erst im Bereiche der Blätter Chemnitz und Augustusburg-Flöhâ seine Hauptverbreitung erlangt. Auch in dem über dem Zeisigwalder Porphyrtuff gelegenen Sediment (rm3) — was aber dem rm2 auf den Blättern Stollberg-Lugau und Lichtenstein und dem oberen Teile von rm2 auf den Blättern Zwickau-Werdau, Hohenstein-Limbach, Planitz-Ebersbrunn und Kirchberg-Wildenfels entspricht [133]) — herrschen bei Chemnitz die Sandsteine vor (S i e g e r t und D a n z i g 1908, S. 50—51), im Westen hingegen die Schieferletten.

In den Erläuterungen zu den Spezialkartenblättern wird der untere, meist rotbraun oder grünlich gefärbte Teil der Schieferletten noch als oberste Stufe zum Mittelrotliegenden (rm2, bzw. rm2 und rm3), der obere, lebhaft ziegelrot gefärbte, an gröber klastischem Sediment noch ärmere Teil der Schieferletten hingegen als ro1 bereits zum Oberrotliegenden gerechnet. T h. B r a n d e s (1914, S. 11) weist jedoch mit Recht darauf hin, daß es sich aus „tektonisch-paläogeographischen Gründen" empfiehlt, die Stufe ro1 noch zum Unterrotliegenden zu stellen, und A. S c h u s t e r (1933, S. 20, 22—24) stellt die triftigen Gründe zusammen, die dafür sprechen, und bezeichnet die Stufe ro1 als rm4. Der wichtigste Grund, die Grenze zwischen Unter- und Oberrotl'egendes an die Grenze von ro1 und ro2 der geologischen Spezialkartenblätter zu legen, ist die Tatsache, daß in diesem Zeitpunkt die S a a l i s c h e P h a s e d e r V a r i s t i s c h e n O r o g e n e s e stattfand.

Die lebhaft rote Farbe sowie das starke Zurücktreten der Vegetation [134]) sprechen dafür, daß das Klima in rm4 n o c h t r o c k e n e r geworden ist. Wahrscheinlich ist an Stelle des Flußtales ein abflußloser (?) See getreten. Die Landschaft war wohl schon weitgehend eingeebnet, die in diesen See mündenden Bäche brachten meist nur ganz feine Trübe mit, so daß sich die Abtragung in sehr langsamem Tempo vollzog. Aber die epirogenetische Senkung des Troges muß doch weitergegangen sein, sonst wäre die Ablagerung einer so mächtigen Sedimentmasse nicht möglich gewesen.

Die Mächtigkeit von rm2/3 nimmt von Westen gegen Osten mit dem Gröberwerden des Sedimentes zu. Im Bohrloch von Pölbitz beträgt sie 134,38 m (S i e g e r t 1901, S. 82), im Teutoniaschacht bei Gersdorf 271,3 m [135]), im Richard-Hartmann-Schacht bei Reichenbrand wahrscheinlich 430 m [136]), bei Neukirchen 700 m (D a n z i g 1914, S. 54). In letzterem Falle handelt es sich allerdings um eine besonders grobklastische, überwiegend konglomeratische Ausbildung, bei Chemnitz scheint die Mächtigkeit wieder etwas geringer zu sein, aber doch 400—500 m zu betragen. Die größte Mächtigkeit von rm4 wird für das Bohrloch bei Rödlitz (Ostrand von Blatt Lichtenstein) mit 508 m angegeben (S i e g e r t, 1881, S. 137), die zweitgrößte für den Brückenbergschacht I (Blatt Lichtenstein SW) mit 369,84 m (S i e g e r t 1901, S. 83, vgl. auch S. 65). Die großen, von S i e g e r t 1881, S. 137 für Blatt Stollberg-Lugau angegebenen Mächtigkeitsschwankungen sind sicherlich nicht primär, sondern auf teilweise Abtragung nach der in der Saalischen Phase erfolgten Schollenzerstückelung zurückzuführen. Es ist daher nicht möglich, zu sagen, ob auch die Mächtigkeit von rm4 gegen Osten primär zunimmt. Zweifellos entsprechen rm2/3 und rm4 Zeiträumen von s e h r l a n g e r D a u e r.

---

131) T. S t e r z e l : in den Erläuterungen zu Blatt Chemnitz, 3. Aufl. S. 52—58.

132) Profil 2 unterhalb dieses Blattes und Erläuterungen dazu, 2. Aufl. S. 47.

133) A. S c h u s t e r bezeichnet daher mit Recht diese Stufe als rm(2+3). (1933, S. 21).

134) Nur im Ölsnitzer Gebiet wurde in rm4 noch eine kleine Flora gefunden (Erl. zu Blatt Stollberg-Lugau, S. 146), sonst nirgends.

135) Erläuterungen zu Blatt Stollberg-Lugau, S. 132. Die Zahl 271,3 ergibt sich durch Addition der 3 in der Spalte für den Teutoniaschacht bei Gersdorf angeführten Zahlen.

136) Die Mächtigkeit des zwischen der Obergrenze der Stufe der Porphyrtuffe und der Untergrenze des „Wilden Kohlengebirges" gelegenen Teiles von rm2 schwankt in dieser Gegend in sehr geringen Grenzen (23,23 m im Beharrlichkeitsschacht, 27,79 m im König-Johann-Schacht, 19,39 m im Dufourschacht. Erläuterungen zu Blatt Hohenstein-Limbach, 2. Aufl., S. 40). Da der Richard-Hartmann-Schacht, in dem rm2 in einer Mächtigkeit von 419,27 m durchteuft wurde (Erläuterungen S. 44), noch 10,41 m in den unterhalb des Wilden Kohlengebirges gelegenen Teil von rm2 abgeteuft wurde, fehlen wahrscheinlich nur mehr etwa 10 m bis zur Liegendgrenze von rm2.

2. Die Saalische orogenetische Phase

Wie die Profile durch das Zwickauer und Lugau-Ölsnitzer Steinkohlenrevier [137]) zeigen, weisen die Schichten des Rotliegenden einen flach muldenförmigen Bau auf und sind von zahlreichen Verwerfungen durchschnitten.

Dieser scheinbare Muldenbau darf jedoch nicht als Faltung bezeichnet werden, sondern ist das Ergebnis einer sich während der Ablagerung des Rotliegenden vollziehenden epirogenetischen Senkung. Wie Brandes (1914) ganz richtig sagt, handelt es sich um eine „Geosynklinale kleiner Spannweite". Daß hier tatsächlich ein epirogenetischer Vorgang vorliegt, ergibt sich daraus, daß die einzelnen Schichtgruppen des Rotliegenden in der Mitte der Geosynklinale am mächtigsten sind. Diese Tatsache ist besonders aus dem nicht überhöhten Profile unterhalb des geologischen Spezialkartenblattes Stollberg-Lugau klar ersichtlich [138]). Es soll dies aber außerdem auch noch durch Zahlenangaben über die Mächtigkeit der Schichtgruppen in einigen in diesem Profile eingetragenen Schächten und Bohrlöchern bewiesen werden.

Es werden aber in der folgenden Tabelle nur Zahlen von solchen Schächten und Bohrlöchern eingesetzt, welche die Schichtgruppe vollständig durchteuft haben. Es ist klar, daß die hauptsächlich aus Eruptivgesteinen aufgebaute Schichtgruppe Tu diese Mächtigkeitszunahme gegen die Mitte der Geosynklinale nicht zeigt, da ja die Mächtigkeit der Anhäufung von Tuffen und Lavaergüssen allein von lokalen Ursachen abhängt.

	Bohrloch A nördlich von Ober-Lungwitz	König-Johann-Schacht östlich von Ober-Lungwitz S. 119	Ferdinand-Schacht östlich von Erlbach S. 119	Saxonia-Schacht nördlich von Lugau S. 115	Victoria-Schacht in Lugau S. 115
rm4	—	—	180,00 m [139])	103,40 m	—
rm2/3		199,90 m	179,97 m [140])	50,00 m	—
Tu		38,92 m	41,58 m	62,40 m	—
rm1	etwa 100 m [141])	237,96 m	225,88 m	150,94 m	144,83 m

Wie bereits S. 38—39 erwähnt wurde, ist auch schon die Ablagerung des Oberkarbons das Sediment in einer schmalen Geosynklinale. Wie Brandes gezeigt hat, ist aber vom Oberkarbon zum Unterrotliegenden eine Verlegung der Achse der Geosynklinale nach Nordwesten eingetreten [142]).

Die scheinbar muldenförmige Verbiegung der Schichten ist daher nicht auf die Saalische Orogenese zurückzuführen, sondern nur die Verwerfungen, die in so großer Zahl das Karbon und das Rotliegende des Erzgebirgischen Beckens durchsetzen [143]), sind zum größten Teile ein Werk der Saalischen Orogenese. Es handelt sich hier also um eine typisch germanotype Orogenese (Stille, 1924, S. 226—228), ebenso wie auch schon in der Asturischen Phase. Die Saalische Orogenese war aber in Sachsen zweifellos stärker als die Asturische. Die Bewegungen vor allem der Sudetischen, aber auch der Erzgebirgischen Phase müssen in Sachsen als alpinotyp bezeichnet werden. Die Bewegungen der Bretonischen Phase scheinen — so weit sie überhaupt noch erkennbar sind — eine schwache, aber kleinwellige Faltung gewesen zu sein. Ich möchte sie daher, trotz ihrer geringen Intensität, als schwache alpinotype Orogenese bezeichnen.

Was nun das Alter der Verwerfungen betrifft, vertritt Sieger [144]) den Standpunkt, daß die zahlreichen Verwerfungen — soweit sie nicht nur das Oberkarbon, sondern auch das Rotliegende durchsetzen, was für weitaus die meisten zutrifft — jünger als das ganze Rotliegende sind, und zeichnet sie in seinen Profilen auch so, daß sie auch noch die Stufe der „kleinstückigen Konglomerate" (ro2) durchsetzen. Erst Th. Brandes gebührt das Verdienst, das Saalische Alter

---

137) Profile unterhalb der geologischen Spezialkartenblätter: Stollberg-Lugau und Zwickau-Werdau. Ferner: H. Mietzsch: Geologische Profile durch das Kohlenfeld von Zwickau (samt Erläuterungen 1877) und Th. Siegert: Profile durch das Steinkohlenrevier von Lugau-Ölsnitz (samt Erläuterungen 1882).

138) Nur der König-Johann-Schacht liegt 1480 m östlich der Profillinie und 2600 m nördlicher als der Ferdinandschacht.

139) Erläuterungen zu Blatt Stollberg-Lugau, S. 136 — die eine Zeile höher angebrachten Seitenangaben beziehen sich auf die Erläuterungen zu den Profilen durch das Steinkohlenrevier von Lugau-Ölsnitz.

140) Erläuterungen zu Blatt Stollberg-Lugau, S. 132. Die obige Zahl ist durch Addition der Zahlen in der Kolonne Ferdinand Schacht erhalten worden.

141) Durch Abmessen in dem Profil erhalten. Das Rotliegende wurde hier in einer Mächtigkeit von zusammen 175,6 m durchteuft. Erläuterungen zu den Profilen durch das Steinkohlenrevier von Lugau-Ölsnitz, S. 121.

142) Vergl. dazu besonders die schematischen, überhöhten Querschnitte durch das Erzgebirgische Becken bei Th. Brandes: 1920, S. 220.

143) Siegert stellt „neben zahllosen Sprüngen von kaum 1—2 m Höhe nicht weniger als 140 Verwerfungen" im Zwickauer Revier fest (Erläuterungen zu Blatt Zwickau-Werdau, 2. Aufl. 1901, S. 8).

144) Erl. zu Blatt Zwickau-Werdau, 2. Aufl. S. 9, zu Blatt Stollberg-Lugau S. 25 und 139. A. Hunger (1937, S. 54) hält diese Verwerfungen für nachpermisch.

der Verwerfungen erkannt zu haben. Er[145]) schreibt: „Eine Möglichkeit, diese Störungen annähernd zu datieren, ist uns dadurch an die Hand gegeben, daß die ursprüngliche Decke der kleinstückigen Konglomerate (Oberrotliegendes) an der Oberfläche des Beckens der Erosion noch nicht völlig zum Opfer gefallen ist, sondern daß in gewissen Abständen auf den flachen Kuppen ziemlich ausgedehnte Kappen dieser Stufe erhalten geblieben sind[146]). Der Umstand, daß ein schroffer Fazieswechsel mit dieser Stufe einsetzt, gestattet nun, die Grenze gegen die unterlagernden Schieferletten sehr scharf festzulegen. Es zeigt sich dabei, daß die Basis des kleinstückigen Konglomerates auf eine Erstreckung von fast 20 km im Streichen des Erzgebirgischen Beckens fast vollkommen horizontal in einer Meereshöhe von 400 m[147]) liegt, während unter Tage ein stark verworfenes Gebirge zu beobachten ist. Daraus geht hervor, daß z. B. der quer zu dieser Horizontale verlaufende Plutoschachtgraben, die bedeutendste NW-Störung im Gebiet von Lugau-Ölsnitz, mit seiner Sprunghöhe bis zu 200 m vor Ablagerung der Stufe der kleinstückigen Konglomerate erfolgt sein muß, da er diese sonst mit disloziert haben müßte, was, wie gesagt, nicht der Fall ist. Derselbe Nachweis läßt sich, wenn auch nicht mit gleicher Schärfe, für die Hohenstein-Ernsthaler Längsverwerfung von 550 m Sprunghöhe führen. Auch sie muß im wesentlichen vor Ablagerung des kleinstückigen Konglomerates erfolgt sein, da dieses sonst mit versenkt sein müßte, im anderen Falle kommen wir zu ganz unmöglichen Lagerungsverhältnissen des kleinstückigen Konglomerates in einer Meereshöhe von 800—900 m; es liegt jedoch heute an der gegenüberliegenden Seite des Beckens, wo zudem Aufwärtsbewegung anzunehmen ist, nur 470 m hoch."

Die Bezeichnung „Plutoschachtgraben" bei Brandes ist etwas irreführend. Wohl bieten die Profile 4 und 12 bei Siegert (1882), welche diese Störungszone schneiden, das Bild eines schmalen tektonischen Grabens. Aber nur die Verwerfung, welche den Graben auf seiner NO-Seite begrenzt und gegen SW einfällt, gehört zu den Hauptverwerfungen, die ihn im SW begrenzende und NO-fallende Verwerfung ist nur lokaler Natur und von geringer Sprunghöhe. Es ist daher in allen anderen Darstellungen des Gebietes niemals von einem Plutoschachtgraben, sondern überall nur von einer Plutoschachtverwerfung die Rede, worunter die den Graben im NO begrenzende gemeint ist[148]). Auch die Angabe von Brandes, daß die Sprunghöhe bis zu 200 m beträgt, scheint nicht zu stimmen, denn Siegert gibt an den angeführten Stellen für die Gegend des Plutoschachtes nur 108,5 m (ebenso Stutzer), für die Concordiaschächte 135 m an.

Krug (1920, S. 7, 28—29) beschreibt ferner die erst 1913 bekannt gewordene Rödlitzer Verwerfung, die 2,5 km südwestlich der Plutoschachtverwerfung und parallel mit dieser SO-NW streicht. Auch hier ist der SW-Flügel, und zwar bei der Gewerkschaft „Deutschland" um 225 m abgesunken. Die Plutoschacht- und die Rödlitzer Verwerfung sind in der Revierkarte der Festschrift 1936 eingezeichnet.

Mit viel mehr Berechtigung kann man im Zwickauer Gebiet von einem tektonischen Graben sprechen, der im SW von der großen Oberhohndorfer Hauptverwerfung und der sie begleitenden westlichen großen Hauptverwerfung[149]), im NO von SW-fallenden Staffelbrüchen begrenzt wird, die im Profile A—B[150]) zwischen Brückenbergschacht I und Morgensternschacht IV geschnitten werden. Diesen Graben könnte man den Zwickau-Reinsdorfer Graben nennen; der Brückenbergschacht I liegt in der am tiefsten versenkten Scholle dieses Grabens, wie die Profile A—B und E—F zeigen. Da im Zwickau-Reinsdorfer Graben die Verwerfungen in beiden Flügeln gegen die Mitte des Grabens einfallen, ist hier eine Zerrung des Gebirges in SW-NO-Richtung eingetreten, ebenso wie im Döhlener Becken (S. 49). Durch Abmessen an dem Profile A—B läßt sich feststellen, daß die Zerrung etwa $^1/_{10}$ beträgt.

Die Entfernung: Hilfe-Gottes-Schacht — Morgensternschacht III beträgt gegenwärtig 5070 m. An dem Flöz Pu (untere Abteilung des Tiefen Planitzer Flözes) gemessen, war die Entfernung zwischen beiden Schächten vor Eintritt der Verwerfungen 4560 m. Die Zerrung beträgt daher 510 m (rund 500 m bei einer Entfernung von 5 km). Die Rechnung stimmt allerdings nur dann, wenn das Profil A—B normal auf das Streichen der Verwerfungen gezogen ist, was nach der der Festschrift beiliegenden Karte wenigstens annähernd der Fall zu sein scheint.

Auch die Plutoschacht- und die Rödlitzer Verwerfung fallen in der Richtung des gesenkten Flügels (gegen SW) ein, so daß auch hier auf eine Zerrung des Gebirges in der Richtung NO-SW geschlossen werden kann. In Profil G—H (der Festschrift 1936) beträgt diese Zerrung — am Grundflöz gemessen — 280 m.

Während bei der Sudetischen Orogenese ein sehr starker Zusammenschub in SO-NW-Richtung erfolgt ist, bei der Erzgebirgischen Phase auch noch ein Zusammenschub, und zwar sowohl in SO-

---

145) Th. Brandes 1914, S. 27—28, 1920, S. 223—224.

146) Vergl. dazu die Karte bei A. Schuster: 1933, S. 71.

147) „Die Abweichung beträgt im Maximum 5 m ebensowohl nach oben wie nach unten."

148) Erläuterungen zu Blatt Stollberg-Lugau S. 28—29, zu obigen Profilen S. 60.

149) O. Stutzer: 1936, S. 32 — auch beschrieben von Siegert (1901, S. 9).

150) Schnitte durch das erzgebirgische Steinkohlenbecken. Festschrift 1936.

NW-Richtung als in NO-SW-Richtung (Mittelsächsische Überschiebung), ist in der Saalischen Phase außer radialen Bewegungen eine Zerrung in NO-SW-Richtung eingetreten.

Eine viel geringere Zahl von Verwerfungen, die nach Siegert etwas älter zu sein scheinen als die SO-NW streichenden, haben O—W oder NO-SW-Richtung. Im Zwickauer Kohlenrevier streichen von 140 Verwerfungen 110 SO-NW, nur 28 O—W oder NO-SW (Siegert 1901, S. 8 und 10). Die weitaus wichtigste O—W bis ONO-WSW streichende Verwerfung ist der nördliche Randbruch des Rotliegendbeckens, welchen Brandes die Hohenstein-Ernstthaler Längsverwerfung nennt. Siegert[151]) berechnet für diese nach dem Profil 2 (unterhalb des geologischen Spezialkartenblattes Hohenstein-Limbach) aus drei Staffelbrüchen bestehende Verwerfung eine Sprunghöhe von mindestens 550 m. Da der Randbruch gegen S geneigt ist, bewirkt er eine Zerrung auch in N-S-Richtung. Im Wille-Gottes-Stollen bei Ernstthal beträgt der Neigungswinkel 45°[152]), im Profile des Beharrlichkeitsschachtes etwa 78°[153]). Daselbst beträgt die Zerrung an den drei Staffelbrüchen bei einer Sprunghöhe von 550 m etwa 120 m in SSO-NNW-Richtung. Nach dem Kartenbilde scheint die Hohenstein-Ernstthaler Längsverwerfung noch bei Lobsdorf vorhanden zu sein, wo rm2/3 an Glimmerschiefer und rm4 (= ro1) an Phyllit grenzen, und zwischen Lobsdorf und Niederlungwitz unter dem nach Norden übergreifenden Oberrotliegenden (= ro2) zu verschwinden. Gegen Osten reicht die Verwerfung nicht bis zum Chemnitztal; denn der Schnitt der Grenzfläche mit der Erdoberfläche am Eierberg bei Glösa spricht für normale Auflagerung des Rotliegenden auf dem Karbon[154]). Noch deutlicher ist bei Niederlichtenau (Blatt Mittweida-Taura) flache normale Auflagerung auf dem Karbon vorhanden. Dasselbe gilt für den Raum von Frankenberg und Berthelsdorf, wo auch durch den Bergbau die normale Auflagerung des Rotliegenden auf den Hainichener Schichten nachgewiesen ist[155]). Der nördliche Randbruch ist also im Streichen höchstens 24 km weit zu verfolgen; wie weit er sich unter dem Oberrotliegenden von Glauchau nach Westen erstreckt, ist unbekannt.

Im östlichen Teile des Rotliegendtroges sind viel weniger Verwerfungen bekannt als bei Zwickau und Lugau-Ölsnitz, was aber vielleicht zum Teil darauf zurückzuführen ist, daß dort weniger Bergbau betrieben wird und dadurch die Tektonik weniger genau erforscht ist. Es sei aber auf die Systeme von SO-NW streichenden Verwerfungen im Bereiche des geologischen Spezialkartenblattes Augustusburg-Flöha verwiesen (Kunnersteiner und Grünberger Dislokationsgebiet) (Gäbert und Siegert 1907, S. 47—50). Hier läßt sich zwar das Alter wegen des Fehlens des Oberrotliegenden nicht nachweisen, aber die Übereinstimmung der Richtung mit derjenigen der meisten Verwerfungen im Erzgebirgischen Becken scheint mir für Saalisches Alter zu sprechen.

Im Widerspruch mit der Zerrung des Rotliegenden scheint die eigenartige, domförmige Aufwölbung des Glimmerschiefers bei Kuhschnappel zu stehen[156]). Wie besonders die geologische Übersichtskarte von Sachsen erkennen läßt, liegt diese Aufwölbung genau in der Längsachse des Granulitgebirges und ist daher wohl auf eine letzte posthume Hebung des Granulitgebirgssattels zurückzuführen, die wahrscheinlich nicht gleich alt ist mit der Entstehung der Brüche im Erzgebirgischen Becken. Die Tatsache, daß diese Aufwölbung am Nordende des Dorfes Kuhschnappel durch den nördlichen Randbruch des Rotliegendbeckens abgeschnitten wird, scheint dafür zu sprechen, daß sie etwas älter ist als dieser Bruch. In dem Profil 1 unterhalb des Kartenblattes Glauchau-Waldenburg ist sie allerdings so gezeichnet, als ob sie jünger wäre als das Oberrotliegende; es ist aber möglich, daß die Aufwölbung von ro2 bei Niederlungwitz mit dem Glimmerschiefersattel von Kuhschnappel nichts zu tun hat.

3. Die Abtragung des Saalischen Gebirges

Nach Bildung der Verwerfungen bot wohl die Landschaft im Bereiche des Erzgebirgischen Beckens das Bild eines von zahlreichen niedrigen Bruchstufen durchzogenen Geländes. Die höchste Bruchstufe wurde durch die Staffelbrüche des nördlichen Randbruches gebildet. Vielleicht ähnlich wie heute das Erzgebirge über dem nordwestböhmischen Braunkohlenbecken, erhob sich damals der westliche Teil des Granulitgebirges über das erzgebirgische Rotliegendbecken. Nur war die Bruchstufe viel kürzer als diejenige des heutigen Erzgebirges, aber in den höchsten Teilen vielleicht 500 m hoch. Südlich des Randbruches verliefen die meisten Bruchstufen in SO-NW-Richtung; nur ausnahmsweise dürften sie Höhen bis 200 m erreicht haben.

---

[151]) Erl. zu Blatt Hohenstein-Limbach, 2. Aufl., 1902, S. 31.

[152]) Erl. zu Blatt Hohenstein-Limbach, 2. Aufl., S. 30.

[153]) In dem 2. Profil unterhalb des Spezialkartenblattes Hohenstein-Limbach sind die Staffelbrüche beim Beharrlichkeitsschacht mit einem Fallwinkel von 65° gezeichnet, weil das Profil nicht normal, sondern schief aufs Streichen geführt ist.

[154]) Siehe das 1. Profil unterhalb des geologischen Spezialkartenblattes Chemnitz.

[155]) Siehe das Querprofil 1 : 4000 auf Taf. I der Erläuterungen zu Blatt Frankenberg-Hainichen, 2. Aufl.

[156]) Siehe die Profile unterhalb der Geologischen Spezialblätter Lichtenstein und Glauchau-Waldenburg.

Es ist aber auch möglich, daß weder der nördliche Randbruch noch die übrigen Verwerfungen größere morphologische Bruchstufen erzeugt haben, und daß die Bewegungen in zahlreichen kleinen Rucken erfolgten, zwischen denen die Abtragung die entstandenen kleinen Stufen sofort wieder einebnen konnte. Doch glaube ich eher an eine verhältnismäßig rasche Entstehung des Saalischen Gebirges.

Da die Schotter, Sande und Tone des Unterrotliegenden in diesem Zeitpunkte wohl noch sehr wenig diagenetisch verfestigt waren, erfolgte die Abtragung des entstandenen Gebirges ziemlich rasch, und über das schon weitgehend eingeebnete Land breitete sich die braunrote Schotterdecke des Oberrotliegenden aus. Nach den Untersuchungen von Schuster (1933, S. 24) gehört von den drei Stufen des Oberrotliegenden, welche in den geologischen Spezialkarten und den zugehörigen Erläuterungen unterschieden werden, nur die mittlere, die bis 300 m mächtige Stufe der „kleinstückigen Konglomerate", wirklich zum Oberrotliegenden. Die diskordante Lagerung dieser Stufe kommt schon darin zum Ausdruck, daß sie sich gegen Norden und Westen über den Ablagerungsraum des Unterrotliegenden hinaus unmittelbar auf das altpaläozoische und vorpaläozoische Grundgebirge legt[157]).

Die „Kleinstückigkeit" des Oberrotliegendkonglomerates — nach A. Schuster (S. 25) übersteigen die Gerölle nur ausnahmsweise Haselnuß- bis Eigröße — und das starke Vorherrschen des Quarzes und der harten Gesteine unter den Geröllen sprechen für eine schon verhältnismäßig weitgehend eingeebnete Landschaft. Anderseits deutet nach Schuster (S. 25) „ihre vielfach nur schlecht gerundete, kantenbestoßene oder selbst scharfkantige Form auf nahen Ursprung und kurzen Transportweg hin." Vielleicht dürfen wir uns die Landschaft als eine Kieswüste vorstellen, deren scharfkantiger, durch Insolationsverwitterung entstandener Schutt in meist trocken liegenden, breiten, wadi-artigen Flußbetten nur wenig umgeschwemmt wurde.

Siegert (1901, S. 66) und Schuster (1933, S. 25) geben Zusammenstellungen der in den Konglomeraten des Oberrotliegenden als Gerölle auftretenden Gesteine. Es fällt auf, daß nur die Eruptivgesteine des Unterrotliegenden als Gerölle vorkommen, die Sedimente des Oberkarbons und des Unterrotliegenden hingegen gänzlich fehlen. Das spricht für eine geringe oder noch völlig fehlende diagenetische Verfestigung dieser Gesteine zur Zeit der Ablagerung des Oberrotliegenden. Offenbar sind die Konglomerate des Unterrotliegenden bei ihrer Umlagerung sofort in ihre Komponenten zerfallen, während das Bindemittel — wenn überhaupt ein solches vorhanden war — vollständig zerrieben wurde.

c) Brandauer Becken und Querstörungen im Erzgebirge

Das kleine Vorkommen von Rotliegendem, welches sich von Brandau — allerdings sehr wenig aufgeschlossen und wahrscheinlich nicht zusammenhängend — 9 km weit über Olbernhau bis Kleinneuschönberg verfolgen läßt[158]), war im Glückaufschacht in Brandau in einer Mächtigkeit von 91,8 m als eine wiederholte Wechsellagerung von bunten Schieferletten und Sandsteinen aufgeschlossen, zu denen in der unteren Hälfte der Schichtenfolge auch Konglomeratbänke kommen[159]). Bis in eine Tiefe von 27,7 m herrscht der bunte Schieferletten (lupek), dann bis 38,6 m der Sandstein (piskovec), worin nach den Aufschlüssen an der Erdoberfläche[160]) zweifellos auch Tuffite enthalten sind, von hier bis zur Basis des Rotliegenden eine Wechsellagerung von rotbraunem Schieferletten mit grauen oder weißen Sandsteinen und Konglomeraten. Die mächtigste Konglomeratbank ist das 12,7 m mächtige Grundkonglomerat. (Die darunter liegende Wechsellagerung von grauen Sandsteinen und Brandschiefern gehört bereits dem Oberkarbon an und enthält auch ein Kohlenflöz.) In der 1,5 km nördlich dieses Schachtes gelegenen Tiefbohrung XVII wurde das Rotliegende nach Jokély (1857, S. 600—603) in einer Mächtigkeit von 177 Fuß (etwa 50 m) durchteuft. Die Schichtenfolge scheint dieselbe gewesen zu sein wie im Glückaufschacht, denn Jokély schreibt: „bunte Tone und mürbe Quarzsandsteine, zum Teil Konglomerate mit sandigem Bindemittel, im häufigen Wechsel mit Tonsteinen (Tonporphyren)"[161]).

Wir haben es offenbar bei der im Glückaufschacht von 27,7—38,6 m reichenden Schichtenfolge mit einer Vertretung des Tuffhorizontes (Tu) zu tun; die Schichten im Liegenden der Tuffite entsprechen vielleicht rm1, diejenigen im Hangenden vielleicht rm2. Aber alle Schichtgruppen sind viel weniger mächtig als im Bereiche des Steinkohlenbeckens von Zwickau und Lugau-Ölsnitz, denn wir haben es hier mit Ablagerungen auf der „Erzgebirgsschwelle" (Stille 1928, S. 712) zu tun, welche sich nicht in so starker epirogenetischer Senkung befand wie das erzgebirgische Becken.

---

157) Siehe die Karte der Verbreitung des Oberrotliegenden und des Zechsteins bei Schuster, S. 71.

158) Vgl. dazu die wichtigen, die Erläuterungen zur Spezialkarte ergänzenden Beobachtungen Rathsburgs (1904, S. 397—400).

159) Siehe die genaue Schichtenfolge bei Purkyně (1930, S. 8—9).

160) Vgl. die geologische Karte bei Purkyně und die Angaben von L. Zelenka (1926).

161) Unter den Tonsteinen (Tonporphyren) sind offenbar Tuffe gemeint.

Das überwiegend feinkörnige Sediment des höheren Teiles dieser Rotliegendablagerung spricht für eine bereits weitgehend eingeebnete Landschaft. Zweifellos waren die Rotliegendsedimente auf der Höhe des Erzgebirges ursprünglich weiter verbreitet als heute, aber genauere Anhaltspunkte fehlen.

Das Alter der von B. Müller (1933, S. 140) aus dem Liegenden des Teplitzer Quarzporphyrs beschriebenen, im Bornhaustollen aufgeschlossenen, 62,5 m mächtigen Schieferserie ist leider wegen des Fehlens von Versteinerungen nicht feststellbar. Die petrographische Beschaffenheit dieser Schichten spricht weder eindeutig für Oberkarbon noch für Rotliegendes.

Das Rotliegende von Brandau-Kleinneuschönberg ist uns nur dadurch erhalten geblieben, daß es in der Saalischen Phase in einem an der breitesten Stelle — bei Brandau — nur 1,4 km breiten tektonischen Graben versenkt wurde. Wichtig ist, daß dieser Graben in derselben Richtung (SO-NW) streicht wie die meisten Verwerfungen im Erzgebirgischen Becken. Wie das Profil bei Purkyně (1930, Abb. 4, S. 9 oberes Profil) zeigt, fallen auch hier die den Graben begrenzenden Staffelbrüche gegen die Mitte des Grabens ein; es ist also auch an der Linie Brandau-Olbernhau eine Zerrung in NO-SW-Richtung eingetreten.

Gehen wir von hier gegen NW, so sehen wir, daß die kristallinen Schiefer im Bereiche der Blätter Zöblitz, Lengefeld, Zschopau-Grünhainichen und Augustusburg-Flöha von einem annähernd in der Streichungsfortsetzung des Brandauer Grabens gelegenen, SO-NW streichenden Störungssystem durchsetzt sind. So läßt sich die das Karbonkonglomerat von Reukersdorf gegen NO begrenzende Verwerfung bis über Görsdorf nach NW verfolgen. Annähernd parallel dazu verläuft die Marbacher Störung (Gäbert 1905, S. 51 und Reinisch 1931, S. 27), die sich vom Pockautale durch die SW-Ecke des Blattes Lengefeld bis Marbach verfolgen läßt. Die weitere Fortsetzung der Marbacher Linie ist wohl die bereits S. 55 erwähnte Kunnersteiner Verwerfung bei Augustusburg, so daß sich diese tektonische Linie nicht weniger als 17 km im Streichen verfolgen läßt. Wieder annähernd parallel mit der Marbacher Linie verläuft die Waldkirchener Verwerfung (Gäbert 1905, S. 48). Zwischen beiden ist das Glimmerschiefergebiet von Börnichen und Waldkirchen grabenförmig versenkt. Diese Zusammenhänge legen die Vermutung nahe, daß alle diese Störungen der Saalischen Phase zuzurechnen sind.

Allerdings hat anscheinend die Tendenz zum Aufreißen von NW-SO streichenden Spalten und Blattverschiebungen schon etwas früher bestanden. Die mit dem knapp östlich von Freiberg vorbeistreichenden Bobritzscher Quarzporphyrgang erfüllte, 23 km lange Spalte ist ganz parallel mit der Brandauer Störungszone. Wie Moesta (1928, S. 382) feststellte, ist dieser Gang älter als der Granitporphyrgang von Frauenstein. Auf S. 403 seiner Arbeit ordnet er „den Bobritzscher Porphyrgang zwischen den Teplitzer Quarzporphyr und Granitporphyr von Altenberg einerseits und die Porphyre des Sayda-Berggießhübler Gangschwarmes bzw. Tharandter Waldes anderseits ein.“ Leider konnte bisher das genaue Alter des Teplitzer Quarzporphyrs auf paläontologischem Wege noch nicht bestimmt werden. Zwar hat Geinitz (1881, S. 83—85) aus 5 km südlich von Dippoldiswalde auftretenden Tuffen, die mit dem Teplitzer Quarzporphyr in Verbindung stehen (Reinisch 1919, S. 32), eine kleine Flora des Unterrotliegenden beschrieben. Eine Neubestimmung dieser Pflanzenreste durch Gothan (1944) ergab, daß sie wegen ihres schlechten Erhaltungszustandes unbestimmbar sind. Trotzdem ist es wohl sehr wahrscheinlich, daß die Eruption des Teplitzer Quarzporphyres im Unterrotliegenden erfolgte. Der Bobritzscher Porphyrgang dürfte daher einer noch älteren Abteilung des Unterrotliegenden angehören. Auch die von Schreiter (1930) beschriebene Einschaltung von Kohlenschmitzen in die Tuffe, welche die schlecht erhaltenen Pflanzenreste geliefert haben, spricht nicht gegen die Einreihung des Teplitzer Quarzporphyrs ins Unterrotliegende, denn es kann sich bei diesen Kohlen um ein Analogon zu dem „Wilden Kohlengebirge“ des Zwickauer Reviers handeln.

Aber immerhin wird man wohl nicht fehlgehen, wenn man annimmt, daß alle SO-NW streichenden Querstörungen, welche das Erzgebirge durchsetzen — von der mit einem Quarzgang erfüllten Ascher Spalte[162]) im Westen bis zu dem Schlottwitzer Achat-Quarzgang[163]) und dem Granitporphyrgang Dippoldiswalde-Graupen im Osten — dem Unterrotliegenden oder der Saalischen Phase (Grenze von Unter- und Oberrotliegenden) angehören.

Hingegen glaube ich, daß die SW-NO streichenden Blattverschiebungen und Porphyrgänge, vor allem der Sayda-Berggießhübler Gangschwarm[164]) noch dem Oberkarbon angehören. Denn es handelt sich hier um Bewegungen, welche noch gleichgerichtet sind mit der Mittelsächsischen Überschiebung. Aber die Gänge sind jünger als diese Überschiebung, denn sie durchsetzen bei Borna quer diese Schubfläche und das mit ihr gleichalte Schuppensystem des Elbtalschiefergebirges[165]). Pietzsch

---

[162]) W. Jaeger: 1924, S. 13. — Auch E. Mottl: (1932) stellt auf der dieser Arbeit beiliegenden geologischen Karte den Quarzgang der Ascher Spalte — allerdings mit ? — in die Permformation.

[163]) Erläuterungen zu Blatt Dippoldiswalde-Glashütte, 2. Aufl., S. 42. Hunger (1937, S. 54) betrachtet auch den Schlottwitzer Achatquarzgang als nachpermisch.

[164]) G. Moesta: S. 383—392.

[165]) Siehe die geologische Spezialkarte Blatt Berggießhübel und das 1. Profil unterhalb dieser Karte.

schreibt 1919, S. 57 über das Alter der Porphyrgänge: „Die Quarzporphyre sind jünger als der Turmalingranit, den sie am Schärfling und Herbstberg durchsetzen, und auch jünger als die großen tektonischen Vorgänge, die den Kulm noch mit betroffen haben. Dagegen sind sie älter als der große Schlottwitzer Achatquarzgang." Es kommen also die Zeiträume des Westfal und Stefan für die Intrusion des Sayda-Berggießhübler Gangschwarmes in Betracht.

Da dieser aber zwischen Borna und Berggießhübel in der Richtung der „Schleppung der Elbtalzone" sigmoidal verbogen ist und wir diese Schleppung in die letzte Unterphase der Erzgebirgischen Phase gestellt haben (S. 45), möchte ich unteres Westfal als das wahrscheinlichste Alter dieser Porphyrgänge bezeichnen, eine Zeit, in der die durch die Schleppung der Elbtalzone entstandenen, NW-SO streichenden Spalten noch für das Aufsteigen von Magma offen standen. Vielleicht sind die Quarzporphyre des Sayda-Berggießhübler Gangschwarmes gleich alt mit den Oberflächenergüssen im Westfal von Flöha und Schönfeld? Gallwitz scheint diese Quarzporphyrgänge ins Stefan zu stellen (1934, Tab. S. 379).

d) Versuch einer Rekonstruktion der ursprünglichen Oberfläche des Teplitzer Quarzporphyrs. Abtragung des durch diesen gebildeten Vulkangebirges

Die gewaltige Lavamasse des Teplitzer Quarzporphyrs hat sich aus einer NNW-SSO verlaufenden Spalte ergossen, welche vom Kohlberg (4 km SSO von Dippoldiswalde) bis südlich Teplitz reichte, sich also in einer Länge von 27 km verfolgen läßt. Wir haben es hier mit einem großen Spaltenvulkan zu tun, dessen Länge etwa den Spaltenvulkanen auf Island entspricht (Lakispalte 30 km, Eldgjaspalte 30 km) (F. v. Wolff 1940, S. 203, 204). Es besteht aber gegenüber Island der wichtige Unterschied, daß wir es hier mit saurem und daher zähflüssigem Magma zu tun haben. Der Quarzporphyr hat sich daher sicherlich nicht so rasch in verhältnismäßig dünnen Decken ausgebreitet wie der Basalt, sondern die zähflüssige Lava wurde wohl aus der Spalte wie bei einer Quellkuppe langsam herausgepreßt und floß nur langsam nach der Seite ab, viel dickere Decken bildend als das basische Magma. Es handelte sich wohl um einen kraterlosen „Vulkanischen Rücken" (Pansachetypus Stübels, vgl. F. v. Wolff, 1940, S. 207). Daß aber — wenigstens gegen Westen — von der Spalte Quarzporphyrdecken ausgegangen sind, zeigt am besten die über dem Oberkarbon von Schönfeld liegende Quarzporphyrdecke[166]).

Daß über der Spalte selbst die Lava eine gewaltige Mächtigkeit erreichte, zeigt schon die Tatsache, daß der letzte Nachschub des sauren Magmas nicht porphyrisch, sondern als Tiefengestein erstarrte. Es handelt sich um den bekannten Granit von Zinnwald, Altenberg und Schellerhau. Bei Zinnwald ist durch die Lage des Granits offenkundig die Lage der Eruptionsspalte bezeichnet. Ich möchte nun versuchen, die inzwischen abgetragenen Teile der Quarzporphyrmasse über diesem granitischen Kern zu rekonstruieren. Haben wir nun einen Anhaltspunkt dafür, wie hoch bei Zinnwald die Quarzporphyrmasse ursprünglich war? Ich glaube, daß die im Zinnwalder Bergbau als „Flöze" bezeichneten, flach vom Zentrum der Zinnwalder Aufwölbung nach allen Seiten abfallenden Erzgänge einen Anhaltspunkt geben. Es handelt sich offenbar um die Ausfüllung von Abkühlungsspalten (R. Beck 1901, S. 181), welche ungefähr parallel der ursprünglichen Oberfläche der Lavamasse verlaufen. Nach Dalmer (1894, S. 317) fallen die Flöze nach allen Seiten hin unter Winkeln von 15°—30° ein. Das spricht dafür, daß der Quarzporphyr über Zinnwald eine Quellkuppe bildete — etwa vergleichbar derjenigen am Vulkan Santa Maria in Zentralamerika (Sapper 1927, Taf. VI) —, welche eine kuppelförmige Oberfläche besaß, deren Neigung etwa dieselbe war wie diejenige der Flöze. In dem von Zinkeisen gezeichneten Profil durch Zinnwald[167]) fallen die Flöze und die Grenze zwischen Granit und Quarzporphyr an der Ostseite des Granitstocks 25° Ost, an der Westseite 35° West. In diesem Profil bekommt man daher den Eindruck, daß die Flöze vollkommen parallel mit der Granit-Quarzporphyr-Grenze einfallen. Das in N—S-Richtung gezogene Profil 2 auf Blatt Altenberg-Zinnwald zeigt jedoch, daß die Flöze flacher einfallen als die Granit-Quarzporphyr-Grenze. Noch deutlicher zeigt diese Erscheinung Fig. 11 auf S. 42 bei R. Beck (1907), wo das in der „Gnade-Gottes-Fdgr." aufgeschlossene Hansaflöz 16° gegen NO einfällt, während die Grenzfläche zwischen Granit und Quarzporphyr unter einem Winkel von 40°—45° in derselben Richtung geneigt ist. Diese Tatsache zeigt, daß die Lage der Flöze — die sich ja sowohl im Granit als im Quarzporphyr befinden — von der Lage der Grenze zwischen beiden Gesteinen unabhängig ist. Wohl aber ist es möglich — wenn auch nicht zu beweisen —, daß die Flöze der ja nirgends mehr erhaltenen ursprünglichen Oberfläche des Quarzporphyres parallel verlaufen. Die kuppelförmige Aufwölbung der Flöze bei Zinnwald macht es daher wahrscheinlich, daß hier die höchste Stelle, der Kamm des vulkanischen Rückens lag — aber nur im Querschnitt durch Zinnwald, nicht weiter im Norden (S. 60, Anm. 168) — und daß unterhalb des N-S verlaufenden Kammes des Rückens die

166) Siehe das Profil unterhalb der geologischen Spezialkarte Blatt Nassau.

167) R. Beck: Lehre von den Erzlagerstätten (1901) S. 182. Auch reproduziert bei S. v. Bubnoff: Geologie von Europa, 2. Band, 1. Teil, S. 621.

Versuch einer Rekonstruktion der ursprünglichen Oberfläche des Teplitzer Quarzporphyrs

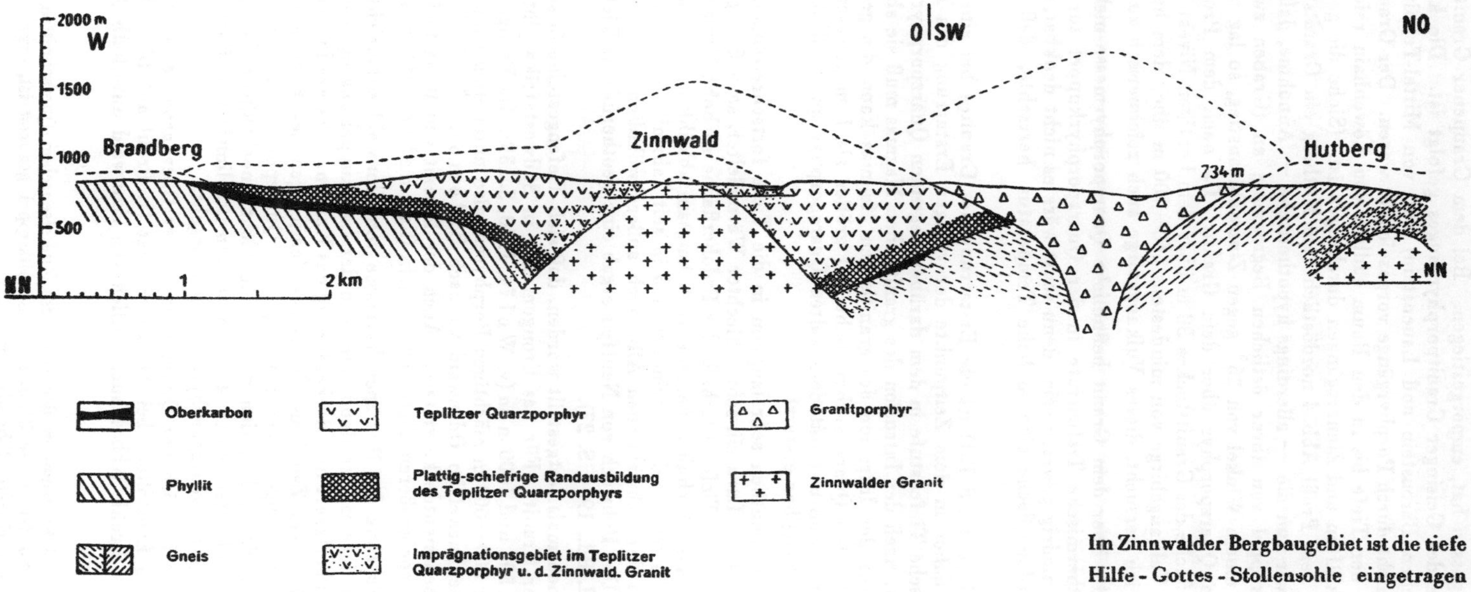

Im Zinnwalder Bergbaugebiet ist die tiefe Hilfe - Gottes - Stollensohle eingetragen

Abb. 4

Eruptionsspalte gelegen war, in der der Teplitzer Quarzporphyr emporgestiegen ist. Die Spaltenfüllung selbst und deren Umgebung wurde dann durch das auf demselben Wege aufsteigende Granitmagma wieder aufgeschmolzen.

Die Erzgebirgsgranite sind aber zum Teil auch unabhängig von den älteren Spalten, aus denen sich die Porphyrlava ergossen hat, emporgestiegen. Bei dem Graupener Granit ist es möglich, daß er der Eruptionsspalte des Geisinger Granitporphyrganges gefolgt ist. Die kleinen Granitstöcke der Sachsenhöhe (zwischen Bärenstein und Lauenstein) und von Mittel-Tellnitz aber sind an Stellen hochgestiegen, die nicht durch Porphyrgänge vorgezeichnet waren. Der Granitstock der Sachsenhöhe dürfte übrigens in der Tiefe bis in den Raum südlich von Löwenhain reichen, da hier der Gneis von Imprägnationsklüften und Zinnerzgängen durchzogen ist. (Siehe die geologische Spezialkarte!). Es wurde daher in dem Profil Abb. 4 nordöstlich vom Hutberg ein Granitstock in der Tiefe eingezeichnet. Machen wir nun die — allerdings hypothetische — Annahme, daß die primäre Oberfläche der Quarzporphyrkuppel von ihrer östlichen Begrenzung an (Graben zwischen Fuchshübel und Wettinhöhe) unter einem Winkel von 25° gegen Zinnwald anstieg, so lag ursprünglich eine 630 m dicke Schichte von Quarzporphyr über dem Granit. Da nach dem Profile Zinkeisens die ursprüngliche Oberfläche des Granitstockes 30 m über dem heutigen Niveau lag, erhob sich im Perm über Zinnwald ein Vulkangebirge von mindestens 660—700 m über dem heutigen Niveau. In dem Profil Abb. 4 habe ich versucht, dieses Vulkangebirge auch zeichnerisch zu rekonstruieren [168]).

Wenn tatsächlich die über dem Granit befindliche Quarzporphyrmasse nicht mächtiger als 630 m war, muß die geothermische Tiefenstufe in der Quarzporphyrkuppel zur Zeit der Intrusion des Granites noch sehr niedrig gewesen sein; denn sonst wäre es nicht denkbar, daß schon in so geringer Tiefe unter der Erdoberfläche eine so hohe Temperatur herrschte, daß das Magma granitisch erstarren konnte.

Nach F. v. Wolff (1940, S. 121) ist die Erstarrung des Granites bei einer Temperatur von 650° beendet. Es muß daher in dem Zeitpunkte der völligen Erstarrung des Zinnwalder Granites die mittlere geothermische Tiefenstufe in dem darüber liegenden Quarzporphyr nur etwa 1 m betragen haben. Unmittelbar nach der Intrusion des granitischen Magmas muß sie aber noch kleiner gewesen sein. Aber auch vor der Intrusion des granitischen Magmas kann die geothermische Tiefenstufe in dem bereits erstarrten Quarzporphyr nicht viel größer als 1 m gewesen sein, denn sonst wäre das Magma bei der Berührung mit dem kalten Quarzporphyr auch selbst als Quarzporphyr oder wenigstens als Granitporphyr erstarrt.

Wie sich aus dem bekanntlich sehr langsam in die Tiefe fortschreitenden Abkühlungsprozeß der Lavaströme ergibt, ist die Lava ein sehr schlechter Wärmeleiter, so daß es ganz gut möglich ist, daß noch lange Zeit in 600 m Tiefe unterhalb der Erdoberfläche so hohe Temperaturen herrschten, daß sich der letzte Magmanachschub außerordentlich langsam abkühlte und daher Zeit zur granitischen Erstarrung hatte. Es sei nur daran erinnert, daß in seit Jahrmillionen erloschenen Vulkangebieten, z. B. in demjenigen der Schwäbischen Alb, noch außergewöhnlich niedrige geothermische Tiefenstufen auftreten. Das Bohrloch von Neuffen ergab eine geothermische Tiefenstufe von nur 11,1 m (Supan-Obst, I. Bd., 1934, S. 27).

Es ist auch sonst mehrmals festgestellt worden, daß sich Tiefengesteine in so geringer Tiefe bildeten wie der Zinnwalder Granit. Für das Erongomassiv in Südwestafrika gibt H. Cloos eine Intrusionstiefe zwischen 500 und 1000 m an (v. Wolff, 1940, S. 139). Im Erongo erstarrte der Granit wie bei Zinnwald unter 500—600 m mächtigen Porphyren, also unter dem zum Granit gehörigen Ergußgestein. Am Katzenbuckel im Odenwald ist nach Salomon [169]) ein Shonkinit unter einer nur 545 m mächtigen Sedimentdecke erstarrt. Auch der Essexit von Rongstock im Böhmischen Mittelgebirge kann in keiner größeren Tiefe erstarrt sein (Spengler 1941, S. 116—117).

Die westliche Begrenzung der Quarzporphyrmasse von Zinnwald entspricht wohl nicht dem Rande der Quellkuppe, sondern ist der Rand eines von der Lavakuppel ausgegangenen Lavastromes. Denn der Quarzporphyr überlagert hier deckenförmig das Karbon. Das ergibt sich sowohl aus dem Profile durch den Brandberg bei Zaunhaus [170]) als aus demjenigen des Bornhaustollens (Müller 1933). Müller konnte hier zeigen, daß der Teplitzer Quarzporphyr aus zwei übereinanderliegenden Lavamassen besteht, deren Eruption durch eine nicht unerhebliche Zeitspanne getrennt gewesen war, was aus dem Auftreten einer 4 m mächtigen kaolinisierten Porphyrschicht zwischen der älteren und der jüngeren Quarzporphyrmasse hervorgeht.

Auch an der Ostseite hat sich der Quarzporphyr über Oberkarbon ergossen, wie der Aufschluß im „Zwitterstocks tiefen Erbstollen“ bei Altenberg zeigt (1. Profil auf Blatt Altenberg-Zinnwald). Es wurde daher in dem Profile Abb. 4 auch östlich von Zinnwald unterhalb des Quarzporphyrs Ober-

---

168) Da dieses Profil nicht genau in der Linie des Zinkeisenschen Querschnittes, sondern 300 m nördlicher durch das niedrigere Nordende der Zinnwalder Granitkuppel gezogen ist, ergab sich auch für das Vulkangebirge hier eine etwas geringere Höhe als dort.

169) W. Salomon (1902, S. 654) nennt das Gestein Ijolith; von A. Osann (4. Aufl. von H. Rosenbusch: „Elemente der Gesteinslehre“ S. 226—228, 270) wird das Gestein des Katzenbuckels als Shonkinit bezeichnet.

170) Siehe das Profil auf S. 19 der Erläuterungen zu Blatt Altenberg-Zinnwald.

karbon eingetragen, welches aber — ebenso wie dasjenige bei Altenberg — wahrscheinlich auf ostfallendem Gneis aufliegt (Gäbert 1908, S. 11).

Der Granitporphyr ist nach Dalmer (Gäbert 1908, S. 33) etwas jünger als der Quarzporphyr. Es ist nun sehr wahrscheinlich, daß auch die Granitporphyrgänge nahe der Erdoberfläche breiter wurden. Das zeigt schon das Profil durch „Zwitterstocks tiefen Erbstollen" bei Altenberg [171]). Zweifellos ist der heutige Oberflächenschnitt durch den Granitporphyr bei Geising schon ein Schnitt durch diese oberflächennahe Verbreiterungszone des Ganges und der Granitporphyrgang verschmälert sich gegen die Tiefe sehr bedeutend. Denn es scheint mir sehr unwahrscheinlich zu sein, daß die Spalte, durch die der Granitporphyr aufstieg, bis in große Tiefen hinab 2 km breit war. Wahrscheinlich legte sich am Austritt des Granitporphyrganges eine jüngere Quellkuppe auf die ältere des Teplitzer Quarzporphyrs. Ich habe versucht, auch diese Verhältnisse in Abb. 4 schematisch darzustellen. Ich vermute, daß auch der Granitporphyr an der Erdoberfläche in Quarzporphyr überging [172]). Da infolge Fehlens von Zinnerzflözen kein Anhaltspunkt für die Höhe des über dem Granitporphyrgang aufgebaut gewesenen Vulkangebirges zu finden ist, wurde die Höhe dieses vulkanischen Rückens in dem Profile willkürlich angenommen.

Ein ähnliches, in N-S-Richtung langgestrecktes Vulkangebirge erhob sich wohl auch über dem Granitporphyrgang Oberleutensdorf-Hartmannsdorf, welches wohl auch wesentlich breiter war als der heutige Oberflächenschnitt des Ganges.

Besonders mächtig muß die Porphyrbedeckung über der großen Granitmasse von Schellerhau gewesen sein. Hier lag wohl der höchste Teil des permischen Vulkangebirges, aber nähere Anhaltspunkte zur Schätzung der Mächtigkeit der in diesem Raume abgetragenen Granit- + Quarzporphyrmasse fehlen.

Das ganze permische Vulkangebirge fiel dann der vorcenomanen Abtragung zum Opfer, für die die Zeiträume Oberperm, Trias, Jura und Unterkreide zur Verfügung stehen.

Nach den sonstigen Erfahrungen reichte aber wohl die Permzeit zur Abtragung dieses Vulkangebirges aus. Zur Zeit der Cenomantransgression bildete der Teplitzer Quarzporphyr nach Hibsch (1908, S. 12—15) Klippen und Untiefen im Kreidemeer, auf denen sich im Gebiete der Stadt Teplitz die fossilreiche Klippenfazies des Cenomans ablagerte. Diese Klippen bildeten aber keinen letzten Rest des permischen Vulkangebirges, sondern sie sind nur infolge der im Vergleiche zu den angrenzenden Gneisen größeren Härte des Quarzporphyres durch selektive marine Abrasion herauspräpariert.

e) Die Abtragung in Nordsachsen

Nordsachsen ist aus einer Folge von in erzgebirgischer Richtung (WSW-ONO) streichenden, sehr flachen Sätteln und Mulden aufgebaut, welche bereits Hermann Credner erkannt und in einem schematischen und stark überhöhten Profile dargestellt hat (1883, S. 3—8). Wir unterscheiden hier von Süden gegen Norden:

1. Der Granulitgebirgssattel. Das Altpaläozoikum des Nordschenkels dieses Sattels verschwindet südlich von Kohren und Colditz unter den Porphyren und Porphyrtuffen des Rotliegenden.
2. Die Mügeln-Frohburger Mulde, in deren Kern über Rotliegendem und Zechstein bei Hopfgarten (SSO von Bad Lausick) und von Schlagwitz bei Mügeln bis Stauchitz der Buntsandstein auftritt. Der Muldenbau kommt am besten in den Profilen unterhalb des geologischen Spezialkartenblattes Oschatz-Mügeln zur Darstellung.
3. Der Nordsächsische Sattel, in dessen Kern die granitischen und quarzdioritischen Tiefengesteine zwischen Lampertswalde und Strehla auftreten, weshalb Credner diesen Sattel auch die Strehlaer Falte nennt. Der Südschenkel dieses Sattels wird von dem Altpaläozoikum des Zuges Hainichen-Otterwisch-Deditzer Höhe bei Grimma-Collmberg-Strehla gebildet, dem Nordschenkel gehört die Grauwacke von Groß-Zschocher und Plagwitz im Stadtgebiete von Leipzig an.
4. Die Merseburger Mulde, in deren Kern über Oberkarbon und Perm der Buntsandstein von Merseburg auftritt.

Dieser flachwellige Faltenbau gehört wegen der Beteiligung des Buntsandsteines bereits der Saxonischen Gebirgsbildung an, ist aber zweifellos schon varistisch angelegt, wie das erzgebirgische Streichen erkennen läßt. F. Koßmat (1922. S. 16) bezeichnet daher die Mügeln-Frohburger Mulde als posthume Abbildung der nordwestsächsischen paläozoischen Synklinale.

---

[171]) Siehe das Profil unterhalb der Spezialkarte Altenberg-Zinnwald.

[172]) Nach Dalmer (Gäbert 1908, S. 29) wird der Granitporphyr schon an der Grenze gegen den Gneis dem Quarzporphyr ähnlicher. Um wieviel mehr wird das bei der Annäherung an die Erdoberfläche der Fall gewesen sein.

1. Die Mügeln-Frohburger Mulde

Im Bereiche dieser Mulde ist kein Oberkarbon bekannt, so daß es nicht möglich ist, die einzelnen Faltungs- und Abtragungsphasen des Varistischen Gebirges voneinander zu trennen. Es besteht aber wohl kein Zweifel, daß auch hier die Sudetische Phase die Hauptphase ist. Die Aufwölbung der Granulitgebirgskuppel hat in der Sudetischen Phase begonnen, ist aber erst in der Erzgebirgischen Phase vollendet worden (S. 26). Die in der SW-Ecke von Blatt Leisnig-Hartha und der NW-Ecke von Blatt Geringswalde-Ringethal das Altpaläozoikum des Nordschenkels des Granulitgebirgssattels in NW-SO-Richtung durchschneidende Verwerfung könnte der Asturischen Phase angehören, sie kann aber auch älter sein.

Auch hier hat sich wohl der größte Teil der Abtragung des Varistischen Gebirges bereits im Namur und im unteren Westfal vollzogen. Mit starker Winkeldiskordanz liegt das Rotliegende über dem Altpaläozoikum[173]).

Die Landschaft war zur Zeit der Transgression der oberen Abteilung des Unterrotliegenden (Lebacher Schichten) zwar stark eingeebnet, aber vollständig eben war sie dennoch nicht. Das ergibt sich aus der Tatsache, daß die unterhalb der Eruptivgesteine des Tuffrotliegenden auftretenden Sedimente der unteren Abteilung der Lebacher Schichten (ru = rml im Erzgebirgischen Becken) nur stellenweise vorhanden sind. Nur die Vertiefungen der Landschaft waren damals mit Seebecken gefüllt. Wir können von SW gegen NO folgende Seen[174]) unterscheiden:

1. Kohrener See. Die 30 m mächtigen Sedimente sind im Roten Graben am Lindenteich südlich von Kohren aufgeschlossen. Rothpletz und Siegert[175]) geben folgende Beschreibung der Wechsellagerung von Konglomeraten, Sandsteinen und Letten: „Die Letten sind rot, stark eisenschüssig und reich an Glimmerblättchen. Die Konglomerate führen teils sehr kleine, teils aber auch bis über faustgroße Gerölle von Quarz, Quarzit-, Ton- und Glimmerschiefer. Diese Gerölle werden durch ein meist reichliches Bindemittel zusammengehalten, das die gleiche Zusammensetzung wie der arkoseartige Sandstein hat, welcher aus Quarz- und Feldspatkörnern, Glimmerblättchen und kleinen Gesteinsfragmenten besteht. Die Quarzkörner treten in der Regel sehr zurück, so daß Konglomerate, Sandsteine und Letten in der Hauptsache aus demselben Material bestehen, welches sich in diesen Gesteinsarten nur durch die Größe des Korns unterscheidet." Diese Beschreibung zeigt, daß nur wenig veränderter Verwitterungsschutt der Gesteine zur Ablagerung kam, was auf verhältnismäßig kurzen Lauf der das Seebecken auffüllenden Bäche und auf vielleicht nur zeitweise Wasserführung in aridem Klima schließen läßt. Die Bäche müssen bis in den Glimmerschiefermantel des Granulitgebirges eingeschnitten haben, also mindestens 10 km lang gewesen sein.

Besser noch als aus der geologischen Spezialkarte läßt sich die Verbreitung der Sedimente dieses Sees aus der abgedeckten Karte des Kohren-Altenburger Quersattels bei E. Wettig (1927, S. 16) erkennen. Außerdem zeichnet Wettig zwei Profile (Abb. 3 und 4 auf S. 12 und 13 seiner Arbeit), in denen diese Schichten geschnitten werden. Aus Abb. 4 ist zu ersehen, daß Wettig auch noch im Untergrunde des Quarzporphyres der Abthäuser (südöstlich von Frohburg) Unterlagerung der Eruptivgesteine durch ru annimmt.

Südlich von Niederpickenhain befinden wir uns bereits auf der Schwelle zwischen dem Kohrener und dem Dölitzscher See, denn hier liegt der Rüdigsdorfer Porphyrtuff unmittelbar dem Silur auf.

2. Dölitzscher See. Die Sedimente findet man längs des gegenüber von Wechselburg in die Zwickauer Mulde mündenden Tales (Dölitzscher Grund)) auf Blatt Rochlitz-Geithain und nordöstlich von Obergräfenhain und nordwestlich von Corba auf Blatt Penig-Burgstädt. „Das ... basale Konglomerat ... besteht namentlich aus Geröllen von Granulit und Garbenschiefer und enthält Bänke von rotem, grünem und grauem Letten" (Danzig 1899, S. 28). Beide Gesteine stehen in der nächsten Nähe des Rotliegendvorkommens an, es handelt sich auch hier nur um einen ganz kurzen Wasserlauf.

3. Rochlitzer See. Die Sedimente dieses Sees sind 60 m mächtig am linken Ufer der Zwickauer Mulde oberhalb von Rochlitz und zwischen Noßwitz und Rochlitz aufgeschlossen[176]).

Daß Dölitzscher und Rochlitzer See getrennt waren, schließe ich aus dem Fehlen von ru beiderseits des Selgebaches und am Rochlitzer Berg[177]).

---

173) Siehe dazu folgende Profile: 1. Profil unterhalb des Blattes Frohburg-Kohren, 2. Profil unterhalb des Blattes Leisnig-Hartha, 1. u. 3. Profil unterhalb des Blattes Döbeln-Scheergrund.

174) Wenn ich hier von getrennten Seen spreche, so will ich damit selbstverständlich die Möglichkeit nicht ausschließen, daß auf nicht aufgeschlossenen Strecken unterhalb der Eruptivgesteine vielleicht doch Verbindungen zwischen den Seen bestanden haben.

175) Erl. zu Blatt Frohburg-Kohren. 2. Aufl. 1902, S. 13 und 1. Profil unterhalb dieses Kartenblattes. Nach Wettig (S. 10) ist dieses Profil nur insofern unrichtig, als in Wirklichkeit der Rüdigsdorfer Tuff im Hangenden des Gnandsteiner Porphyrites gelegen ist.

176) Siehe das 2. (untere) Profil unterhalb des Blattes Rochlitz-Geithain.

177) Siehe das 1. (obere) Profil unterhalb desselben Blattes.

Im Muldetal unterhalb Rochlitz bis Seupahn liegen die Eruptivgesteine wieder unmittelbar auf dem Altpaläozoikum, wir befinden uns also bereits auf der Schwelle zum nächsten See, dem

4. Rüx-Lastauer See, dessen Sedimente nördlich von Rüx auf Blatt Rochlitz-Geithain, östlich von Lastau auf Blatt Colditz-Großbothen und in Zettlitz am Westrande des Blattes Geringswalde-Ringethal auftreten[178]). Auch hier erfolgte die Sedimentzufuhr aus der Richtung des Granulitgebirges, denn „die Konglomerate bestehen aus Geröllen von Gneis, Granulit, Granit und weißen Gangquarzen und aus ebenplattigen Phyllit- und Tonschieferfragmenten, welche durch ein rotes, toniges, stark eisenschüssiges Bindemittel nur lose verkittet werden" (Siegert 1901/1, S. 5). A. Penck stellt hier diese Schichten bereits ins Tuffrotliegende, d. h. ins Hangende von Porphyrtuffen. Wettig (S. 58) zeigt jedoch, daß die in der Südostecke des Blattes Colditz-Großbothen auftretenden Rotliegendsedimente genau so wie diejenigen auf den Blättern: Frohburg, Rochlitz und Penig Basalablagerungen des Rotliegenden darstellen.

Alle bisher erwähnten Rotliegendsedimente sind noch völlig frei von Eruptivmaterial.

Darüber folgt nun die Eruptivstufe des Rotliegenden, die wohl in ihrer Gesamtheit der „Stufe der Porphyrtuffe und der altvulkanischen Ergüsse" [179]) im Erzgebirgischen Becken entspricht. Allerdings ist in Nordwestsachsen die Eruptivtätigkeit ungleich mannigfaltiger und die Stufe als Ganzes auch mächtiger [180]) als im Erzgebirgischen Becken. Das besagt aber nicht, daß die Eruptivstufe in Nordwestsachsen einem längeren Zeitraume entsprechen muß als bei Zwickau und Lugau-Ölsnitz, denn es ist klar, daß sowohl Lavaergüsse als Tuffablagerungen in ihrer Mächtigkeit örtlich sehr rasch wechseln können. Mit der Stratigraphie der Eruptivstufe in Nordwestsachsen hat sich in neuerer Zeit vor allem E. Wettig beschäftigt. Es sind nicht weniger als acht verschiedene, teilweise durch Tuffhorizonte und Sedimente getrennte Lavaergüsse vorhanden, die allerdings, wie die Tabelle bei Wettig S. 61—62 zeigt, nirgends in einem Profil übereinander nachgewiesen sind. Nur der Rochlitzer Quarzporphyr ist als ausgedehnteste Lavadecke in ganz Nordwestsachsen vorhanden [181]).

Wettig regt auf S. 62—67 seiner Arbeit die Frage an, ob die bisher auf Grund der von J. T. Sterzel (1886) beschriebenen Flora ins „Mittelrotliegende" gestellten Schichten von Nordwestsachsen nicht teilweise als Äquivalent der Cuseler Schichten des Döhlener Beckens zu betrachten seien.

Er führt für seine Ansicht an, daß 1. das Rotliegende von Nordwestsachsen als nordwestliche Fortsetzung des Döhlener Beckens betrachtet werden kann, aber von dem Erzgebirgischen Becken durch das Granulitgebirge getrennt ist, 2. sowohl an der Basis des Döhlener Rotliegenden als an derjenigen des nordwestsächsischen basische Ergußsteine (Porphyrit und Melaphyr) auftreten, 3. Ähnlichkeiten im Sediment zwischen den Cuseler Schichten des Döhlener Beckens und den Saalhausener Schichten in Nordwestsachsen vorhanden sind: in beiden Gebieten treten Brandschiefer, kohlige Schiefertone und Sandsteine, sowie Kalklagen auf.

Gegen die Parallelisierung mit den Cuseler Schichten des Döhlener Beckens aber spricht die Tatsache, daß dort der Wilsdruffer Porphyrit von der Gruppe der Breccientuffe, die als Einleitung der Eruptivtätigkeit der Lebacher Schichten betrachtet werden kann, durch eine bis 460 m (190 m ru + 270 rml, S. 47—48) mächtige, von Eruptivgesteinen freie Sedimentmasse getrennt ist, welche einem Zeitraume von vielleicht 750 000 Jahren entspricht (S. 48), während in Nordwestsachsen nur im Gebiete von Saalhausen — nach der Deutung des Bohrprofiles durch Wettig — eine 236 m mächtige Schichtenfolge zwischen dem Melaphyr und dem Rochlitzer Quarzporphyr auftritt, sonst aber Porphyrit bzw. Melaphyr höchstens durch eine dünne Tufflage von dem Quarzporphyre getrennt sind.

---

178) Nur durch Brunnenbohrungen aufgeschlossene Konglomerate, welche Gerölle von Glimmerschiefer, Phyllit und Quarz enthalten (Erl. zu Blatt Geringswalde-Ringethal, 2. Aufl., 1903, S. 57).

179) Erl. zu Blatt Zwickau-Werdau, 2. Aufl., S. 51, 54.

180) Bei Zwickau ist die „Stufe der Porphyrtuffe und der altvulkanischen Ergüsse" 26—100 m mächtig (Erl. S. 54), auf Blatt Frohburg-Kohren mehr als 150 m (Gnandsteiner Porphyrit über 40 m + Rüdigsdorfer Porphyrtuff 40—50 m + Rochlitzer Quarzporphyr über 30 m + Wolftitzer Porphyrtuff über 30 m + Frohburger Quarzporphyr, dessen Mächtigkeit in den Erl. zu dem Spezialkartenblatt nicht angegeben ist), auf Blatt Rochlitz-Geithain 100—170 m (unteres Tuffrotliegendes 20—30 m + Rochlitzer Quarzporphyr 40—50 m + oberes Tuffrotliegendes 40—80 m. Siehe Erl., 2. Aufl. S. 14—17). Grimmaer = Frohburger Quarzporphyr, Pyroxenquarzporphyr und Pyroxengranitporphyr fehlen hier — vielleicht nur durch Abtragung. In diesem Falle war die primäre Mächtigkeit der Eruptivstufe noch größer.

181) Der Rochlitzer Quarzporphyr erstreckt sich nach den geologischen Spezialkarten von Mockern (südlich von Altenburg) im WSW bis Lossen (Blatt Lommatzsch) im ONO (63 km), von Obergräfenhain (Blatt Penig-Burgstädt) im Süden bis Schöna (Blatt Thallwitz) im N (52 km), wobei es ohne weiteres möglich ist, daß er sich unter der Quartärbedeckung nach allen Richtungen noch weiter erstreckt. Selbstverständlich darf man sich nicht vorstellen, daß diese ausgedehnte Quarzporphyrmasse aus einer Spalte oder gar aus einem Schlot ausgeflossen ist, sondern es sind sicher zahlreiche Eruptionspunkte vorhanden, deren Lage allerdings nicht erkennbar ist.

So liegen südwestlich von Zöschau (nur 3,5 km östlich der Tiefbohrung von Saalhausen) Melaphyr und kaolinisch verwitterter Rochlitzer Quarzporphyr so nahe nebeneinander, daß für eine mächtigere Sedimentserie zwischen den beiden Eruptivgesteinen kein Platz ist [182]). Auf Blatt Leisnig-Hartha hat zwischen dem Porphyrit, dem Seifersdorfer, Leisniger und Rochlitzer Quarzporphyr nur je eine ganz dünne Tufflage Platz [183]). Ein in der Mächtigkeit den Saalhausener Schichten halbwegs entsprechendes Äquivalent fehlt also hier, denn auch mächtige Eruptivdecken, die sich in ganz kurzer Zeit bei wenigen Vulkaneruptionen gebildet haben, kann man nicht als zeitliches Äquivalent einer sich langsam bildenden, ziemlich mächtigen Sedimentserie betrachten. Wenn die stratigraphische Einstufung der Saalhausener Schichten durch Wettig (Tabelle S. 62) richtig ist, muß man sich also vorstellen, daß der Saalhausener See nicht bis in den Raum von Leisnig gereicht hat. Der am Lenkersberg bei Rüdigsdorf 40—50 m mächtige Rüdigsdorfer Tuff (Siegert 1902, S. 14) kann zeitlich schon einem größeren Teile, aber auch nicht den ganzen in der Tiefbohrung 236 m mächtigen Saalhausener Schichten entsprechen.

Ferner habe ich — ohne die Wettigsche Deutung ablehnen zu wollen — den Eindruck, daß die Ergebnisse der Tiefbohrung von Saalhausen durchaus nicht eindeutig für einen Quarzporphyrlakkolithen sprechen, sondern auch mit der Siegertschen Deutung in Übereinstimmung zu bringen sind, daß die Saalhausener Schichten das normale Hangende des Rochlitzer Quarzporphyres darstellen. Das einzige Argument, welches Wettig gegen die Siegertsche Deutung anführen kann, ist die große Mächtigkeit des Quarzporphyres im Bohrloche. „Denn hätte Th. Siegert trotz der bereits früher gegen seine Ansicht geäußerten Bedenken mit der Annahme einer Beckenablagerung auf einer eingemuldeten Porphyrdecke recht gehabt, so hätte man diese bald durchörtern müssen. Die Bohrung blieb aber bekanntlich, nachdem bereits etwa 250 m Quarzporphyr durchsunken waren, in diesem stecken, ohne daß Anzeichen für einen baldigen Gebirgswechsel vorhanden waren. Um einen Deckenerguß kann es sich also kaum handeln, er müßte denn von ganz gewaltiger Mächtigkeit sein, was jedoch unwahrscheinlich ist“ (Wettig, S. 43). Bis dahin kann ich Wettig folgen. Nun folgt aber der Satz: „Das Porphyrvorkommen ist demnach sicherlich nicht das normale Liegende der Saalhausener Schichten“. Dieser Satz ergibt sich aber nicht zwingend aus der großen Mächtigkeit des Porphyrs in der Bohrung, sondern diese kann dadurch bedingt sein, daß man — ähnlich wie bei dem Brunnen im Schloß Augustusburg (Naumann 1845, S. 92, 93) — gerade in einen Eruptionsschlot des Quarzporphyres eingedrungen ist oder daß sich die Lava über einer Vertiefung des Untergrundes lokal in größerer Mächtigkeit angehäuft hatte. Ferner ist in Betracht zu ziehen, daß die Überlagerung der Saalhausener Schichten durch eine Quarzporphyrdecke nicht einwandfrei nachweisbar ist. Wettig schreibt (S. 46): „Bei Limbach und kurz südwestlich Leuben ist sie aber noch erhalten, jedenfalls durch spätere Einmuldung, und hier tauchen die Saalhausener Schichten mit schwach südlichem Einfallen unter den Porphyr und die Zechsteinformation“. Betrachtet man die Verhältnisse auf der geologischen Spezialkarte, so sieht man, daß bei Leuben und Limbach nur äußerst spärliche Aufschlüsse vorhanden sind. Der Aufschluß von Saalhausener Schichten nördlich von Limbach, welcher ein sehr flaches SSW-Fallen erkennen läßt, ist von den nächsten, ebenfalls sehr kleinen Quarzporphyraufschlüssen durch einen aufschlußlosen Zwischenraum von 1 km getrennt. Es ist natürlich ohne weiteres möglich, daß sich auf dieser Strecke das flache Südfallen der Saalhausener Schichten in Nordfallen ändert und daß sich daher die Saalhausener Schichten nördlich von Limbach gar nicht im Liegenden des Quarzporphyres südöstlich und südwestlich dieses Ortes befinden.

Eindeutig für die Unterlagerung des Rochlitzer Quarzporphyres durch Rotliegendsedimente sprechen nur die Einschlüsse bei Lonnewitz (Siegert 1908, S. 9—10, Wettig S. 12). Doch ist es nicht erwiesen, daß diese Einschlüsse wirklich den im Bohrloch auf dem Quarzporphyr liegenden Schichten entsprechen — es kann sich bei den Einschlüssen auch um ältere Rotliegendsedimente handeln, und zwar um den „Unteren Porphyrtuff“ (Tu), der am Finkenberge bei Kleinragewitz aufgeschlossen war und nach Siegert (1908, S. 4, 5) auch Kohlenspuren und dieselben Pflanzenreste enthält wie die Einschlüsse im Quarzporphyr bei Lonnewitz.

Auch S. v. Bubnoff (1930, S. 579) scheint von der Anwesenheit von Cuseler Schichten in Nordwestsachsen nicht völlig überzeugt zu sein, denn er schreibt: „Diese Folge von Eruptiven und Sedimenten wurde meist dem mittleren Rotliegenden (Lebacher Schichten) zugeschrieben, doch glaubt Wettig an die Möglichkeit unterrotliegenden Alters und an eine ursprüngliche Verbindung mit dem Döhlener Becken“.

Mir kommt es unter diesen Umständen doch wahrscheinlicher vor, daß der Melaphyr auf den Blättern Oschatz-Wellerswalde, Mutzschen, Oschatz-Mügeln und Stauchitz dem sicher in die „Stufe des Porphyrtuffes und der altvulkanischen Ergüsse“ gehörigen Melaphyr des Zwickauer und Lugau-Ölsnitzer Steinkohlenreviers, und der Rochlitzer Quarzporphyr dem in derselben Stufe, aber im Hangenden des Melaphyrs auftretenden Quarzporphyr entspricht. Dann kann aber der Porphyrit,

---

182) Vgl. auch das 2. Profil unterhalb des Blattes Oschatz-Mügeln.

183) Vgl. das 1. Profil unterhalb des Blattes Leisnig-Hartha.

welcher etwas jünger als der Melaphyr ist (Wettig S. 53, 54 und 62), nicht dem Wilsdruffer Porphyrit entsprechen, und auch die Saalhausener Schichten verbleiben als Äquivalent der Lebacher Schichten beim höheren Abschnitte des Unterrotliegenden. Die kohligen Spuren in den Saalhausener Schichten wären dann nicht mit den Steinkohlen des Döhlener Beckens, sondern eher mit dem „Wilden Kohlengebirge" im Erzgebirgischen Becken stratigraphisch und faziell zu parallelisieren, und die Kalkbänke nicht mit der Kalkbank von Niederhäslich, sondern mit den in rm1 und rm2 des Erzgebirgischen Beckens auftretenden Kalkbänken.

Wettig vermutet (S. 58), daß der 25 m mächtige Komplex aus vulkanischem Schutt und Tuffen[184]) oberhalb des Nachtgrundes südwestlich von Wendishain ein stratigraphisches Äquivalent des ru darstellt. Die Lagerung ist zweifellos ähnlich wie in den übrigen ru-Vorkommen; ein wichtiger Unterschied besteht darin, daß im ru der oben erwähnten „Seen" das Eruptivmaterial noch ganz fehlt, hier aber vorherrscht. Nach R. Credner sind bei Wendishain bis 0,5 m große Porphyritbomben in den Tuff eingebettet. Ich möchte daher diesen als eine sehr rasch entstandene Bildung der explosiven Phase des Porphyritvulkanismus betrachten und könnte sie höchstens mit den obersten Lagen des ru der Seen parallelisieren. Da hier ebenso wie im Erzgebirgischen Becken der Vulkanismus sehr lange geruht hatte, hat er wohl mit großen Explosionen begonnen.

Ebenso muß der bereits oben erwähnte „Untere Porphyrtuff" am Finkenberge bei Kleinragewitz als Ablagerung der die Eruptivstufe des Rotliegenden einleitenden explosiven Phase betrachtet werden. Nach der Aschenförderung und vor Ausfluß der Melaphyrlava bestand hier durch kurze Zeit ein versumpftes, von Wald umgebenes Wasserbecken. Die östliche Fortsetzung ist der Porphyrtuff von Ganzig (Härtel 1932, S. 15).

Daß auch während der Eruptivstufe des Rotliegenden die Abtragung des Granulitgebirges fortgesetzt wurde, ergibt sich daraus, daß nicht nur dieser, sondern auch den höheren Tuffhorizonten Konglomeratbänke eingelagert sind, welche aus dem Granulitgebirge stammende Gerölle enthalten. So enthält das „Untere Tuffrotliegende" (im Liegenden des Rochlitzer Quarzporphyrs) auf Blatt Rochlitz-Geithain „nußgroße Gerölle von Granit, Gneis, Granulit und Schiefern" (Siegert und Danzig 1898, S. 14), bei Nauhain und Töpeln auf Blatt Döbeln-Scheergrund (im Liegenden des Leisniger Quarzporphyres) „vorwiegend Bruchstücke von Phyllit und Gerölle von Granulit, Serizitgneis, Granitgneis, Glimmerschiefer, Porphyrit und Phyllitquarz" (Siegert 1899, S. 13). Zur Zeit des „Oberen Tuffrotliegenden" (Hangendes des Rochlitzer Quarzporphyres) scheint die Erosion im Granulitgebirge sogar von neuem belebt worden zu sein, denn die Konglomerate der 5—8 km vom Rande des Granulitgebirges entfernten Vorkommen „bestehen aus haselnuß-, faust- bis kopfgroßen Geröllen von Quarzporphyr, Porphyrtuff, Granulit, rotem Gneis, Serizitgneis, Granitgneis, Glimmerschiefer, Phyllit, Tonschiefer, Quarz, wozu in der Gegend von Trebnitz noch Diabas, Diabastuff und Grauwacke treten" (Siegert 1899, S. 16). In den nördlichen Teil der Mügeln-Frohburger Mulde scheint aber das Abtragungsmaterial des Granulitgebirges nicht mehr gelangt zu sein. So bestehen die Konglomerate des Oberen Tuffrotliegenden östlich von Fremdiswalde (Nordwestecke des Blattes Mutzschen) fast nur aus Porphyrgeröllen (Danzig 1916, S. 16).

Vertreter der Stufe rm2/3 (S. 52) sind in der Mügeln-Frohburger Mulde nicht vorhanden — außer die Saalhausener Schichten befinden sich im stratigraphischen Hangenden des Rochlitzer Quarzporphyrs (S. 64) — und reichen mit ihren oberen, tuffitfreien Teilen[185]) in diese Stufe hinein.

Die Saalische Orogenese macht sich in Nordwestsachsen nur in sehr geringem Maße bemerkbar. Im Bereiche des Blattes Frohburg-Kohren hat die Bildung der Mügeln-Frohburger Mulde bereits in der Saalischen Phase begonnen, wie die Transgression des Oberrotliegenden über alle Stufen vom Gnandsteiner Porphyrit bis zum Frohburger Quarzporphyr erkennen läßt (Siegert 1902, S. 23 und Schuster 1933, S. 54). Der Kohren-Altenburger Quersattel ist damals entstanden (Wettig, S. 17). Der Diskordanzwinkel, mit dem das Oberrotliegende der Eruptivstufe aufliegt, ist aber sehr klein. Die Ansicht Schusters, daß das „Oberrotliegende" der Mügeln-Frohburger Mulde teilweise dem unteren und mittleren Zechstein entspricht (vgl. dazu S. 68), wird später besprochen (S. 70—71).

Stärker als die orogenetischen Bewegungen ist in Nordwestsachsen die Erosionsphase an der Wende vom Unter- zum Oberrotliegenden ausgeprägt. „Die vor Ablagerung des Oberrotliegenden durch Erosion bewirkte Oberflächengestaltung des Mittelrotliegenden ist eine durchaus unebene; alle Vertiefungen desselben hat dann das Oberrotliegende ausgefüllt. Infolgedessen ragt das Mittelrotliegende nicht selten in einzelnen Kuppen aus letzterem heraus, wie dies besonders bei Theusdorf, Ossa und Niedergräfenhain der Fall ist." (Siegert 1902, S. 23.)

Bei A. Schuster (1933, S. 52, 53 u. Taf. I, Fig. 1) findet sich eine Beschreibung und Abbildung der Auflagerung des Oberrotliegenden auf dem erodierten Rochlitzer Quarzporphyr des Kirchfelsens von Niedergräfenhain. In dem Profil Frohburg-Gnandstein ist das Auskeilen gegen Süden des Frohburger und Rochlitzer Quarzporphyres und des Gnandsteiner Porphyrites sowie der dazwischen liegenden Tuffhorizonte zweifellos auf Abtragung vor Ablagerung des Oberrotliegenden zurückzuführen.

---

184) R. Credner: Erläuterungen zu Blatt Leisnig-Hartha. 2. Aufl. von Th. Siegert, 1899, S. 13.

185) In dem Bohrprofil der Tiefbohrung Saalhausen kämen die Schichten bis in eine Tiefe von 205 m in Betracht (Wettig, S. 39).

Im östlichen Teile der Mügeln-Frohburger Mulde ist das Oberrotliegende im Bereiche der Blätter Oschatz-Mügeln und Döbeln-Scheergrund aufgeschlossen. Daß auch hier eine Diskordanz an dessen Basis vorhanden ist, zeigt die folgende Beschreibung (Siegert 1908, S. 19): „Die Decke des Rochlitzer Quarzporphyrs hat vor der Ablagerung des Oberrotliegenden durch Erosion eine ziemlich undulierte Oberfläche erlangt; die Depressionen derselben wurden von den jüngsten Rotliegend-Schichten erfüllt und teilweise ausgeglichen, während auf den kuppen- und rückenförmigen Partien des Porphyrs entweder keine oder nur sehr gering mächtige Ablagerungen des Oberrotliegenden sowie der darauffolgenden Zechsteinformation stattfanden." Wenn die Ansicht Siegerts richtig ist, daß die Saalhausener Schichten das normale Hangende des Rochlitzer Quarzporphyrs bilden (Siegert 1908, S. 3) — was ich trotz der Arbeit von Wettig nicht ganz ausschließen möchte (S. 64) —, würden diese dort, wo das Oberrotliegende unmittelbar auf dem Quarzporphyr liegt, wohl der Saalischen Erosionsphase zum Opfer gefallen sein [186]).

Wie weit die Erosion vor Ablagerung des Oberrotliegenden noch sonst für das heutige Fehlen der über dem Rochlitzer Quarzporphyr gelegen gewesenen Rotliegendablagerungen und jüngeren Porphyrdecken verantwortlich ist, ist infolge des Fehlens des Oberrotliegenden schwer festzustellen.

2. Der Nordsächsische Sattel

Der aus Altpaläozoikum und Granit bestehende Kern des Nordsächsischen Sattels ist gegenwärtig hauptsächlich in dem Raume zwischen der Elbe bei Strehla und dem Westende des Collmberges aufgeschlossen.

Es erhebt sich die Frage, ob diese Gesteinsmassen ein Gebirgsmassiv während des Unterrotliegenden bildeten, an dem sich die Melaphyr- und Quarzporphyrdecken stauten, oder ob es sich um eine junge Aufwölbung oder einen Horst handelt, der sich in der Landschaft des Rotliegenden noch nicht als Bodenerhebung bemerkbar machte und von dessen Höhe die Sedimente und Eruptivgesteine des Rotliegenden durch Erosion entfernt wurden. Dieselbe Frage besteht auch für die aus silurischer Grauwacke aufgebaute Deditzer Höhe östlich von Grimma und für den aus Granit und Silurgrauwacke bestehenden Zug von Hainichen-Otterwisch.

Wichtig für die Lösung dieser Frage ist vor allem das Auftreten von Geröllen altpaläozoischer Gesteine in den Rotliegendkonglomeraten. In den Porphyrkonglomeraten im Bereiche des Blattes Dahlen sind „Gerölle von Grauwacke äußerst selten" (Grahmann 1926, S. 10), in dem südlich angrenzenden Blatte Mutzschen sind „fast nur Porphyrgerölle" (Danzig 1916, S. 16) in den Rotliegendkonglomeraten vorhanden. Auf Blatt Oschatz-Mügeln werden weder aus dem am Finkenberge bei Kleinragewitz den Silurkieselschiefern unmittelbar aufgelagerten „Unteren Porphyrtuff" noch aus den Saalhausener Schichten Gerölle von Gesteinen des Altpaläozoikums des Nordsächsischen Sattels angeführt. Wie die Beschreibung bei Wettig (S. 38—41) zeigt, sind die Saalhausener Schichten ein überwiegend toniges, nur untergeordnet sandiges Sediment, Konglomerate fehlen gänzlich. Wenn der Collmbergzug in einer Entfernung von nur 3 km als isolierter Berg aufgeragt hätte, hätte er Schutt in das Wasserbecken liefern müssen, in dem die Saalhausener Schichten abgelagert wurden. In dem Profile unterhalb des Blattes Dahlen fällt der Rochlitzer Quarzporphyr unter einem Winkel von 5° gegen Westen unter den Pyroxenquarzporphyr ein. Das kann wohl nur die Folge einer jungen Aufwölbung des Collmbergzuges sein. Die gerade Grenze zwischen dem quarzitischen Sandstein des Collmbergzuges und dem Rochlitzer Quarzporphyr am Nordrande des Staatsforstes Hubertusburg und die ebenfalls geradlinig verlaufende Südgrenze des Collmbergzuges zwischen Collm und Mannschatz sehen auf der Karte wie Verwerfungen aus. Der Tuff von Pausitz (SW von Riesa) „enthält eine große Menge stecknadelkopf- bis walnuß-, seltener faustgroßer eckiger Bruchstücke, vorzugsweise von Quarzbiotitschiefer neben Knotenschiefer, Hornblendeschiefer, Grauwackenschiefer" (Härtel 1932, S. 16). Diese Gerölle stammen nun zweifellos aus den zum Teil kontaktmetamorphen Gesteinen des Nordsächsischen Sattels und beweisen, daß doch in der Nähe von Riesa einzelne Teile des Altpaläozoikums während des Rotliegenden der Abtragung ausgesetzt waren. Daß diese aber rasche Fortschritte machte, zeigt die Tatsache, daß die höheren Bänke im ehemaligen Steinbruch von Pausitz nur kleinere Gerölle enthalten (Härtel 1932, S. 17).

Vielleicht darf man auf Grund dieser einander scheinbar zum Teil widersprechenden Befunde die Verhältnisse folgendermaßen deuten: Zur Zeit der Eruptivstufe des unteren Rotliegenden war nur westlich von Riesa (und vielleicht auch irgendwo im Bereiche des Blattes Dahlen) eine isolierte Masse von altpaläozoischen Gesteinen der Abtragung ausgesetzt, sonst aber bildete das Gebiet des Nordsächsischen Sattel zwischen dem Collmberge und der Elbe bei Strehla keine Aufragung in der Landschaft des Rotliegenden, sondern ist eine junge, z. T. von Verwerfungen begrenzte Aufwölbung, deren Entstehung erst ein Werk der Saxonischen Orogenese ist.

---

186) Vgl. dazu das 1. Profil unterhalb des geologischen Spezialkartenblattes Oschatz-Mügeln, welches die Ansicht Siegerts über diese Lagerungsverhältnisse zur Darstellung bringt. Koßmats Deutung dieses Profils siehe bei Wettig S. 19, Wettigs Deutung bei Wettig S. 44. Nur das Koßmatsche Profil ist durch die Ergebnisse der Tiefbohrung wirklich widerlegt.

Dasselbe gilt wohl auch für die Deditzer Höhe. Da diese der höchste Punkt (232 m) des Blattes Grimma ist und in einer Entfernung von nur 2 km in der Tiefe des Muldetales in 117 m Seehöhe der Rochlitzer und der Grimmaer Quarzporphyr ansteht, müßte vor der Eruption des Rochlitzer Quarzporphyres die Deditzer Höhe einen ansehnlichen Berg gebildet haben. Dieser Berg wäre wohl von einer Schutthülle umgeben gewesen, welche aber — wenigstens nach den jetzt sichtbaren Aufschlüssen — nicht zu existieren scheint. Es verdankt daher die Silurgrauwacke der Deditzer Höhe ihre heutige Hochlage einer jungen Aufwölbung.

Die wenigen Aufschlüsse in der Silurgrauwacke und dem Granit von Otterwisch und das vollkommene Fehlen von Rotliegendaufschlüssen in deren näherer Umgebung machen es unmöglich, über das geomorphologische Verhalten dieses Vorkommens während der Rotliegendzeit etwas halbwegs Zuverlässiges festzustellen. Vielleicht ist das Fehlen des sonst so verbreiteten Rochlitzer Quarzporphyres in der näheren Umgebung des Silurzuges von Otterwisch darauf zurückzuführen, daß hier zur Zeit einer Eruption eine Bodenerhebung bestand, die er nicht zu überschreiten vermochte. Das Fehlen des Rochlitzer Quarzporphyres im Bereich der Blätter Naunhof-Otterwisch und Lausick-Borna kann aber auch andere Ursachen haben.

Auffallend ist, daß die jüngsten permischen Laven, der Pyroxenquarzporphyr und der Pyroxengranitporphyr, nur auf den Bereich des Nordsächsischen Sattels beschränkt sind. Es kann sich da um ein ursprüngliches Fehlen im Bereiche der Mügeln-Frohburger Mulde, aber auch um eine Wirkung der Saalischen Erosionsphase handeln. Mir scheint aber ersteres viel wahrscheinlicher zu sein; man müßte nämlich in letzterem Falle — besonders für die gangförmig auftretenden Pyroxengranitporphyre — wenigstens die tieferen Teile der Zuführungsgänge sehen. Ich glaube daher, daß Wettig (S. 55) recht hat, wenn er eine Verlegung der Eruptionszentren gegen Nordwesten feststellt.

VII. PALÄOGEOGRAPHISCHE VERHÄLTNISSE WÄHREND DER ZECHSTEINZEIT

Mit einer paläogeographischen Karte (Abb. 5).

Mit den paläogeographischen Verhältnissen des Zechsteins in Thüringen haben sich in neuerer Zeit E. Fulda (1926) und vor allem B. v. Freyberg (1921, 1923, 1937) beschäftigt, wobei besonders auch die für diese Zwecke so wichtigen Tiefbohrungen berücksichtigt wurden. B. v. Freyberg (1937, S. 62) hat auch eine Karte des Küstenverlaufes für den Unteren und den Oberen Zechstein Thüringens gezeichnet. Die Karte, welche ich hier beigebe, unterscheidet sich nur wenig von der Freybergschen; ich glaube aber, daß sie trotzdem nicht überflüssig ist, da sie die Verhältnisse in größerem Maßstabe und insbesondere auch in bezug auf den von Schuster untersuchten kontinentalen Zechstein zur Darstellung bringt.

1. Der Untere und Mittlere Zechstein

Wenige Küstenlinien der geologischen Vorzeit lassen sich so genau rekonstruieren wie diejenigen des deutschen Zechsteinmeeres.

Während des Unteren und Mittleren Zechsteins lag die Ostküste des Thüringischen Zechsteinmeeres wenige km südlich von Gera, wie die durch ihren Fossilreichtum berühmten Aufschlüsse von marinem Zechstein bei und nördlich von Gera zeigen. Für die Umgebung von Gera hat bereits B. v. Freyberg (1921, Abb. 4, S. 202) die Küstenlinie in vorbildlicher Weise auf das genaueste konstruiert. Er konnte zeigen, daß bei Gera der Untere Zechstein noch vollständig ist, von Zschippach aber bis Corbusan eine schrittweise Transgression der höheren Schichtglieder des Unteren Zechsteins gegen Osten erfolgt, und daß bei Pforten im Unteren Zechstein eine Fazies auftritt, die als unmittelbare Küstenbildung zu betrachten ist.

Aus dem Raume von Gera verlief die Küstenlinie gegen NO nach Grossenstein. Von hier zieht sie von Freyberg nach NNO zwischen den Bohrungen von Groitzsch und Oderwitz einerseits, von Breitingen anderseits durch, da erstere Bohrungen den Unteren Zechstein in Randfazies (s. S. 70), letztere ihn gar nicht angetroffen hat.

Noch genauer ist die Lage der Küstenlinie des Meeres der unteren und mittleren Zechsteinzeit im Orlatale erkennbar. Sie verlief hier in OW-Richtung genau durch die Stelle, wo jetzt die Stadt Triptis liegt, und läßt sich von hier bis in den Raum südlich von Miesitz verfolgen[187]). Es sprang also während der unteren und mittleren Zechsteinzeit in dem Raume zwischen Gera und Triptis

---

[187]) Vergl. die preußischen geologischen Spezialkartenblätter Triptis und Neustadt und K. Th. Liebe (1881/2, S. 7—10).

eine 20 km breite Halbinsel ins Zechsteinmeer vor. Wie weit diese Halbinsel gegen NW reichte, ist wegen der Bedeckung des Zechsteins durch Buntsandstein nicht zu erkennen. B. v. Freyberg läßt in seinem paläogeographischen Kärtchen des Raumes um Gera und Triptis (1921, S. 202 Abb. 4) diese Halbinsel nur wenig weit gegen NW vorspringen. Ich möchte sie von Triptis noch mindestens 2,5 km weit gegen Westen verlängern, da bei Miesitz nach der geologischen Spezialkarte, Blatt Neustadt, der untere Letten des Oberen Zechsteins unmittelbar auf Kulm aufliegt. Es bestand also zwischen der Südküste der Halbinsel und derjenigen des Zechsteinmeeres eine schmale Bucht, die man als die „Bucht von Triptis" bezeichnen könnte.

Von Triptis bis zur Westgrenze des Blattes Pörmitz verlief die Meeresküste jedenfalls sehr nahe südlich des jetzigen Denudationsrandes des Unteren Zechsteins. Das ergibt sich nicht so sehr aus der Anwesenheit der Riffe, die zum Teil weit entfernt von der Küste lagen, wie das 33 km WNW von Gera erbohrte Riff von Porstendorf (vergl. S. 73), welches nach Freyberg (1921, S. 205) auf einer durch den Schwarzburger Sattel verursachten Untiefe aufsitzt, sondern aus dem Auftreten zahlreicher aus dem Unteren Zechstein aufragender Kulmklippen [188]). „Der Untere Zechstein bildet ein breites . . . . an über hundert Punkten durch inselartig auftauchende Grauwackenklippen unterbrochenes Band, welches sich von Weira über Meilitz, Burgwitz, Moderwitz, Weltwitz bis Traun hinzieht." Das Meer des Mittleren Zechsteins scheint nicht weiter nach Süden gereicht zu haben als dasjenige des Unteren. Wenigstens ist im Bereiche der Blätter: Pörmitz, Neustadt und Triptis keine Stelle eingetragen, an der der Mittlere Zechstein unmittelbar dem Kulm auflagert.

Im Bereiche der Bohrungen Bürgel und Wetterzeube (8 km südwestlich Zeitz) fehlt der Untere Zechstein (v. Freyberg 1923/24, S. 272, 274), aber der Mittlere Zechstein ist vorhanden. Wir müssen daher für diesen Raum eine oder mehrere Inseln im Meere des Unteren Zechsteins annehmen, was auch in der paläogeographischen Karte in schematischer Weise angedeutet wurde.

Wenn das Riff von Porstendorf nach Freyberg (1923/24, S. 272) dem Unteren Zechstein angehört, könnte es nahe der Küste dieser Insel gelegen gewesen sein. Wenn es aber im Sinne von E. Naumann (1928, S. 10) zum Mittleren Zechstein gehört, ist das nicht möglich, da um diese Zeit die Insel bereits verschwunden war. Die große Mächtigkeit der im Liegenden des Bryozoen-Riffdolomites auftretenden Zechsteingesteine (nach dem von Naumann veröffentlichten Bohrprofil 31,3 m) spricht gegen die Zurechnung des Riffdolomites zum Unteren Zechstein.

An den marinen Zechstein schließt sich gegen Osten und Südosten der kontinentale Zechstein in Form von konglomeratischen Arkosen an. A. Schuster (1933, S. 7—42) hat durch seine verdienstvollen Untersuchungen die bereits von A. v. Gutbier, H. B. Geinitz und C. F. Naumann erkannte Tatsache wieder zu Ehren gebracht und durch Fossilfunde bei Meerane gestützt, daß die als oberste Abteilung des Rotliegenden auf den geologischen Spezialkarten ausgeschiedene Stufe ro3 dem Unteren und Mittleren Zechstein und der unteren Abteilung des Oberen Zechsteins (zo1) stratigraphisch entspricht.

Wir müssen uns daher vorstellen, daß sich an die nordöstlich von Gera gelegene Meeresküste des Unteren und Mittleren Zechsteins eine rote Schotterebene anschloß, deren Boden von Sedimenten gebildet wird, die in das Zechsteinmeer mündende Flüsse abgelagert haben. Das Sediment dieser Schotterebene ist bis in die Räume von Podelwitz und 2 km östlich von Gössnitz und Meerane und bis Culten und Dänkritz noch erhalten [189]), reichte aber wohl ursprünglich noch weiter nach Osten und Süden.

Die Mächtigkeit der auf den geologischen Spezialkartenblättern Zwickau-Werdau und Meerane-Crimmitschau als ro3 bezeichneten kontinentalen Äquivalente des Unteren und Mittleren Zechsteins ist größer als diejenige der gleichzeitig gebildeten Meeresablagerungen bei Gera. Schuster gibt für den Unteren und Mittleren Zechstein auf den genannten Spezialkartenblättern eine Maximalmächtigkeit von 80 m an (Schuster 1933, S. 32), während die Mächtigkeit des marinen Unteren und Mittleren Zechsteins bei Gera nur 25—33 m beträgt [190]). Wenn wir für die Räume von Crimmitschau-Meerane einerseits und von Gera anderseits eine annähernd gleich starke epirogenetische Senkung während der unteren und mittleren Zechsteinzeit annehmen, ist es daher verständlich, daß bei Crimmitschau und Meerane die Sedimentaufschüttung mit der Senkung gleichen Schritt halten konnte, so daß das Land trocken blieb, während bei Gera über dem geringmächtigen Bodensediment das seichte Meer erhalten blieb.

Das Sediment des kontinentalen Zechsteins ist von Siegert (1901, Blatt Zwickau-Werdau, S. 66 bis 67, und 1905, Blatt Meerane-Crimmitschau, S. 6—8) und Schuster (1933, S. 30—32) genau beschrieben. Es handelt sich um eine unregelmäßige Wechsellagerung von Konglomeraten und Sandsteinen von meist roter Farbe. Gegen oben wird das Sediment im allgemeinen feinkörniger. Als Gerölle erscheinen in den Konglomeraten vorwiegend Quarz, reichlich Feldspat (oft fleischrote Orthoklase bis 3 cm ∅), ferner Kieselschiefer, Granulit, Granit, Andalusitglimmerfels, Gneis,

---

188) Siehe Blatt Neustadt und die Erläuterungen zu diesem Blatt (1881, S. 6—9).

189) Siehe die geologische Karte bei A. Schuster l. c. S. 71.

190) Erläuterungen zur geologischen Karte von Preußen, Blatt Gera, 3. Aufl. 1930, S. 27. Infolge eines Druckfehlers steht hier 25—33 mm.

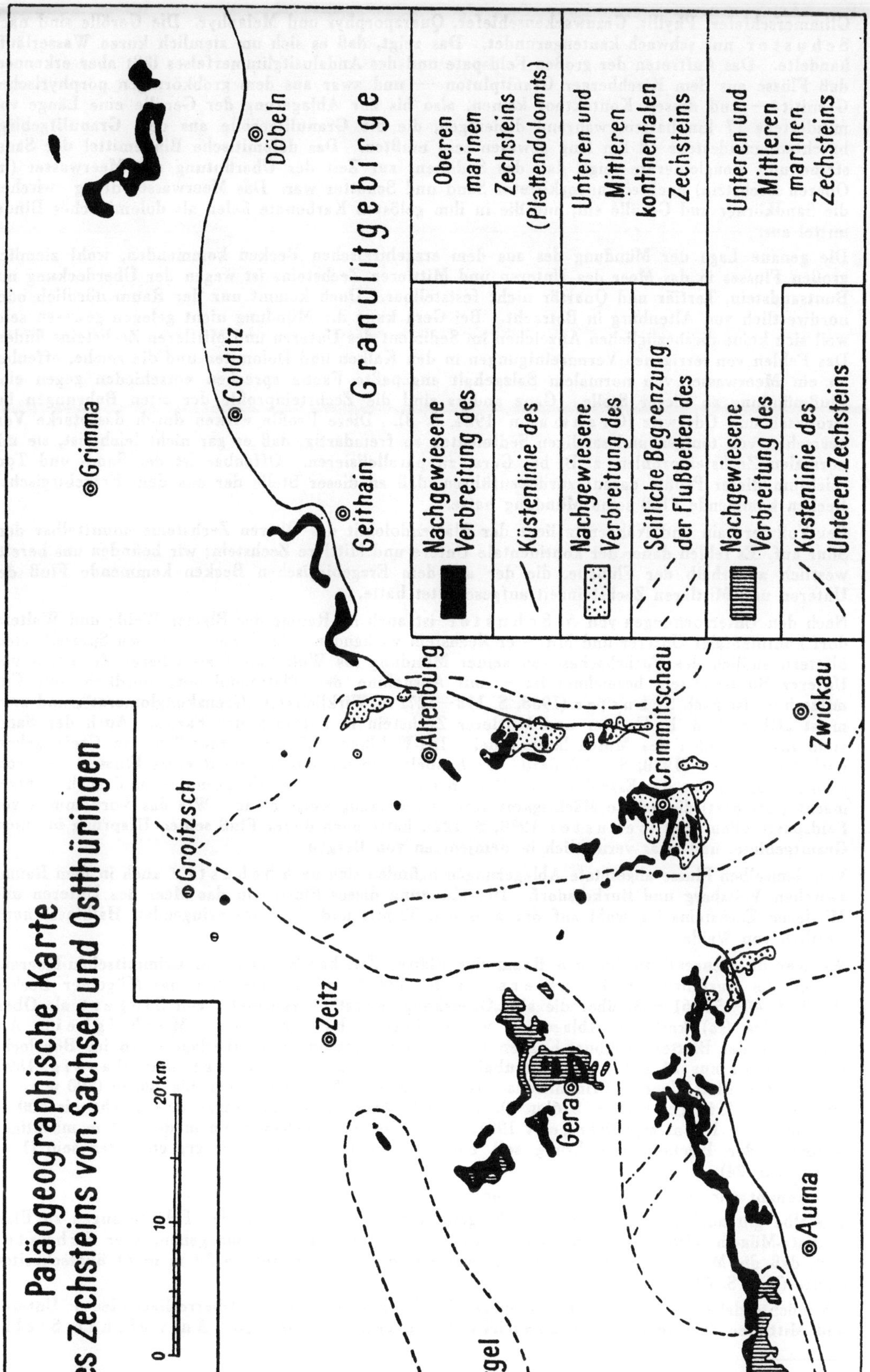
Paläogeographische Karte
des Zechsteins von Sachsen und Ostthüringen
0
10
20km
Döbeln
Colditz
Grimma
Geithain
Granulitgebirge
Altenburg
Groitzsch
Zeitz
Gera
Bürgel
Crimmitschau
Zwickau
Auma
Nachgewiesene Verbreitung des
Oberen marinen Zechsteins (Plattendolomits)
Küstenlinie des
Nachgewiesene Verbreitung des
Seitliche Begrenzung der Flußbetten des
Unteren und Mittleren kontinentalen Zechsteins
Nachgewiesene Verbreitung des
Unteren und Mittleren marinen Zechsteins
Küstenlinie des Unteren Zechsteins

Abb. 5

Glimmerschiefer, Phyllit, Grauwackenschiefer, Quarzporphyr und Melaphyr. Die Gerölle sind nach Schuster nur schwach kantengerundet. Das zeigt, daß es sich um ziemlich kurze Wasserläufe handelte. Das Auftreten der großen Feldspate und des Andalusitglimmerfelses läßt aber erkennen, daß Flüsse aus dem Kirchberger Granitpluton — und zwar aus dem grobkörnigen porphyrischen Granitit — und dessen Kontakthof kamen, also bis zur Ablagerung der Gerölle eine Länge von mindestens 17 km hatten, während diejenigen, die die Granulitgerölle aus dem Granulitgebirge brachten, mindestens 12 km lang gewesen sein mußten. Das dolomitische Bindemittel der Sandsteine und Konglomerate zeigt, daß das Sediment zur Zeit der Überflutung mit Meerwasser (im Oberen Zechstein) noch ein unverkitteter Sand und Schotter war. Das Meerwasser drang zwischen die Sandkörner und Gerölle ein, und die in ihm gelösten Karbonate fielen als dolomitisches Bindemittel aus.

Die genaue Lage der Mündung des aus dem erzgebirgischen Becken kommenden, wohl ziemlich großen Flusses in das Meer des Unteren und Mittleren Zechsteins ist wegen der Überdeckung mit Buntsandstein, Tertiär und Quartär nicht feststellbar. Doch kommt nur der Raum nördlich oder nordwestlich von Altenburg in Betracht. Bei Gera kann die Mündung nicht gelegen gewesen sein, weil sich keine diesbezüglichen Anzeichen im Sediment des Unteren und Mittleren Zechsteins finden. Das Fehlen von terrigenen Verunreinigungen in den Kalken und Dolomiten und die reiche, offenbar an ein Meerwasser von normalem Salzgehalt angepaßte Fauna sprechen entschieden gegen eine Flußmündung an dieser Stelle. Ganz anders sind die Zechsteinprofile der alten Bohrungen bei Groitzsch und Oderwitz (Grahmann 1924, S. 3). Diese Profile wirken durch das starke Vorherrschen von tonigen und sandigen Sedimenten so fremdartig, daß es gar nicht leicht ist, sie mit normalen Zechsteinprofilen, z. B. bei Gera, zu parallelisieren. Offenbar ist der Sand- und Tonreichtum dieser Profile darauf zurückzuführen, daß an dieser Stelle der aus dem Erzgebirgischen Becken kommende Fluß seine Mündung hatte.

Bei Vollmershain und Nöbdenitz liegt der Plattendolomit des Oberen Zechsteins unmittelbar dem Silur auf. Es fehlen daher der kontinentale Untere und Mittlere Zechstein; wir befinden uns bereits westlich außerhalb der Flußaue, die der aus dem Erzgebirgischen Becken kommende Fluß der Unteren und Mittleren Zechsteinzeit aufgeschüttet hatte.

Nach den Untersuchungen von A. Schuster ist auch im Raume der Blätter Weida und Waltersdorf kontinentaler Unterer und Mittlerer Zechstein vorhanden. Alles was auf diesen Spezialkartenblättern südlich des Fuchsbaches von seiner Mündung bis Wolfersdorf als Oberer Zechstein und Unterer Buntsandstein bezeichnet ist — mit Ausnahme des Plattendolomits nördlich von Culmitzsch — ist nach Schuster (1938, S. 118—127) in Wirklichkeit „Grenzkonglomerat", und zwar meist „Oberes", d. h. Unterer und Mittlerer Zechstein in kontinentaler Fazies. Auch der Sandstein im Liegenden des Muschelkalkes beim Ida-Waldhaus 2,5 km nordöstlich von Greiz gehört nach Schuster (1938, S. 126) dazu. Es handelt sich um das Sediment eines Flusses, der wohl kleiner war als der das Erzgebirgische Becken entwässernde. Die Ablagerungen sind auch weniger mächtig als dort; die größte Mächtigkeit beträgt schätzungsweise 50 m. Wie das Vorkommen von Feldspatgeröllen zeigt (Schuster 1938, S. 122), hatte auch dieser Fluß seinen Ursprung in einem Granitgebiete, und zwar vermutlich in demjenigen von Bergen.

Von demselben Flusse abgesetzte Ablagerungen befinden sich nach Schuster auch in dem Raume zwischen Veitsberg und Burkersdorf. Die Mündung dieses Flusses in das Meer des Unteren und Mittleren Zechsteins lag wohl auf der zwischen Triptis und Gera vorspringenden Halbinsel nordwestlich von Weida.

Weniger überzeugend als für den Raum der Blätter Zwickau-Werdau und Crimmitschau-Meerane wirken die Ausführungen Schusters für das Frohburg-Geithainer und das Mügelner Becken (1933, S. 49—54, 61—63) über die als „Grenzkonglomerat" bezeichnete, von Siegert als Oberrotliegendes (ro) kartierte Ablagerung wegen ihrer sehr geringen Mächtigkeit. Am Nordrande des Blattes Frohburg-Kohren ist das von Plattendolomit überlagerte ro im Bohrloche von Prießnitz nur 24 m[191]), bei Ottenhain 20—30 m mächtig (Siegert und Danzig 1898, S. 19). Auf Blatt Meerane-Crimmitschau würde dem eine Mächtigkeit von bis 300 m (200 m ro + 100 m zcg) (Siegert 1905, S. 6 u. 8), auf Blatt Zwickau-Werdau sogar eine solche bis 400 m (300 m ro + 100 m zcg) (Siegert 1901, S. 66—76) entsprechen, denn in dem 24 m mächtigen Sediment der Prießnitzer Bohrung soll nach Schuster auch ro + zcg enthalten sein (l. c. Tab. 12, S. 24).

Das kommt mir sehr unwahrscheinlich vor.

Dasselbe gilt auch für den Ostteil der Mügeln-Frohburger Mulde. In den Erläuterungen zu Blatt Oschatz-Mügeln wird zwar keine Mächtigkeit des Oberrotliegenden angegeben, aber Schuster sagt, daß die Mächtigkeit des Grenzkonglomerates im Mügelner Becken 30 m nicht überschreiten dürfte (l. c. S. 63).

Ich möchte daher für die Mügeln-Frohburger Mulde in dem Zeitraume Oberrotliegendes + Unterer und Mittlerer Zechstein stratigraphische Lücken annehmen. An welcher Stelle

---

[191]) Erläuterungen zu Blatt Frohburg-Kohren, 2. Aufl. S. 44 — vergl. auch das 3. Profil unterhalb dieses Spezialkartenblattes.

diese Lücken liegen, ist nicht festzustellen. Es kann so sein, daß der untere Teil des Oberrotliegenden vorhanden ist, der höhere Teil des Oberrotliegenden sowie der Untere und Mittlere Zechstein hingegen fehlen, oder es kann das ganze Oberrotliegende fehlen und vielleicht auch der Untere Zechstein, aber der Mittlere Zechstein vorhanden sein. Wie Schuster (1933, S. 51) ausdrücklich hervorhebt, stimmt die petrographische Beschaffenheit des „Grenzkonglomerates" weder mit ro2 (wirkliches Oberrotliegendes) noch mit ro3 (kontinentaler Unterer und Mittlerer Zechstein) überein, so daß leider auch auf diesem Wege keine Entscheidung über das Alter der Ablagerung möglich ist.

Übrigens nimmt auch Schuster dort, wo das Grenzkonglomerat gar zu geringmächtig wird, stratigraphische Lücken an. So meint er, daß im Bohrloche des Kalkbruches von Stroisch bei Schrebitz, wo das Grenzkonglomerat sogar nur 9 m mächtig ist, das Oberrotliegende fehlt [192]). Die Angabe der Tabelle 12 (auf S. 54) wird S. 53 durch die Bemerkung eingeschränkt: „Von dem erbohrten, 24 m mächtigen Schichtenstoß sind die unteren 10—15 m als Grenzkonglomerat anzusehen [193]). Da Oberer Zechstein darüber liegt, ist es jedenfalls Oberes, also Unterer + Mittlerer Zechstein, zumindestens im oberen Teil". Das ist ganz willkürlich. Denn auch die Überlagerung durch Oberen Zechstein ist kein Beweis, daß Oberes Grenzkonglomerat vorliegt. Es ist ja durchaus möglich, daß Schuster recht hat; ebenso gut aber kann eine Lücke an der Grenze zwischen dem braunroten Sandstein und dem Plattendolomit liegen. Das Nichtvorhandensein einer stratigraphischen Lücke ist jedenfalls nicht zu beweisen, besonders nicht nachträglich in einer schon im Jahre 1823 ausgeführten Bohrung (Siegert 1902, S. 30).

Wenn er weiter auf S. 53 schreibt: „Die Gesamtmächtigkeit des Grenzkonglomerates übersteigt im Gebiet Frohburg-Geithain 20—30 m nicht, während sie weiter südlich (Kohren-Ossa) bis auf wenige Meter herabsinkt", so ist dazu zu bemerken, daß die nur 0,3—2 m betragende Mächtigkeit des Grenzkonglomerates der in Tabelle 10 (S. 52) angeführten Aufschlüsse bei Niedergräfenhain, Kolka, Ossa und Wenigossa wohl nur darauf zurückzuführen ist, daß der größte Teil der leicht zerstörbaren Ablagerung der nachträglichen Abtragung zum Opfer gefallen ist. Die Bemerkung dazu (S. 52): „vermutlich ist es Unteres Grenzkonglomerat (ro)", zeigt, daß Schuster geneigt ist, die Grenzkonglomerate des Blattes Frohburg-Kohren beim Oberrotliegenden zu belassen. Dieser Meinung möchte ich mich auch anschließen, und zwar aus folgenden Gründen:

Die ros-Schichten auf Blatt Windischleuba, die trotz der von Schuster (S. 29) geäußerten Zweifel doch wahrscheinlich kontinentaler Zechstein sind, da es sich um dolomitische Sandsteine handelt, sind von dem bei Gnandstein anstehenden ro-Gestein nur 4,5 km entfernt (Kühn 1906, S. 7). Die von Schuster (S. 51) hervorgehobenen petrographischen Unterschiede — besonders das Fehlen des dolomitischen Bindemittels — wiegen daher ziemlich schwer.

Anderseits möchte ich auf die von Schuster angegebenen Unterschiede des Grenzkonglomerates gegenüber dem wirklichen Oberrotliegenden keinen so großen Wert legen. Er schreibt S. 51: „Auch vom Oberrotliegenden im Erzgebirgischen Becken weicht es in mehrfacher Hinsicht ab. Während dort im ro fast nur Konglomerate mit Quarz und altpaläozoischen Geröllen vorherrschen, besteht das Grenzkonglomerat neben dünnen Lettenlagen fast ausschließlich aus grob- bis feinkörnigen rotbraunen Sandsteinen mit eingeschalteten Konglomeratbänken aus gut gerundeten bis eckigen Geröllen, so daß der kleinstückige Charakter des erzgebirgischen Oberrotliegenden nicht so typisch ausgeprägt ist. Außerdem ist die Zusammensetzung der Konglomeratlager infolge der sehr starken Beteiligung von Quarzporphyr eine etwas andere. Bruchstücke von Quarz, Granit und Gneis sowie Granulit, Porphyrtuffen und kristallinen Schiefern sind ebenfalls recht häufig". Dazu ist zu bemerken, daß die Entfernung des Oberrotliegenden von Gnandstein von dem unzweifelhaften ro2 bei Schönberg östlich von Meerane immerhin 15 km beträgt. Auf dieser Strecke ist eine Änderung in der Beschaffenheit des Sedimentes leicht möglich, und zwar — da Gnandstein gegenüber Schönberg offenkundig flußabwärts gelegen war — in dem Sinne eines Feinkörnigerwerdens des Sedimentes (statt Konglomerate meist Sandsteine). Denn es handelt sich jedenfalls um eine fluviatile Ablagerung, wie besonders schön der von Schuster (1933, Taf. I, Fig. 1) fotografierte Aufschluß am Kirchfelsen von Niedergräfenhain zeigt. Überdies ist nach Siegert auch schon auf Blatt Meerane-Crimmitschau eine Wechsellagerung von Konglomerat und Sandstein vorhanden. Zum Vergleiche stelle ich hier die Beschreibungen des Oberrotliegenden auf den Blättern Meerane-Crimmitschau und Frohburg-Kohren nebeneinander.

Meerane-Crimmitschau (Siegert 1905, S. 5): „In dieser Stufe herrschen die Konglomerate [194]) vor, wechsellagern aber mit wenig mächtigen Schichten von groben und feinen Sandsteinen, auch zuweilen mit schmalen Lagen von sandigen Letten. . . . Ihre Farbe ist meist ein dunkles Braunrot, seltener ein Graurot; die Gerölle besitzen gewöhnlich nicht über Eigröße, sind oft sehr schlecht gerundet, fast durchgehend mit einer dünnen Haut von Eisenoxydhydrat überzogen und bestehen vorwiegend aus Quarz, denen sich in wechselnder, aber nur selten in größerer

---

192) A. Schuster (1933), S. 62 und Tabelle S. 63.

193) Die oberen 9—14 m betrachtet Schuster als „Unterer Letten" des Oberen Zechsteins.

194) Hier und im folgenden nur von mir gesperrt.

Menge solche von Gneis, Granulit, Glimmerschiefer, Phyllit, Porphyrtuff, Melaphyr und von einem dunkelbraunvioletten, an Quarz und Orthoklaseinsprenglingen sehr reichen Porphyr zugesellen."

Frohburg-Kohren (Siegert 1902, S. 23): „Vorwiegend rotbraune und weiße Sandsteine nebst Konglomeraten, sowie untergeordnete Letten setzen auf Section Frohburg-Kohren das Oberrotliegende zusammen. Die Gerölle, welche in den Konglomeraten vorkommen, bestehen wesentlich aus Quarz, ferner aus Granit, Gneis, Granulit, kristallinen Schiefern, reichlichen Quarzporphyren und Porphyrtuffen."

Wie ein Vergleich dieser Beschreibungen erkennen läßt, ist die Geröllführung der Konglomerate im Bereiche der beiden Gebiete nur sehr wenig voneinander verschieden. Daß im Frohburg-Geithainer Gebiet der Quarzporphyr reichlicher vertreten ist, ist selbstverständlich, da der Quarzporphyr in den darunter liegenden Schichten des Unterrotliegenden in diesem Raume eine unvergleichlich größere Verbreitung besitzt, als im Erzgebirgischen Becken, ganz besonders aber deshalb, weil der Quarzporphyr zur Zeit der Transgression des Oberrotliegenden hier in viel größeren Flächen zur Abtragung freilag[195]) als dort, wo er zur Zeit der Ablagerung des Oberrotliegenden noch von den mächtigen Schichten des rm2/3 und rm4 verhüllt war. Diese Freilegung des Quarzporphyrs ist ein Werk der im Gefolge der Saalischen Orogenese eingetretenen Erosionsperiode.

Dasselbe wie für das Oberrotliegende auf Blatt Frohburg-Kohren gilt wohl auch für dasjenige von Ottenhain. Nach den Beschreibungen stimmt die Gesteinsbeschaffenheit in beiden Fällen fast vollkommen überein (Siegert und Danzig 1898, S. 19—20).

Aus allen diesen Gründen möchte ich das „Grenzkonglomerat" im Frohburg-Geithainer Gebiete doch lieber beim Oberrotliegenden belassen. Wahrscheinlich war die Ablagerung auch hier ursprünglich viel mächtiger, aber eine Erosionsperiode zur Zeit des Unteren und Mittleren Zechsteins hat den größten Teil des Oberrotliegenden wieder abgetragen, so daß nur mehr unbedeutende Reste dieses Sedimentes übrig geblieben sind.

Daß hier zur Zeit des Unteren und Mittleren Zechsteins Erosion, im Erzgebirgischen Becken aber gleichzeitig Ablagerung stattfand, kann vielleicht damit zusammenhängen, daß wir uns im Frohburg-Geithainer Gebiet bereits im Randteil der Granulitgebirgskuppel befinden, die nachweisbar immer wieder Aufwölbungstendenz erkennen läßt (vergl. dazu S. 79). Es ist aber auch möglich, daß ein Teil dieser Abtragung in die unten zu besprechende Trockenperiode zwischen Mittlerem und Oberem Zechstein fällt. Allerdings müßte man dann wegen des für diesen Zeitraum anzunehmenden Wüstenklimas an solche Abtragungsvorgänge denken, die in diesem Klima möglich sind.

Das hier für das Frohburg-Geithainer Gebiet Gesagte gilt nicht ohne weiteres auch für das so wenig aufgeschlossene Grenzkonglomerat des Mügelner Gebiets. Für dieses habe ich den Ausführungen Schusters (1933, S. 62—63) nichts hinzuzufügen.

2. Die Eindampfungs- und Trockenperiode zwischen Mittlerem und Oberem Zechstein

In Ostthüringen kann die Meeresbedeckung aus dem Mittleren in den Oberen Zechstein nicht ununterbrochen angedauert haben, sondern es muß sich zwischen der Ablagerung des „Ostthüringischen Hauptdolomits" und derjenigen der „Unteren Letten" des Oberen Zechsteins eine Festlandsperiode einschalten. Das ergibt sich aus folgenden Erwägungen:

Nach E. Fulda (1926, S. 218) ist „der ostthüringische Hauptdolomit als unmittelbare Fortsetzung des Zechsteinkalkes genetisch demselben ersten klastisch-kalkigen Horizont zuzurechnen wie der Untere Zechstein". Er entspricht also offenbar nur dem tiefsten Teile des Mittleren Zechsteins. Der „Untere Letten" des Oberen Zechsteins aber entspricht nach Fulda (1926, S. 212) bereits einem ziemlich hohen Niveau des Oberen Zechsteins, nämlich der „tonigsandigen Stufe des Grauen Salztons". Es fehlen also in dem ostthüringischen Küstenstreifen des Zechsteinmeeres Vertreter der unteren Abteilung des Oberen Zechsteins, d. h. es fehlt vor allem eine in der Mächtigkeit halbwegs entsprechende Vertretung der bei Staßfurt viele Hunderte von Metern mächtigen „älteren Salzfolge". Wie später gezeigt werden wird, ist die im Innern des Thüringischen Beckens und bei Halle-Merseburg als Anhydrit entwickelte obere Abteilung des Mittleren Zechsteins wenigstens teilweise durch die gipsführende untere Abteilung der „Unteren Letten" vertreten.

Da es sich bei den fehlenden Gesteinen — von wenigen Ausnahmen abgesehen — um in Wasser lösliche chemische Sedimente handelt, sind folgende Möglichkeiten des Fehlens dieser Gesteine denkbar:

1. Die Gesteine waren vorhanden, fielen aber gänzlich der nachträglichen Auflösung zum Opfer.
2. Die genannten Gesteine fehlen primär.
3. Für die einen Teile des Gebietes trifft die Möglichkeit 1, für die anderen die Möglichkeit 2 zu.

---

[195]) Auf Blatt Frohburg-Kohren liegt das Oberrotliegende fast überall unmittelbar dem Quarzporphyr auf (vergl. Tab. 10 und 11 auf S. 52 und 53 bei Schuster). Bei Ottenhain auf Blatt Rochlitz-Geithain liegt „Oberes Tuffrotliegendes" dazwischen. Im Erzgebirgischen Becken hingegen liegt das Oberrotliegende nirgends unmittelbar auf Quarzporphyr.

Die folgende Untersuchung zeigt, daß für den Küstensaum des Zechsteinmeeres die Möglichkeit 3 am wahrscheinlichsten ist, aber in der Form, daß die chemischen Sedimente häufiger primär fehlen als aufgelöst sind, und zwar gilt dies sowohl in räumlicher als in zeitlicher Hinsicht.

Wenn Auflösung der Sedimente erfolgt ist, ist anzunehmen, daß sich wenigstens einzelne Reste dieser Sedimente erhalten haben, insbesondere solche des noch am schwersten löslichen Salzes, des nahe der Erdoberfläche meist in Gips umgewandelten Anhydrits. Tatsächlich sind einige Gipslager im Küstensaum vorhanden. Es soll aber nur der in der paläogeographischen Karte dargestellte Raum in Betracht gezogen werden, der sich mit demjenigen deckt, der in der „Geologischen Übersichtskarte von Sachsen" (1 : 400 000) von F. Koßmat und K. Pietzsch zur Darstellung gebracht ist.

Blatt Neustadt: Gips steht zwar an der Erdoberfläche nur mehr bei Colba an, aber es sind Dolinen im Buntsandstein vorhanden, welche mit Sicherheit auf das Vorhandensein von Zechsteingips in seinem Liegenden schließen lassen [196]). „Von der Eberrothe bei Laußnitz bis zur Sachsenburg bei Neustadt zählt man drei Dutzend trichterförmige oder mit der Zeit kesselförmig gewordene Vertiefungen, welche unten teilweise mit Wasser gefüllt sind und die beachtenswerte Tiefe von 60 bis 70 Fuß (18,8 bis 21,97 Meter) erreichen; diese „Seelöcher" oder „Erdfälle" sind nur durch den Einbruch des Deckgebirges über ausgewaschenen Gipsschlotten zu erklären". Diese Gipsdolinen sind auf der Spezialkarte schön eingezeichnet, es handelt sich um eine 4 km lange, dem Ausbiß von zol (Unteren Letten) in etwa 1 km Entfernung annähernd parallel verlaufende Reihe.

Blatt Weida: „Gips ist auf Blatt Weida in diesen Schichten nicht angetroffen, doch deutet vereinzelt die verbrochene und eingesunkene Lagerungsweise des Plattendolomits auf ehemals darunter vorhanden gewesenen Gips hin" (Liebe und Zimmermann 1893/1, S. 61).

Blatt Gera: Gips ist nur an wenigen Stellen nahe der Auflagerungsgrenze gegen den Unteren Buntsandstein an der Erdoberfläche vorhanden, bei Rubitz, Thieschitz, beim Kreiskrankenhaus und bei Wolfsgefährt (Zimmermann 1930, S. 36). Ferner wurde er an mehreren Stellen im Bereiche des Elsteralluviums erbohrt (Bohrlöcher 2, III, 6, VIII, IX, 13) [197]), aber nirgends in größerer Mächtigkeit und stets in Wechsellagerung mit Letten. Östlich des Elstertales fehlt er gänzlich, doch spricht die „Geraer Schaumerde" für seine frühere Anwesenheit.

Blatt Langenberg: Hier gewinnen die chemischen Sedimente mit der Entfernung von der Küste rasch an Mächtigkeit. Hier wurde bei der Saline Heinrichshall (bei Langenberg) nicht nur über 70 m mächtiger Gips [198]), sondern sogar ein allerdings nur 2 m mächtiges Steinsalzlager erbohrt (E. Fulda 1926, S. 219).

Gänzlich fehlt der Gips im Bereiche der Blätter: Triptis, Ronneburg, Altenburg und Waltersdorf sowie dem ganzen sächsischen Zechstein. Weder in den Erläuterungen der in Betracht kommenden sächsischen Spezialkartenblätter noch bei Schuster ist ein Vorkommen von Gips erwähnt.

Von Wichtigkeit ist ferner die Mitteilung Fuldas (1926, S. 219), daß die Bohrung Porstendorf (im Saaletal unterhalb von Jena) kein Steinsalz angetroffen hat, „obgleich sie die Zechsteinschichten in einer so großen Tiefe durchsunken hat, daß eine nachträgliche Auslaugung kaum angenommen werden kann." Auch sonst ist diese etwa 18 km von dem nächsten Tagesausbiß des Zechsteins (südöstlich von Eisenberg) entfernte Bohrung dadurch bemerkenswert, daß ein Bryozoenriff vorhanden ist, was darauf hindeutet, daß noch im Mittleren Zechstein die mit Riffen besetzte Flachsee mindestens 35 km von der östlich Gera gelegenen Küste ins Meer hineinreichte [199]). Die über dem Riffdolomit folgende Schichtenfolge läßt sich bereits recht gut mit dem Normalprofil der Merseburger Gegend (Fulda 1929/1, S. 81) vergleichen: Über dem Riffdolomit liegt eine 22,5 m mächtige Anhydritmasse, welche offenbar dem Anhydrit des Mittleren Zechsteins entspricht. Das zeigt, daß hier bereits im höheren Teile des Mittleren Zechsteins ein eindampfender Salzsee an Stelle des Meeres getreten ist. Die nun folgende, 29,5 m mächtige Wechsellagerung von Anhydrit und Dolomit mit untergeordnetem Letten entspricht wohl bereits dem Oberen Zechstein, und zwar dem Niveau der „Anhydrite und dolomitischen Mergelkalke in wechselnder Verteilung" des Merseburger Normalprofiles und dem „Unteren Letten" + Plattendolomit des sächsischen Zechsteins. Die nächsten 59,5 m des Bohrprofiles (21 m grauer Sandstein, Dolomit?, 38,5 m rote Letten mit Gips, abwechselnd mit Sandstein) wird man wohl mit dem „Oberen Letten" des sächsischen Zechsteins und z. T. bereits mit dem Unteren Buntsandstein parallelisieren können. Fulda rechnet in allen Profilen der Bohrungen bei Halle und Merseburg die gipsführenden Letten bereits zum Unteren Buntsandstein (Fulda 1929/2).

---

196) Erläuterungen zu Blatt Neustadt (1881), S. 14 und 19. — Vergl. auch Bild 102 und 103 bei B. v. Freyberg (1937) S. 76.

197) Erläuterungen zu Blatt Gera, 3. Aufl., Bohrprofile S. 64—71.

198) Erläuterungen zu Blatt Langenberg (1878), S. 9 und zu Blatt Gera, 3. Aufl., S. 36.

199) E. Naumann: (1928, S. 10). Es ist selbstverständlich auch möglich, daß die von dem Bryozoenriff von Porstendorf besetzte Untiefe im Sinne Freybergs (1921, S. 205) durch den in der Tiefe weiterstreichenden Schwarzburger Sattel bedingt und von dem Riff von Köstritz durch einen Streifen tieferen Wassers getrennt war.

In der nur 11 km östlich von Porstendorf abgeteuften Bohrung von Tünschütz erreicht nach Fulda (1926, S. 219) der Anhydrit des Mittleren Zechsteins die ungleich größere Mächtigkeit von 150 m.

Aus dieser Verteilung der chemischen Sedimente im mittleren und im unteren Teile des Oberen Zechsteins ergibt sich ein ganz klares und eindeutiges paläogeographisches Bild:

1. Der Gips fehlt überall dort, wo der Untere und Mittlere marine Zechstein fehlt und die Meerestransgression erst im Oberen Zechstein eintritt[200]). Es ist klar: wo im Unteren und Mittleren Zechstein kein Meer war, konnte sich durch Senkung des Meeresspiegels kein Salzsee bilden, in dem es zur Ausscheidung chemischer Sedimente kam.

2. In unmittelbar an der Meeresküste des Unteren und Mittleren Zechsteins gelegenen Räumen fehlt der Gips (bzw. Anhydrit) auch und stellt sich erst in einiger Entfernung von der Küste ein, und zwar zuerst in sehr geringer Mächtigkeit und stark durch Lettenlagen verunreinigt. Gegen das Innere des Beckens zu wird der Anhydrit mächtiger und reiner, noch weiter gegen das Innere zu folgt das Steinsalz und nur in den innersten und tiefsten Teilen des Beckens werden die Kalisalze ausgeschieden.

Auch diese Verteilung ist leicht erklärlich: In der durch das Auftreten der Bryozoenriffe ausgezeichneten Randzone war das Zechsteinmeer sehr seicht. „Ein besonders flaches Meer scheint in Ostthüringen zur Zechsteinzeit vorhanden gewesen zu sein, wo sich zwischen Saalfeld und Gera zahlreiche Bryozoenriffe gebildet haben und auch die dazwischen vorkommenden schichtigen Gesteine durch eine besonders reiche bentonische Fauna auszeichnen" (Fulda 1926, S. 218). Eine Senkung des Meeresspiegels mußte also ziemlich bald ein Abströmen des Wassers aus diesen seichten Randteilen in die tieferen Teile des Beckens zur Folge haben. Ich stelle mir vor, daß — etwa um die Mitte der Mittleren Zechsteinzeit — eine tektonische Senkung des Meeresgrundes die Umwandlung des Zechsteinmeeres in einen abflußlosen, unter dem Spiegel des Weltmeeres gelegenen Salzsee zur Folge hatte, welcher zunächst das ganze Wasser des größeren, aber seichteren Meeres des Unteren und der unteren Hälfte des Mittleren Zechsteins aufnahm. Infolge des ariden Klimas senkte sich dann durch Verdunstung des Wassers unter Ausscheidung von Anhydrit der Spiegel des Sees weiter. Er erhielt aber — etwa im Sinne der Assalsee-Hypothese Fuldas (1927, S. 70—75) — durch sehr lange Zeiträume ständig Zufluß vom Meere her, wodurch die Bildung der mächtigen Anhydritlagerstätte und später der Steinsalz- und Kalisalzlagerstätte möglich war. Das ist allerdings nur dann möglich, wenn gleichzeitig — ähnlich wie bei der Bildung der Geosynklinalen — eine stetige epirogenetische Senkung des Bodens eine gänzliche Auffüllung des Beckens mit Salzen bis zur Meeresspiegelhöhe verhindert. Zu einer Annahme der phantastischen Großflutenhypothese Wilfarths (1933) kann ich mich nicht entschließen, obwohl sich der beste Kenner der deutschen Zechstein-Salzlagerstätten, Ernst Fulda, zu ihr bekennt. Die Ablösung des Mondes von der Erde ist sicherlich ein Ereignis, welches sich in einem sehr frühen Stadium der Erdentwicklung vollzogen hat. Nach B. Gutenberg (1940, S. 475) kann man den Zeitraum seit der Ablösung des Mondes auf mindestens 10^9 bis 10^{10} Jahre, d. h. auf 1000 bis 10 000 Millionen Jahre berechnen. Die Mondablösung fällt somit ins Archäikum, und zwar wohl ins frühe Archäikum. Daß die Mondablösung erst im Paläozoikum erfolgte, ist schon deshalb ausgeschlossen, weil dieses Ereignis sicherlich kein lebendes Wesen auf der Erde überlebt hätte. Sollten nun wirklich in der ersten Zeit nach der Mondablösung Großfluten bestanden haben, so könnte es nicht mehr in der Permzeit gewesen sein, welche nach der mit Hilfe der radioaktiven Minerale berechneten absoluten Chronologie nicht viel mehr als 200 Millionen Jahre vor der Gegenwart liegt. Außerdem müßte sich im älteren Paläozoikum die Wirkung der Großfluten noch viel stärker bemerkbar gemacht haben, wovon nichts bekannt ist[201]).

Fulda (1938), S. 26, 29, sucht seine eigene frühere Hypothese dadurch zu entkräften, daß er ausrechnet, daß bei einer jährlichen Eindunstung einer Wassersäule von 4 m Höhe, bei der sich eine Salzschicht von 60 cm bildete, zur Auffüllung eines Beckens von 100 000 km^2 Ausdehnung ein Zustrom von 12 700 m^3 in der Sekunde notwendig gewesen wäre, was allerdings außerordentlich viel ist. Ich möchte nun fragen: Kann die Eindunstung des Salzsees nicht langsamer erfolgt sein als heute bei den künstlichen seichten Salzpfannen im Tropenklima? Wenn die „Jahresringe" des älteren Staßfurter Steinsalzes wirklich das Sediment eines Jahres sind, wäre die jährliche Salzschicht nicht ganz $^1/_5$ der oben angegebenen Höhe (11 cm) (Fulda 1938, S. 70) und es brauchte daher auch der Zustrom von Meerwasser nicht ganz ein Fünftel der oben angeführten Menge zu betragen. Weiter kann man sich vorstellen, daß dieser Zustrom gleichzeitig auf sehr breiter (vielleicht Hunderte von Kilometern breiter) Front erfolgte.

---

200) Eine Ausnahme bildet nur der Gips bei der kleinen Mühle im Elstertale östlich von Wolfsgefährt, wo wir uns anscheinend bereits in dem Raume befinden, in dem der Obere Zechstein transgrediert, da am linken Elsterufer 650 m oberhalb des Gipsaufschlusses der Kulm unmittelbar unterhalb des „Unteren Letten" zutage tritt. Hier dürfte es sich um das Sediment eines lokalen Salzsees handeln, der mit dem Meere des Mittleren Zechsteins nichts zu tun hat und nur kurze Zeit vor der Transgression des Oberen Zechsteins bestand.

201) Auch R. Schwinner lehnt die Wilfarthsche Hypothese ab, und zwar u. a. auch mit demselben Argument wie ich: „Aber nach der Theorie dieses Vorganges wird man bis Perm nicht zuviel davon beanspruchen dürfen, sonst kommt man mit der geologischen Zeit vorher nicht zurecht."

In den Randteilen des Beckens des Mittleren Zechsteins blieben bei dem Abströmen des Wassers gegen die Mitte nur in allseits geschlossenen wannenförm'gen Vertiefungen kleine Salzseen zurück, weil aus diesen Räumen wegen der Form des Meeresgrundes ein restloses Abströmen des Wassers nicht möglich war. In diesen Salzseen bildeten sich durch Eindampfen chemische Sedimente von geringer Mächtigkeit. Es ist klar, daß in diesen strandnahen Teilen des Zechsteinbeckens die leichter löslichen Salze besonders stark der Auflösung verfallen und nur der schwerer lösliche Anhydrit oder Gips zurückbleibt.

Schon bei Langenberg muß das Meer tiefer gewesen sein, da hier durch Senkung des Meeresspiegels ein Salzsee zurückblieb, in dem 70 m mächtiger Gips und auch etwas Steinsalz abgelagert wurde. Vermutlich haben wir es hier nicht mehr mit einem lokalen Salzsee der Strandregion, sondern bereits mit einer Bucht des großen und tiefen Halle-Merseburger Salzsees zu tun, in dem durch fortgesetzte Füllung mit Meerwasser sehr mächtige chemische Sedimente abgesetzt wurden. Noch tiefer war das Becken bei Tünschütz, wo der Anhydrit bereits 150 m Mächtigkeit erreicht.

Bei Porstendorf und Bürgel war zu Beginn des Mittleren Zechsteins das Meer noch so seicht, daß es zur Bildung eines Riffes kam. Dann aber vertiefte sich das Becken durch eine epirogenetische Senkung des Meeresgrundes derart, daß sich bei der Senkung des Wasserspiegels keine Trockenlegung ergab (wie in der Strandregion), sondern ein — allerdings seichterer — Teil des großen Salzsees, in dem immerhin 22,5 m Anhydrit abgelagert wurde. Entspricht nun der 22,5 m mächtige Anhydrit bei Porstendorf dem unteren oder dem oberen Teile oder der ganzen Mächtigkeit der 150 m mächtigen Anhydritmasse von Tünschütz? Ich bezweifle, daß es aus biologischen Gründen möglich ist, daß die Bryozoen und die anderen, das Riff aufbauenden oder bewohnenden Organismen in einem Wasser leben konnten, aus welchem gleichzeitig an anderen Stellen Anhydrit abgesetzt wurde. Infolgedessen ist eine Gleichaltrigkeit des tieferen Teiles der Anhydritmasse von Tünschütz mit den oberen Teilen des Riffes von Bürgel und Porstendorf unmöglich, und wir sind daher zu der Annahme gezwungen, daß der Anhydrit der Porstendorfer Bohrung entweder dem tieferen Teile oder der ganzen Mächtigkeit des Anhydrites von Tünschütz entspricht.

Ähnliche Mächtigkeitsschwankungen des Anhydrits des Mittleren Zechsteins hat Fulda (1929/2, S. 703) in den Bohrprofilen des Halle-Merseburger Raumes festgestellt. Er unterscheidet auf der Oberfläche der Anhydritmasse „Kuppen und Kessel" und spricht von „chemisch sedimentierten Riffen". Er vergleicht dieses Verhalten mit einer ähnlichen Erscheinung, die der dem Oberen Zechstein angehörige Hauptanhydrit bei Staßfurt zeigt [202]). Fulda hält diese Mächtigkeitsschwankungen des Anhydrits für primär und erklärt sie folgendermaßen (1930, S. 383): „Vermutlich haben abwärts gerichtete vertikale Strömungen an bevorzugten Stellen die Abscheidung von Kalziumsulfat aus der Salzlösung begünstigt und zum Emporwachsen der Anhydritklippen die Veranlassung gegeben." Dazu möchte ich folgendes bemerken: Wenn wir zunächst das Profil durch das „Südfeld von Schacht V der Kaliwerke Aschersleben" (Abb. 26 bei Fulda 1938) betrachten, wo die Bildung der Anhydritklippen besonders schön ausgeprägt ist, so sehen wir, daß bis 50 m hohe, steilwandige Anhydritklippen etwa 100 m voneinander entfernt sind. Es müßten daher etwa 100 m voneinander entfernt, parallele abwärts gerichtete Strömungen bestanden haben, und zwar solange genau an derselben Stelle, bis eine mächtige Anhydritmasse ausgefallen war. Es ist nicht leicht, sich einen Vorgang auszudenken, der ein so merkwürdiges Strömungssystem im Wasser des Salzsees erzeugen könnte. Die einzige Möglichkeit zur Entstehung eines solchen Strömungssystemes könnte vielleicht dadurch gegeben sein, daß die Oberfläche des Salzsees zur Zeit der Anhydritausscheidung von einer siebartig durchlöcherten nicht zu dünnen Haut (unbekannte Wasserpflanzen?) bedeckt war; die Löcher waren durchschnittlich etwa 100 m voneinander entfernt. In den Löchern kühlte sich das eine konzentrierte Kalziumsulfatlösung darstellende Wasser in der Nacht und in der kälteren Jahreszeit stärker ab als unter dem Schutze der Pflanzendecke. Da $CaSO_4$ in kaltem Wasser weniger löslich ist als in warmem [203]), fiel der Anhydrit schon durch die

---

202) E. Fulda: (1938), Abb. 25 u. 26 (S. 74), Abb. 30 u. 31 (S. 78), Abb. 41, S. 89.

203) Die Löslichkeit von $CaSO_4$ in Wasser hängt in folgender Weise von der Temperatur ab:

Temperatur:	g $CaSO_4$ in 100 cm^3 H_2O:
10°	0,1928
18°	0,2016
35°	0,2096
55°	0,2010

Das Maximum der Löslichkeit liegt bei Temperaturen zwischen 32° und 41°. Bei den großen Temperaturunterschieden, die im Wüstenklima zwischen Tag und Nacht bestehen, ist es ganz gut möglich, daß das durch Eindampfen eine gesättigte $CaSO_4$-Lösung gewordene Seewasser an der Oberfläche bei Tage die Temperatur der maximalen Lösungsfähigkeit besaß, in der Nacht aber die Temperatur ganz erheblich niedriger war, so daß schon durch diese Abkühlung in den oberflächennahen Teilen des Wassers das Kalziumsulfat ausfiel. Aus reiner $CaSO_4$Lösung fällt bei Temperaturen unter 66° stets $CaSO_4+2H_2O$ (Gips) aus. Bei der Anwesenheit anderer Salze aber — was für den Salzsee mit Sicherheit anzunehmen ist — kann sich auch schon bei niedrigerer Temperatur Anhydrit bilden. Überdies ist bei Anwesenheit einer gesättigten NaCl-Lösung — auch das wird wenigstens annähernd zutreffen — auch eine nachträgliche Umwandlung von Gips in unlöslichen Anhydrit schon bei 30° möglich. — Diese Mitteilungen verdanke ich Herrn Prof. Dr. A. Lissner an der Freiberger Bergakademie.

Abkühlung des Wassers teilweise aus. Es bildeten sich ferner unterhalb der Löcher vertikal abwärts gerichtete Konvektionsströmungen des abgekühlten und durch ausgeschiedenen Anhydrit getrübten Wassers aus. Dadurch wurde der Anhydrit rascher zu Boden geführt als durch sein Gewicht. Von der Seite strömte unterhalb der Pflanzendecke wärmeres Wasser gegen die Löcher, wurde dort abgekühlt und der Vorgang wiederholte sich. Auf diesem Wege wuchsen unterhalb der Löcher die Anhydritklippen empor, und zwar war dies ein Vorgang, der sich in der Nacht und in der kalten Jahreszeit vollzog. Mit der Großflutenhypothese Wilfarths ist dieser Vorgang allerdings nicht vereinbar, denn er setzt voraus, daß die siebartig durchlöcherte Pflanzendecke durch sehr lange Zeit an derselben Stelle blieb, und es ist schwer, sich vorzustellen, daß sie so fest war, daß sie die Großfluten überleben konnte.

Was hier über die Anhydritklippen des Hauptanhydrits gesagt ist, gilt nicht ohne weiteres für die viel größeren Mächtigkeitsschwankungen im Anhydrit des Mittleren Zechsteins. Hier würde ich glauben, daß vor allem die Wassertiefe eine entscheidende Rolle spielte. Es ist klar, daß sich an tieferen Stellen des Salzsees auch eine mächtigere Anhydritschicht ausscheiden konnte.

In der Strandfazies des Zechsteins (bei Gera, Triptis, Neustadt usw.) besteht zwischen dem Mittleren und dem Oberen Zechstein eine stratigraphische Lücke, welche der „Älteren Salzfolge" des Staßfurter Profils entspricht. Da die in den unteren Teil der „Unteren Letten" eingeschalteten Gipsmassen [204]) wohl dem Anhydrit des höheren Teiles des Mittleren Zechsteins entsprechen, sollte der tiefere Teil der Unteren Letten eigentlich noch zum Mittleren Zechstein gerechnet werden, und die der „Älteren Salzfolge" entsprechende Lücke würde zwischen dem tieferen und dem höheren Teile der „Unteren Letten" liegen. Der tiefere Teil der „Unteren Letten" gehört noch der Regressionsphase an, der höhere entspricht der auch in den tiefsten Teilen des Zechsteinbeckens durch ein Ansteigen des Wasserspiegels und ein Eindringen des Meeres gekennzeichneten „tonig-sandigen Stufe des grauen Salztons" (Fulda 1926, S. 212). Der „Untere Letten" desjenigen Raumes, in dem der Obere Zechstein über Festland transgrediert, entspricht dann nur dem höheren, gipsfreien Teile des „Unteren Lettens".

Daß sich an der Stelle der stratigraphischen Lücke keine Erosionsdiskordanz bemerkbar macht, hängt wohl damit zusammen, daß die Lücke einem nach geologischen Begriffen ziemlich kurzen Zeitabschnitt entspricht (Fulda 1938, S. 26). Wenn die bekannten „Jahresringe" des „Älteren Steinsalzes" bei Staßfurt (11 cm Steinsalz + 4 mm Anhydrit in der Anhydritregion, 7 cm Steinsalz in der Polyhalitregion) [205]) wirklich das Sediment eines Jahres sind — was mir trotz der dagegen erhobenen Einwände bei der außerordentlichen Regelmäßigkeit der Erscheinung doch noch am wahrscheinlichsten vorkommt —, so wäre das 300—500 m mächtige „Ältere Steinsalz" (Anhydritregion) in 2600—4400, die nach Keilhack (1914, S. 98, 100) 50—60 m mächtige Polyhalitregion in 700—850 Jahren, beide zusammen also in 3300—5250 Jahren entstanden. Dazu käme noch die jedenfalls kürzere Zeit, in der die Kieserit- und Carnallitregion gebildet wurde. Dieser Zeitraum von wenigen Jahrtausenden spielt nun für die Abtragung des Gebirges keine nennenswerte Rolle, zumal da die Abtragungsvorgänge in dem ariden Klima wohl nicht sehr intensiv verlaufen sind.

Die Ablagerung des bis mindestens 243 m mächtigen [206]) Anhydrits des Mittleren Zechsteins hat jedenfalls viel länger gedauert, da sich die Abscheidung des Anhydrits langsamer vollzieht (Fulda 1938, S. 26); diesem Anhydrit aber entspricht — wie bereits oben ausgeführt wurde — der untere, gipsführende Teil des „Unteren Letten".

Ferner ist es klar, daß sich während der Eindampfungszeiten im oberen Teile des Mittleren Zechsteins und besonders im unteren Teile des Oberen Zechsteins keine Flußablagerung (Kontinentaler Zechstein) bilden konnte. Das extrem aride Klima hat wohl zunächst ein Versiegen der aus dem Erzgebirge und Granulitgebirge kommenden Flüsse und durch das Ausbleiben der Süßwasserzufuhr die Umwandlung des Meerwassers in eine konzentrierte Salzlösung zur Folge gehabt.

Wenn daher Schuster meint, daß in einigen Profilen das „Grenzkonglomerat" eine untrennbare, vom Oberrotliegenden bis in den Oberen Zechstein reichende Ablagerung darstellt, so muß diese Folge kontinentaler Sedimente den Eindampfungszeiten entsprechende Lücken aufweisen. Die Einheitlichkeit kann also nur vorgetäuscht sein.

3. Der Obere Zechstein

Zu Beginn des Oberen Zechsteins trat eine bedeutende Transgression ein. Das Meer überflutete nicht nur die Halbinsel zwischen Gera und Triptis [207]), sondern drang 80 km weit bis in den

---

[204]) Vergl. besonders die Bohrprofile in den Erläuterungen zu Blatt Gera 3. Aufl., S. 64—71.

[205]) E. Fulda: (1938), S. 70, 71. Johannes Walther schätzt die Bildungszeit der Staßfurter Salzlager auf etwa 10 000 Jahre (Lehrbuch der Geologie von Deutschland, S. 78). Doch handelt es sich da nicht nur wie hier um das ältere Salzgebirge, sondern um das gesamte, beide Salzgebirge umfassende Steinsalzlager.

[206]) Tiefbohrung Daspig I (Fulda 1929, S. 703).

[207]) Da in Freybergs paläogeographischen Kärtchen (1921, Abb. 4 auf S. 202) der Mittlere und Obere Zechstein zusammengezogen sind, könnte man bei Betrachtung dieses Kärtchens auf die Vermutung kommen, daß die Halbinsel bereits zur Zeit des Mittleren Zechsteins überflutet wurde. Daß die Überflutung aber erst im Oberen Zechstein eintrat, ergibt sich auch aus dem Text von Freybergs Arbeit.

Raum östlich von Ostrau vor. Gegen Süden reichte es mindestens bis zu der Linie: Tischendorf (Blatt Triptis) — Weida — Culmitzsch (Blatt Waltersdorf) — Neukirchen (südlich von Crimmitschau, Nordrand des Blattes Zwickau—Werdau) — Meerane. Von hier an scheint die Küstenlinie durch etwa 18—20 km S-N zu verlaufen, da östlich der Linie: Meerane-Podelwitz-Altenburg kein Zechstein angetroffen wird. Dann schwenkt die Küstenlinie wieder gegen ONO ein, denn wir treffen den Oberen Zechstein bei Frohburg und nordwestlich von Geithain an. Von der SW-Ecke des Blattes Colditz-Großbothen bis Kiebitz (Blatt Döbeln-Scheergrund) fehlt durch 27 km der Zechstein — wohl infolge von Abtragung. Weiter gegen Osten wird die Südküste des Meeres des Oberen Zechsteins etwa durch die Lage der Orte Kattnitz—Münchhof (an der Grenze der Blätter Döbeln-Scheergrund und Lommatzsch) bezeichnet. Östlich des Kalkbruches von Münchhof nimmt der Zechstein die Nordwestecke des Blattes Lommatzsch und die Südwestecke des Blattes Stauchitz ein, wo er nach F. Härtel[208]) unter der Bedeckung mit Diluvium wahrscheinlich bis in den Untergrund des Weilers Steudten reicht, was somit der östlichste Punkt ist, bis zu dem gegenwärtig der Obere Zechstein noch erhalten ist. Gegen Norden reicht er bis an die westliche Fortsetzung der Lausitzer Störung[209]). Der nördlichste Punkt, an dem er erbohrt wurde, ist ein 1805 abgeteuftes Bohrloch bei Naundorf (Siegert 1908, S. 24, 25).

Diese Linie bedeutet zunächst nur die äußerste Grenze der heute noch erhaltenen Zechsteinvorkommen. Es sind aber folgende Anhaltspunkte vorhanden, daß das Meer des Oberen Zechsteins niemals viel weiter gegen Südosten gereicht hat:

Bei Weida reicht die normale Gliederung des Oberen Zechsteins (Untere Letten, Plattendolomit, Obere Letten) von Westen her nur bis in den Raum von Wünschendorf. Von hier gegen Südosten „macht sich immer mehr ein Schwinden der Gesamtmächtigkeit, ein Vorherrschen der lettigen und sandigen Zonen und ein Zurücktreten der reinen Dolomitplatten bemerkbar . . . Es ist dort eine Trennung vom Unteren und Oberen Letten oft genug gar nicht mehr möglich . . . In den untersten, dem älteren Gebirge unmittelbar aufliegenden Schichten sind stellenweise Brocken und Geschiebe aus diesem dem Sandstein so reichlich in hirsekorn- bis über bohnengroßen Stücken eingestreut, daß das Gestein zu einem Grandgestein (ungleich-kleinkörniger Konglomerat) wird; dasselbe ist übrigens vielfach noch ausgezeichnet durch Reichtum an kleinen fleischroten Feldspatkörnchen“ [210]).

Ähnliche Anzeichen der Küste treffen wir auf dem östlich angrenzenden Blatt Waltersdorf. Auch hier ist die Schichtgruppe des „Unteren Letten“ häufig als Konglomerat entwickelt: „Die Konglomerate und groben Sandsteine mögen zum Teil unmittelbar aus der Aufbereitung des darunter stehenden Gebirges entstanden sein, denn sie enthalten reichlich Brocken und scharfkantige Splitter von grünlichen kambrischen Schiefern und Gangquarzen. Es hat aber auch Zufuhr von Material aus etwas weiterer Ferne stattgefunden, wie die bisweilen reichliche Beimischung von Feldspatkörnern beweist.“ (Liebe und Zimmermann 1893/2, S. 44). Aber auch der „Plattendolomit“ ist „reich bis sehr reich an mohnkorn- bis hirsekorn-, selten erbsengroßen, besser gerundeten Geröllkörnern von Quarz und kaolinisch umgewandeltem Feldspat, sehr selten von Schiefer; das Gestein nähert sich den grandigen Gesteinen mit Dolomitbindemittel im Liegenden“ (Liebe und Zimmermann 1893/2, S. 46).

Die in Sachsen gelegenen Vorkommen des Oberen Zechsteins haben durch A. Schuster eine sehr gründliche Bearbeitung erfahren. Es sollen in der S. 78 folgenden Tabelle einige der von Schuster beschriebenen Profile samt ihrer Entfernung vom Außenrande der äußersten noch erhaltenen, also küstennächsten Ablagerung zusammengestellt werden.

Die Gegenüberstellung dieser Profile zeigt, daß in den dem Außenrande näheren und daher auch küstennäheren Profilen in der Stufe des „Unteren Letten“ das grobklastische Sediment vorherrscht. In den nur 1,5 (?) km vom Außenrande der Zechsteinablagerungen entfernten Sprenglöchern in Bachmanns Kalkbruch und Ziegelei beginnt schon weniger als 1 m unter der Grenze von zo1 und zo2 konglomeratische Arkose[211]), die offenbar ebenso wie der kontinentale Untere und Mittlere Zechstein ein fluviatiles Sediment ist[212]), so daß wir hier im untersten Teile des Oberen Zechsteins die Küstenlinie bereits überschritten hätten. Dasselbe gilt vielleicht auch für die feldspatführenden Sedimente auf Blatt Weida und Waltersdorf. Die marine Transgression tritt in diesen Fällen erst gegen Schluß der Stufe der Unteren Letten[213]) oder sogar

---

208) 1932, S. 20. — Vergl. auch das Profil unterhalb dieses Kartenblattes. — Auch B. v. Freyberg (1937, S. 62) zeichnet den Verlauf der Küstenlinie des Oberen Zechsteins in ganz entsprechender Weise.

209) Vergl. das tektonische Übersichtskärtchen von Mittelsachsen bei F. Koßmat.

210) K. Th. Liebe und E. Zimmermann: Erläuterungen zur geologischen Spezialkarte von Preußen, Blatt Weida, 1893, S. 60, 61. Diese Schilderung bezieht sich allerdings z. T. auf Ablagerungen, welche von A. Schuster (1938) zum kontinentalen Unteren und Mittleren Zechstein gerechnet werden.

211) A. Schuster (1933), Abb. 2, S. 38 und Abb. 3, S. 40.

212) A. Schuster (1933), S. 41: „Die zo1-Stufe im Ausgang des Erzgebirgischen Beckens umfaßt also marine und terrestre Ablagerungen (Schieferletten, Sandsteine und konglomeratische Arkosen)“.

213) Das ist in Bachmanns Kalkbruch der Fall, wo im obersten Meter des „Unteren Lettens“ von Schuster Meeresmuscheln gefunden wurden (1933, S. 39).

erst zu Beginn des Plattendolomites ein. Wenn die Eintragung auf der — allerdings ziemlich alten — geologischen Spezialkarte Triptis richtig ist, würde auch dort die Transgression erst mit dem Plattendolomit eintreten, da dieser unmittelbar auf Kulm aufliegt (L i e b e 1881/2, S. 9). Dasselbe gilt für den westlich von Burkersdorf gelegenen Teil des Blattes Weida. Weiter gegen Osten stellen sich wieder Untere Letten ein. Auch auf Blatt Ronneburg scheint an vielen Stellen die Transgression erst zu Beginn des Plattendolomites erfolgt zu sein (L i e b e 1878/3, S. 16).

	1	2	3	4	5
Lage des Profils	Crimmitschau Straße nach Mark Sahnau	Ziegelei NÖ Langen-reinsdorf	Kalkbruch N Langen-reinsdorf	Meerane S der Gasanstalt	Bohrloch NW von Fran-kenhain
Seite bei Schuster	S. 33, Tab. 4 S. 44	S. 34	S, 35, Tab. 5 S. 44	S. 36, Tab. 6 S. 44	S. 54, Tab. 12
Entfernung vom Aussenrande des Oberen Zechsteins	3,5 km	2,5 km	2,5 km	2 km	5,5 km
Obere Letten	?	?	? *) (0,25 m)	? *) (2,60 m)	11,97 m
Plattendolomit	5,50 m (?)	?	3,50 m	3,50 m	12,15 m
Untere Letten	Letten 15-20 m	Letten 0,50 m	Letten 0,05 m	Sandstein 1,20 m	Sandstein Mächtigkeit
	sandiger Letten 1-2 m	grobkörniger Sandstein 9 m	konglomerat. Sandstein mehr als 0,40 m	Sandstein und Letten 5,30 m	
	Sandstein 2-2,5 m	feinkörniger Sandstein 2,10 m		konglomerat. Sandstein 4,00 m	
	Konglomerat 1-1,5 m				

*) Hier ist offenbar der höhere Teil der Oberen Letten durch Erosion abgetragen, so daß die primäre Gesamtmächtigkeit dieser Stufe unbekannt ist. Daher das Fragezeichen.

Außerdem zeigt die obige Tabelle die Abnahme der Mächtigkeit des Plattendolomites gegen die Küste zu. (Das küstenfernste Profil 5 zeigt die größte, die küstennächsten Profile 3 und 4 die geringste Mächtigkeit des Plattendolomites.) Die geringe Mächtigkeit (4 m) des Plattendolomites im großen Kalkbruche nördlich von Geithain (S c h u s t e r 1933, S. 56 und Taf. II, Fig. 2) und dessen Verunreinigung durch Lettenschichten spricht für Küstennähe dieser Ablagerung. Ähnliche tonige Zwischenlagen weist auch das nur höchstens 500 m von der Küste der Frohburger Halbinsel entfernte Plattendolomitvorkommen südlich vom Ziegelteiche auf (S c h u s t e r 1933, S. 56). Bei Frohburg bestand nämlich im Bereiche des bei der Saalischen Orogenese entstandenen Kohren-Altenburger Quersattels w ä h r e n d d e s U n t e r e n L e t t e n s u n d d e s P l a t t e n d o l o m i t s e i n e v o n S ü d e n v o r s p r i n g e n d e H a l b i n s e l. Das ergibt sich daraus, daß in Frohburg, bei den Abthäusern, bei Kote 192,4 und südöstlich von Wolftitz der Obere Letten mit aus Quarzporphyr bestehenden Grundkonglomeraten dem Frohburger bzw. Rochlitzer Quarzporphyr unmittelbar aufliegt [214]), während in dem Steinbruch südlich vom Ziegelteich und in den Bohrlöchern beiderseits der Abtstraße der Plattendolomit ansteht [215]).

Für den Raum von Ostrau und Schrebitz ist die Transgression der obersten Abteilung des Unteren Lettens auf Rochlitzer Quarzporphyr nachgewiesen (S c h u s t e r 1933, Tab. 19, S. 64). Aber schon zur Zeit des Plattendolomits kann die Küste nicht mehr ganz nahe gewesen sein, wie sich aus dessen verhältnismäßig großer Mächtigkeit (10—22 m) ergibt (S c h u s t e r 1933, Tab. 21, S. 65 und Taf. III). Wahrscheinlich erstreckte sich hier das Meer um mehrere Kilometer weiter gegen SO über den Außenrand der heute noch erhaltenen Zechsteinbildungen hinaus.

Aber bei Roitzsch und Mehltheuer (Blatt Stauchitz) [216]) liegt der Buntsandstein bereits unmittelbar auf Altpaläozoikum, was es wahrscheinlich macht, daß wir uns bereits am Festland der Zechsteinzeit befinden.

---

214) Siehe die Abb. 5 u. 6 bei W e t t i g, S. 14 u. 15 und S c h u s t e r S. 59—61 und Taf. IV u. V, ferner E. K r e n k e l: Geolog. Führer durch Nordwestsachsen (1914), Profil S. 107.

215) Siehe die Geologische Spezialkarte Blatt Frohburg-Kohren.

216) Vergl. das Profil unterhalb des Spezialkartenblattes Stauchitz.

Auch das Auftreten von Landpflanzenresten (besonders von Coniferen) im Letten [217]) und im Plattendolomit [218]) spricht für Küstennähe der betreffenden Ablagerungen.

Das rasche Fortschreiten der Transgression des Oberen Zechsteins gegen Osten beweist, daß das Land damals schon fast vollständig eben war [219]), so daß schon eine unbedeutende positive Strandverschiebung weite Strecken Landes unter Wasser setzen mußte. Wenn das Meer des Oberen Zechsteins erst durch fortschreitende marine Abrasion (Brandungswirkung) Boden gewonnen hätte, müßte die Stufe des Unteren Lettens als mächtiges grobes Strandkonglomerat entwickelt sein.

Um das Granulitgebirge beschreibt die Küstenlinie einen auffallenden Bogen. Das zeigt, daß selbst in der Oberen Zechsteinzeit das Granulitgebirge noch aufsteigende Tendenz hatte und sich dadurch in der Landschaft als Bodenerhebung bemerkbar machte. Dieses Aufsteigen des Granulitgebirges kennen wir ja bereits seit dem Karbon; es ist die Ursache, daß daselbst in großer Tiefe entstandene kristalline Schiefer offen zutage liegen.

Offenbar gilt dasselbe auch für das Erzgebirge und bildet auch dieses während der Zechsteinzeit ein Hochgebiet, aus dem Flüsse ins Zechsteinmeer hinabflossen, die u. a. die Feldspatgerölle des kontinentalen Zechsteins aus den Granitgebieten des westlichen Erzgebirges mitbrachten.

Über das Verschwinden des Meeres des Oberen Zechsteins aus Sachsen ist folgendes zu sagen:

Sachsen und dem ostthüringischen Riffgebiet fehlen gänzlich die chemischen Sedimente des Jüngeren Salzgebirges [220]). Hingegen ist dieses bei Schlettau westlich von Halle vorhanden [221]). Fulda nimmt daher an, daß diese chemischen Sedimente in dem Raume südöstlich der „Grenzlinie des Salzgebietes" [222]) durch Auslaugung verschwunden sind. Daß diese Vorstellung zumindestens für das Ältere Steinsalz zutrifft, zeigt der Rest von Steinsalz in der Bohrung Spergau 2 (Fulda 1929/2, S. 697). Wie weit allerdings dieses Auslaugungsgebiet gegen SO reicht, ob es auch den Raum von Gera und das Gebiet des sächsischen Zechsteins umfaßt, darüber sagt Fulda nichts. Ich selbst möchte glauben, daß im ostthüringischen Riffgebiete und in Sachsen das Jüngere Salzgebirge überhaupt nicht zur Ablagerung gelangte. Denn wäre es ursprünglich vorhanden gewesen, hätten sich doch wenigstens einige Gipslagen im „Oberen Letten" erhalten, wie es in den Tiefbohrungen bei Halle und Merseburg [223]), sowie in derjenigen bei Porstendorf der Fall ist. Diese Bohrprofile gehören bereits inneren und tieferen Teilen des Zechsteinbeckens an. Ich vermute daher, daß das Meer aus den seichten Randteilen ohne Hinterlassung chemischer Sedimente bei der Senkung des Wasserspiegels abgeflossen ist.

In Tabelle 16 (Normalprofile des deutschen Zechsteins) (1938, S. 67) parallelisiert Fulda die „Oberen Letten" des Hessisch-Thüringischen Beckens mit den „Oberen Zechsteinletten", die im Hauptbecken erst im Hangenden des Jüngeren Salzgebirges auftreten. Die diesem Salzgebirge entsprechende stratigraphische Lücke würde also zwischen dem Plattendolomit und dem Oberen Letten liegen. Wir müssen uns also vorstellen, daß zwischen dem Meer des Plattendolomits und der Ablagerung der Oberen Letten eine kurze Festlandsperiode ohne Sedimentbildung liegt. Das trifft meiner Ansicht nach auch für den sächsischen Oberen Zechstein zu. Denn der sächsische „Obere Letten" ist in einer Transgressionsphase abgelagert worden, wie insbesondere die Transgression über die Frohburger Halbinsel zeigt (S. 78). Es ist daher wahrscheinlich, daß er dem gleichfalls eine Transgressionsbildung darstellenden Oberen Zechsteinletten des Hauptbeckens entspricht.

Der nach den von Schuster (1933, S. 77—78, Taf. VI, Fig. 1) beschriebenen Wurmspuren „Corophioides luniformis" wahrscheinlich im Meer — allerdings in ganz seichtem Wasser — abgelagerte Obere Letten geht gegen oben ohne scharfe Grenze in das Sediment des Unteren Buntsandsteins über. Der Übergang der Oberen Letten zum Unteren Buntsandstein ist ein ganz allmählicher, so daß eine scharfe Trennung nicht möglich ist, was auch Th. Siegert (1905) auf Blatt Meerane-Crimmitschau, B. Dammer (1906, 1909) auf Blatt Altenburg und E. Zimmermann (1930) im Geraer Gebiet erkannten (Schuster 1933, S. 48).

---

217) Erläuterungen zu Blatt Weida (1893), S. 62. — A. Schuster S. 39, 65 (Unterer Letten) und S. 61 (Oberer Letten).

218) Erläuterungen zu Blatt Waltersdorf (1893), S. 47, zu Blatt Altenburg (1906), S. 27. — A. Schuster: S. 46, 58, 66. (1933).

219) Weniger eingeebnet scheint das Land im Bereiche des Ostthüringischen Hauptsattels gewesen zu sein (Erläuterungen zu Blatt Waltersdorf, S. 43).

220) Siehe die Arbeit von Schuster (1933) und das Normalprofil des ostthüringischen Riffgebietes bei E. Fulda (1926), S. 219.

221) E. Fulda (1929/2), Abb. 4, S. 710.

222) E. Fulda (1929/2), Taf. 45 (abgedeckte Karte der Gegend von Merseburg).

223) E. Fulda (1929/2), S. 693—697 und Erläuterungen zu Blatt Jena 5. Aufl. (1928) S. 10. E. Naumann rechnet in diesen Erläuterungen die gipsführenden Letten zu den Oberen Zechsteinletten, E. Fulda hingegen genau dieselben Schichten schon zum Unteren Buntsandstein. Ich möchte mich lieber der Meinung Naumanns anschließen.

Diese unscharfe Trennung zwischen dem Oberen Letten des Zechsteins und dem Unteren Buntsandstein rechtfertigt den Vorschlag von Linstow (1920), diese Grenzschichten zwischen Perm und Trias ebenso wie in Rußland als „Tatarische Stufe" zusammenzuziehen.

VIII. DIE ABTRAGUNG IM GEFOLGE DER PFÄLZISCHEN PHASE UND DER UNTERE BUNTSANDSTEIN

Nahe über der Liegendgrenze des Unteren Buntsandsteins finden sich an vielen Stellen Konglomerate, die z. B. im SO-Teile des Blattes Gera, zwischen Wünschendorf und Untitz, nur 5—8 m über dem Plattendolomit liegen (Zimmermann 1930, S. 41). Die Ablagerung dieser Konglomerate deutet auf eine vorübergehende Steigerung des Gefälles der Flüsse hin, die diese Schotter abgelagert haben. Diese Gefällsvergrößerung ist offenbar durch eine leichte Hebung des Erzgebirges und des Granulitgebirges hervorgerufen. Diese Hebungsvorgänge sind die einzige schwache Andeutung der Pfälzischen Phase der Varistischen Orogenese im sächsisch-ostthüringischen Raume[224]). Zu einer Faltung oder auch nur Schiefstellung der Permgesteine ist es damals nirgends gekommen, alle Beobachter heben die konkordante Auflagerung des Unteren Buntsandsteins auf dem Zechstein hervor.

Daß die Geröllzufuhr aus dem Süden oder Südosten erfolgte, zeigt 1. die Mächtigkeitsabnahme des Konglomerates in der Richtung S-N bis SO-NW, 2. die Geröllführung der Konglomerate.

Am Steinberg bei Wünschendorf hat das Konglomerat eine Mächtigkeit bis zu 3 m. „Die Mächtigkeit und reine Entwicklung nimmt nordwärts ab, betrug in einem Aufschluß an der Südstraße in Gera noch 1 bis 1½ m mit 1 bis 3 cm-starken Geröllschmitzen und ist schließlich bei Rubitz nur noch durch einzelne Geröllchen angedeutet" (Zimmermann 1930, S. 41). Es handelt sich um den flachen Schwemmkegel eines Flusses, der außer im Südostteil des Blattes Gera auch im Nordostteil des Blattes Weida und in der Nordwestecke des Blattes Waltersdorf nachweisbar ist. Der Fluß kam — wie die Geröllführung des Konglomerates einwandfrei erkennen läßt — aus dem Bereiche der großen Granitstöcke des westlichen Erzgebirges. Das zeigen die Gerölle von fleischrotem Orthoklas, von grob- bis mittelkörnigem Biotitgranit, sowie von Granitkontaktgesteinen (andalusit- und cordieritführende Glimmerfelse, Knotenhornfelse). Nach Max Schröder kommt der Eibenstocker und besonders der Bergener Granit als Quellgebiet des Flusses in Betracht (Liebe und Zimmermann 1893/1, S. 67). Die Seltenheit von altpaläozoischen Geröllen, selbst von solchen der sehr harten obersilurischen Kieselschiefer, spricht dafür, daß die altpaläozoische Hülle des Erzgebirges fast gar nicht mehr die flache Buntsandsteinebene überragte und hauptsächlich noch das Granitgebiet Abtragungsraum war. Ob die Annahme, daß dieser Fluß ins Meer mündete oder in der Wüste versiegte, mehr Berechtigung hat, hängt davon ab, ob man den Buntsandstein mit Johannes Walther (und anderen) als Wüstenbildung oder mit Linstow (und anderen) als marines Flachseesediment betrachtet. Ich will wegen des Mangels an eigener Geländeerfahrung in dieser so viel besprochenen Frage keine Stellung beziehen.

Ähnliche Konglomerate treten auch bei Ober- und Niedergrünberg und bei Schmölln auf[225]); auch die im Südwestteil des Blattes Altenburg auftretenden Konglomerate gehören zu demselben Schwemmkegel. Dieser Fluß hat Zuflüsse aus dem Granulitgebirge bekommen, wie das Auftreten von Granulitgeröllen in den Konglomeraten zeigt. Daß auch die „konglomeratartigen Sandsteine" des Buntsandsteins zwischen Buchheim und Geithain Granulitgerölle führen[226]), ist bei der Nähe des Granulitgebirges nicht auffallend. Auch bei Mügeln treten an der Basis des Unteren Buntsandsteins ähnliche Konglomerate auf, die hier gleichfalls Granulitgerölle enthalten (Siegert 1908, S. 27).

Endlich trifft man zum Teil ziemlich grobe Konglomerate (bis faustgroße Gerölle) am östlichen Ende des sächsischen Buntsandsteinbecken nördlich von Naundörfel an. Auffallenderweise treten hier die Konglomerate und gröberen Sandsteine erst im oberen Teile des Unteren Buntsandsteins auf, während der untere Teil von Schieferletten und feinkörnigen Sandsteinen gebildet wird (Pietzsch 1928, S. 26 u. 27). Gehören vielleicht diese Schieferletten und feinkörnigen Sandsteine noch zum „Oberen Letten" des Oberen Zechsteins? Obwohl die Umgebung dieser Buntsandsteinkonglomerate fast ganz aus Granit besteht, herrschen doch die Porphyrgerölle weitaus vor. Das ist

---

224) Die Pfälzische Phase ist bei A. Hunger (1937, S. 60) unrichtigerweise zwischen Oberrotliegendes und Zechstein gestellt. Stille (1924) bezeichnet als Pfälzische Phase die tektonischen Bewegungen an der Perm-Trias-Grenze.

225) Siehe die geolog. Spezialkarte, Blatt Meerane-Crimmitschau, das am Rande dieser Karte befindliche Profil 3 und die zugehörigen Erläuterungen, 2. Aufl. (1905), S. 13.

226) Erläuterungen (2. Aufl.) zu Blatt Frohburg-Kohren, S. 29, zu Blatt Rochlitz-Geithain, S. 23, zu Blatt Colditz-Großbothen S. 21.

wohl darauf zurückzuführen, daß der Granit in der langen vorausgehenden Festlandzeit tiefgründig grusig verwittert war, während der viel schwerer verwitterbare Porphyr noch größere Gerölle liefern konnte.

Der höhere Teil des Unteren Buntsandsteins besteht „aus einem unendlichen Wechsel gut geschichteter Lagen und Bänke von bunten, hellroten, graurötlichen, grauvioletten, schmutziggelblich- und grünlich weißen, fein- (bis ½ mm), klein-, mittel- und manchmal selbst grobkörnigen (bis über 3 mm) Sandsteinen und ebenso bunt, aber meist kräftiger gefärbten Schieferletten. Die Schichtoberflächen sind eben oder tragen schöne Wellenfurchen[227]), die Unterflächen aber Netzleisten (Ausfüllung von Trockenrissen) . . . Die Sandsteinkörner bestehen ganz vorwiegend aus durchsichtigem, seltener aus milchweißtrübem Quarz, in einzelnen Bänken bis zu 10 % auch aus frischem (gelblich- oder lichtfleischroten) oder kaolinisiertem weißen Feldspat; Glimmerblättchen sind den Schichtflächen gewöhnlich reichlich, oft sehr reichlich aufgestreut, fehlen aber dem Schichtinnern fast ganz“ (Zimmermann 1930, S. 40). Diese schöne anschauliche Beschreibung des Unteren Buntsandsteines im Bereiche des Blattes Gera gilt wohl auch für das übrige hier zur Behandlung kommende Gebiet des Unteren Buntsandsteines, wie sich aus den Erläuterungen zu den einzelnen Spezialkartenblättern ergibt. Aus diesen Beschreibungen geht hervor, daß das Erzgebirge und wohl auch das Granulitgebirge zwar noch immer Abtragungsgebiete waren, aber es handelt sich wohl nur um flache, breite Rücken, welche die Ebene, in der der Untere Buntsandstein — wohl meist unter einer ganz seichten Wasserbedeckung (Wellenfurchen, Trockenrisse) — abgelagert wurde, nur mehr ganz unbedeutend überragten. Die aus dem Erzgebirge und dem Granulitgebirge kommenden Flüsse — vielleicht nur periodische Wasserläufe — hatten nur mehr ein ganz geringes Gefälle, wie die Feinkörnigkeit des Sedimentes zeigt. Was die sonstigen paläogeographischen Verhältnisse des Buntsandsteins Thüringens und Sachsens betrifft, sei auf die lebendige Schilderung B. v. Freybergs (1937, S. 78—85) verwiesen.

Im Buntsandstein war der Abtragungsprozeß des Varistischen Gebirges im wesentlichen beendet. Auf die Wiederbelebung der Abtragung durch die Saxonische Gebirgsbildung näher einzugehen, liegt nicht im Plane dieser Arbeit.

IX. ZUSAMMENFASSUNG
TEKTONISCHE UND PALÄOGEOGRAPHISCHE ENTWICKLUNG SACHSENS WÄHREND DES KARBONS UND PERMS

1. Paläogeographische Verhältnisse an der Devon-Karbon-Grenze und im Unterkarbon (unter Berücksichtigung der durch den späteren Deckenschub eingetretenen Verlagerung der Gesteinsmassen)

Bei der Betrachtung der paläogeographischen Verhältnisse an der Devon-Karbon-Grenze ist zu berücksichtigen, daß die Gesteine, welche jetzt infolge der in der Sudetischen Phase eingetretenen Deckenüberschiebungen übereinander liegen, damals noch nebeneinander lagen, d. h., daß vor allem die Münchberger Gneismasse, die kristalline Deckscholle von Wildenfels und das Frankenberger Zwischengebirge noch in ihren Wurzelgebieten lagen. Aber nicht nur die kristallinen Deckschollen, auch die mitgeschobenen paläozoischen Gesteine lagen noch nicht an ihrer heutigen Stelle. Das gilt vor allem für die Bayerische Decke Wurms, ferner für die nach Becker an der Basis der kristallinen Deckscholle von Frankenberg mitgeschleppten altpaläozoischen Gesteine. Es müssen daher auf einer paläogeographischen Karte des Unterkarbons (Abb. 1) die Kulmsedimente unter Berücksichtigung der Schubweite der Decken in ihrem Heimatgebiete eingetragen werden[227a]).

Ich habe bei ähnlichen Untersuchungen in den Nördlichen Kalkalpen stets den Standpunkt vertreten, daß man trachten müsse, mit einer Mindestschubweite der Decken auszukommen, d. h. mit der kleinsten Schubweite, welche alle Erscheinungen gerade noch erklärt. Derselbe Standpunkt soll auch hier vertreten werden. Wurm vertritt 1926 die Ansicht, daß die Bayrische Fazies aus dem Raume der Phyllitmulde von Wunsiedel stammt, 1928 hingegen versetzt er ihr Heimatgebiet in die Gegend von Erbendorf. Ich glaube aber doch, daß die erstere Ansicht richtiger sein dürfte, und zwar aus folgenden Gründen:

---

227) Siehe die schönen Abbildungen bei B. v. Freyberg (1937), Bild 109—117.

227a) Die Arbeit von A. Schüller (1947) ist erst nach Fertigstellung der Karte Abb. 1 erschienen und konnte daher nicht mehr berücksichtigt werden.

Da die Bayrische Fazies unter die Münchberger Gneismasse einfällt, bildet sie eine tiefere Decke[227b]) als diese und muß daher aus dem Raume nördlich des Heimatgebietes der Münchberger Gneismasse stammen. Nun sagt Wurm (1928, S. 526): „Erst am Nordrand der eigentlichen böhmischen Masse, in der Erbendorfer Gegend, treffen wir auf Gesteine, die, wie auch schon v. Seidlitz hervorhebt, mit der Münchberger Gneismasse weitgehende Ähnlichkeit haben.“ Es muß also die Münchberger Gneismasse aus der Erbendorfer Gegend stammen, infolgedessen die Bayrische Fazies aus dem Raume nördlich davon.

Nun besteht aber die Bayrische Fazies nach Wurm wieder aus zwei Schubmassen: 1. eigentliche Bayrische Decke, 2. Randschieferserie. Da 2 die höhere Teildecke darstellt, muß sie auch südlich von 1 abgelagert sein. Es lag somit die Randschieferserie über dem südlichen Teile der Phyllitmulde von Wunsiedel, die eigentliche Bayrische Fazies über dem nördlichen Teile dieser Mulde und über dem südlichen Teile des Fichtelgebirgssattels. Die von Wurm festgestellten Faziesunterschiede zwischen der Thüringischen und der Bayrischen Fazies sind ja sicher nicht gering, aber sie sind doch wieder nicht so groß, daß nicht ein Übergang auf verhältnismäßig schmalem Raume denkbar wäre. Außerdem ist zu bedenken, daß in dem von Deubel (1923) untersuchten Gebiete von Schwarzenbach a. d. Saale von der Thüringischen Fazies nur die Phycodenschichten vorhanden sind, von der Bayrischen hingegen die jüngeren Schichtglieder: Obersilur, Oberdevon und Kulm, so daß man nicht wissen kann, ob sich nicht hier bereits im Obersilur bis Kulm der Thüringischen Fazies der Übergang zur Bayrischen, im ältesten Paläozoikum der Bayrischen Fazies hingegen derjenige zur Thüringischen vollzieht.

Wir versetzen daher den jetzt nördlich der Münchberger Gneismasse liegenden Teil der Bayrischen Decke (Blätter: Wallenfels, Preßeck und Naila) in den Raum zwischen Goldkronach im NW, Immenreuth-Marktredwitz-Arzberg im SO, den jetzt östlich von Hof liegenden Teil dieser Decke in den Raum zwischen Eger und Franzensbad zurück. Wir gelangen auf diesem Wege zu einer Schubweite von mindestens 35 km; hingegen muß die Münchberger Gneismasse eine solche von mindestens 55 km besitzen.

Die unterhalb der Frankenberger Zwischengebirgsdecke mitgeschleppten Kulmgesteine lagen ursprünglich über den Erzgebirgsgneisen (Becker 1928, S. 80). Es ist aber unmöglich, die genaue Lage zu bestimmen. Die Schubweite braucht nicht sehr groß gewesen zu sein. Da Becker auch die an der Nordseite des Zwischengebirgsgneises auftretenden Silur-, Devon- und Kulmgesteine zum „Zwischengebirgspaläozoikum“ rechnet (Becker 1928, S. 52), wollen wir annehmen, daß diese ursprünglich knapp südlich des heutigen Südrandes der kristallinen Deckscholle lagen; denn wäre der Schub noch geringer gewesen, hätte sie Becker wohl als parautochthon bezeichnet. Dann gelangt das jetzt bei der „Klinge“ liegende Kulmvorkommen etwa in die Gegend der Hammermühle im Tale der Gr. Striegis, und der Südrand des jetzt südlich des Zwischengebirgskristallins liegenden Kulmstreifens etwa in die Linie: Eppendorf — Freiberg. Ziemlich bedeutend muß auch der interne Zusammenschub dieses Kulmstreifens gewesen sein, wie die starke Schuppung in den Profilen bei Becker (1928, Taf. 2) erkennen läßt.

Um zu einem richtigen Bilde der Verbreitung der Kulmsedimente zu gelangen, ist es aber auch notwendig, die in der Sudetischen Phase eingetretene Faltung rückgängig zu machen. Da diese Falten durchwegs in erzgebirgischer Richtung (SW—NO) streichen, war der Ablagerungsraum der Kulmsedimente nur in SO-NW-Richtung ausgedehnter als jetzt. Eine exaktere Ausglättung der Falten stößt aber deshalb auf Schwierigkeiten, weil nur sehr wenige hierzu geeignete Profile im Schrifttum zu finden sind und in den meisten vorhandenen Profilen die Faltung offenkundig nur sehr schematisch eingetragen ist. In den ja durchwegs recht schlecht aufgeschlossenen Gebieten wird es ja in der Regel überhaupt nur möglich gewesen sein, die Faltung in den Profilen in schematischer Weise darzustellen.

Die Ostthüringische Hauptmulde (Ziegenrückmulde) weist nach dem Profile V bei Koßmat (1925, Taf. II) nur einen verhältnismäßig flachen Faltenwurf auf; man kann eine Verschmälerung durch die Faltung auf etwa ¾ annehmen. Die Verschmälerung des Ostthüringischen Hauptsattels durch die Faltung darf man nach den Profilen bei Graupner (1928) und Mehner (1931) vielleicht roh auf ²/₃ schätzen, es war also das Ablagerungsgebiet der im Ostthüringischen Hauptsattel sichtbaren altpaläozoischen Gesteine um die Hälfte breiter als ihre jetzige Breite. Wenn man das schematische Profil durch die Kulmmulde von Mehltheuer bei Mehner (1931) ausglättet, zeigt es sich, daß die Kulmsedimente dieser Mulde vor der Faltung einen annähernd doppelt so breiten Raum einnahm wie jetzt. Auch die Kulmmulde von Naila — die etwas nach SO verschobene streichende Fortsetzung des Blintendorfer Kulmstreifens und somit der Kulmmulde von Mehltheuer[228]) — zeigt nach den Profilen bei Wurm[229]) eine

---

227b) Schüller (1947, S. 69) lehnt unter Berufung auf Eigenfeld die Bayrische Fazies als Teildecke ab. Mir scheinen aber die Beobachtungen Eigenfelds nicht gegen die Deckennatur der Bayrischen Fazies, sondern nur für eine geringere Schubweite der Bayrischen Decke zu sprechen.

228) Am besten sieht man das auf der geologischen Übersichtskarte von Thüringen von F. Deubel und H. J. Martini im Thüringen-Atlas 1942.

229) Profil I und II unterhalb der geol. Karte von Bayern 1 : 25 000, Blatt Naila.

starke Faltung und dadurch gleichfalls eine Verschmälerung auf die Hälfte der ursprünglichen Breite. Vom Blintendorfer Kulmstreifen wollen wir annehmen, daß er im Sinne von Hohl[230]) — allerdings nur wenige km — als „Schleppdecke" nach Norden geschoben wurde. Die nördliche Göttengrüner Störung ist nach den Profilen bei Hohl und Mehner[231]) jünger als der Schleppdeckenschub und eine so steile SO-gerichtete Aufschiebung, daß sie eine nur unbedeutende Raumverschmälerung zur Folge hatte.

Geringer war nach dem Profile V. bei Koßmat (1925, Taf. II), welches nach den Profilen am Rande der ziemlich alten geologischen Spezialkarten gezeichnet ist, der Zusammenschub der Vogtländischen Silur-Devon-Zone; man kann deren Verschmälerung auf etwa ¾ schätzen. Etwas stärker war der Zusammenschub im Bereiche der Vogtländischen Bögen in W-O-Richtung nach Jaegers Profil 7 (1924), und zwar etwa auf ⅔ der ursprünglichen Breite. Im Kulm der Bayrischen Decke war der Zusammenschub nach dem allerdings wohl sehr schematischen Profile Wurms am Rande des Blattes Wallenfels etwas größer (auf $^2/_3$ der ursprünglichen Breite).

Ferner ist es nötig, die Verschmälerung des Raumes durch die Mittelsächsische Überschiebung und ihre Parallelstörungen im Elbtalschiefergebirge und im Nossener Gebiet zu berücksichtigen. Zu einer Schätzung der Schubweite der Mittelsächsischen Überschiebung können wir durch folgende Überlegung gelangen: Wie die Profilfolge bei Pietzsch (1917/2, Taf. VIII) zeigt, ist an der Mittelsächsischen Überschiebung die Phyllitzone unmittelbar auf die Gneise der oberen Stufe aufgeschoben. Die nach Analogie mit den Verhältnissen an der Nordwestseite der Erzgebirgskuppel auch hier anzunehmende Glimmerschieferzone ist hier nicht sichtbar, da sie gänzlich unterhalb der Mittelsächsischen Überschiebungsfläche liegt. Nach Koßmats Profil II (1925, Taf. II) besitzt die Glimmerschieferzone eine Mächtigkeit von 2500 m in der Gegend der Greifensteine. Es ist unwahrscheinlich, daß ihre Mächtigkeit gegen Osten wesentlich geringer wird[232]). Nun fallen in den Profilen bei Pietzsch die Gneise der oberen Stufe etwa 60° NO, so daß die Breite der von den Phylliten überschobenen Glimmerschieferzone etwa 3 km betragen dürfte. Ferner zeigt sich aus den Profilen, daß die Phyllite noch mindestens ½ km auf die Gneise aufgeschoben sind, so daß sich im ganzen für die Mittelsächsische Überschiebung im Elbtalschiefergebirge eine Mindestschubweite von 3,5 km ergibt[233]). Die Verschmälerung des Raumes zwischen der Mittelsächsischen Überschiebung und der Kulmzone des Elbtalschiefergebirges durch die enge Faltung und die steilen Schubflächen kann man auf etwa $^1/_3$ schätzen, so daß der Ablagerungsraum dieser im Profile 6 jetzt nur 2 km breiten Zone etwa 6 km breit war. Wir müssen daher den Kulm des Elbtalschiefergebirges in der Karte der ursprünglichen Verbreitung der heute noch erhaltenen Kulmsedimente um etwa 10 km weiter gegen NO versetzen, d. h. in den Raum: Pillnitz-Wehlen nordöstlich der Elbe. Der Kulmstreifen selbst dürfte durch die Faltung eine Verschmälerung auf etwa die Hälfte erfahren haben, so daß dieser in Profil 6 jetzt 1 km breite Streifen ursprünglich etwa 2 km breit gewesen sein dürfte.

Aber auch dadurch ist noch nicht die ursprüngliche Lage der Kulmzone des Elbtalschiefergebirges gegeben. Wir müssen außer den gegen SW gerichteten Bewegungen auch die von Pietzsch (1917/2, S. 20—26) erkannten, von Gallwitz als „Schleppung der Elbtalzone" bezeichneten NW-SO streichenden Blattverschiebungen rückgängig machen. Diese Bewegungen, welche das Lausitzer Granitmassiv relativ zum Erzgebirge gegen SO verschoben haben, verteilen sich auf alle Schubflächen des Elbtalschiefergebirges; es ist daher unmöglich, das Ausmaß der Bewegung an jeder einzelnen Schubfläche festzustellen. Jedenfalls aber lag der Kulmstreifen des Elbtalschiefergebirges vor Eintritt der Sudetischen Orogenese nicht — wie oben angegeben — in dem Raume Pillnitz-Wehlen, sondern nordwestlich davon. Wir wollen daher annehmen, daß sein Ablagerungsgebiet im Raume von Dresden gelegen war (wenn wir das Erzgebirge als fix betrachten).

Welche Anhaltspunkte für die Schubweite der Mittelsächsischen Überschiebung ergeben sich nun im Wilsdruff-Nossener Schiefergebiete? Wenn das Gneisfenster von Munzig (Pietzsch 1922, S. 56) zutreffen würde, wäre hier die Schubweite der Mittelsächsischen Überschiebung wesentlich größer als im Elbtalschiefergebirge. Denn die Entfernung Nordende des Munziger Gneisfensters — Ausbiß der Mittelsächsischen Überschiebung bei Neukirchen beträgt

---

230) Vergl. S. 13, wo ich die Schleppdecke Hohls etwas einschränke.

231) Schematisches Profil Abb. 14, S. 194 bei Hohl (1932) und Profilserie (schematisch) aus der SO-Flanke des Ostthüringischen Hauptsattels bei Mehner (1931).

232) Die scheinbar geringe Breite der Glimmerschieferzone bei Langhennersdorf ergibt sich daraus, daß hier ihre Hangendgrenze durch die Deckenüberschiebung des Zwischengebirgspaläozoikums gebildet wird. (Vergl. die geolog. Karte bei Becker 1928).

233) Ungleich größer wird die Schubweite der Mittelsächsischen Überschiebung, wenn man mit Pietzsch (1914, S. 165) die Phyllite der Altenberger Scholle mit dieser Überschiebung in Zusammenhang bringt. Es würde sich dann eine Schubweite von 30 km ergeben. Das ist aber nicht wahrscheinlich, weil im Streichen schon im Raume von Döbeln die Schubweite = 0 wird. Wenn wirklich zwischen den Gneisen und Phylliten der Altenberger Scholle eine Überschiebungsfläche liegt, kann es sich auch um eine mit der Mittelsächsischen Überschiebung parallele Schubfläche von geringer Schubweite handeln, z. B. nach Schema Abb. 2.

6 km. Wenn wir nun annehmen, daß unmittelbar nördlich von Munzig die Glimmerschieferzone unter der Mittelsächsischen Überschiebung liegt, und diese eine Breite von 3 km besitzt, kämen wir zur Annahme einer Gesamtschubweite von mindestens 9 km.

Nun hat aber Hentschel (1940) gezeigt, daß der Munziger Gneis nicht mit dem oberen Gneis der Freiberger Kuppel identisch ist, sondern ein durch den Meißner Syenit veränderter Serizit-Chloritgneis ist, welcher zu dem Bestande der Mittelsächsischen Phyllitdecke gehört. Dadurch scheidet der Munziger Gneis als Beweis für eine große Schubweite der Mittelsächsischen Überschiebung aus. Es ist deshalb auch nicht wahrscheinlich, daß die Schubweite dieser Überschiebung im Profile Freiberg — Munzig — Meißen so groß ist, da sich nur 15 km weiter gegen NW, im Raume nördlich von Roßwein, bereits die Glimmerschieferzone zwischen die Granulite und Phyllite eingeschaltet und es daher von hier an gegen W nicht mehr nötig ist, an der Basis der Phyllite eine größere Überschiebungsfläche anzunehmen. Deshalb hat auch Pietzsch in seiner Kartenskizze (1914, S. 173) die westliche Fortsetzung der Mittelsächsischen Überschiebung nur mit gestrichelter Linie bezeichnet und schreibt, daß die eigentliche Mittelsächsische Überschiebung erst von „Döbeln an ostwärts" einsetzt (1914, S. 170). Im W ist nur eine geringe Überschiebung vorhanden.

Wir wollen daher auch für das Wilsdruff-Nossener Gebiet eine Schubweite von nur 3,5 km annehmen und daher den Kulm der Helbigsdorfer Mulde in den Raum von Limbach, denjenigen der Groitzscher Mulde in den Raum nordwestlich von Seligstadt versetzen.

Westlich der N-S verlaufenden Nossener Querstörung dürfte die Schubweite der Mittelsächsischen Überschiebung etwas größer sein. Außerdem kommen die zwei von Becker festgestellten Parallelstörungen südlich der Hauptüberschiebung dazu, welche nach dem Profile bei Becker[234]) zusammen eine Schubweite von etwa 1 km aufweisen.

Auf Grund dieser Erwägungen wurde die Karte der Verteilung der heute noch sichtbaren Kulmsedimente vor Eintritt der Sudetischen Orogenese gezeichnet. Zur besseren Orientierung darüber, welche Kulmvorkommen an den einzelnen Stellen gemeint sind, sind einige im Kulm gelegene Ortschaften eingetragen, und zwar nicht an der Stelle, wo sie heute liegen, sondern dort, wo das entsprechende Kulmvorkommen vor Eintritt des in der Sudetischen Phase erfolgten Deckenschubes und der gleichzeitig oder später eingetretenen Faltung lag. Die Karte zeigt vor allem, wie sehr sich durch die Sudetische und Erzgebirgische Orogenese (die späteren Phasen der Varistischen Gebirgsbildung spielen nur eine verschwindend geringe Rolle) die gegenseitige Lage der einzelnen heute noch sichtbaren Kulmvorkommen geändert hat.

Zum Beispiel beträgt jetzt die Entfernung Naila-Marlesreuth nur 3,5 km; vor dem Deckenschub lagen die Punkte, an denen sich jetzt die genannten Orte befinden, nicht weniger als 42 km voneinander entfernt, da Naila im Bereiche der Thüringischen Fazies, Marlesreuth aber in der Bayerischen Decke gelegen ist. Die Entfernung Auma—Mehltheuer beträgt jetzt 20 km, vor der Sudetischen Orogenese betrug sie 27 km; hier ist der Unterschied viel geringer als im ersten Beispiel, weil beide Punkte in der Thüringischen Fazies gelegen sind. Die Entfernung ist nur deshalb jetzt etwas geringer, weil die Gesteine inzwischen gefaltet wurden. Unverändert (44 km) blieb die Entfernung Kahmer—Rottluff (westlich von Chemnitz), da beide Orte im Streichen derselben Zone gelegen sind. Riechberg liegt jetzt 23 km nordöstlich von Rottluff, vor der Sudetischen Orogenese lag es 30 km östlich dieses Ortes, da das Kulmvorkommen, in welchem Riechberg liegt, dem „Zwischengebirgspaläozoikum" angehört, welches unterhalb der Frankenberger Decke ein Stück gegen N geschoben wurde. Burkhardswalde liegt jetzt 69 km östlich von Rottluff; vor der Erzgebirgischen Orogenese lag es 65 km ostnordöstlich dieses Ortes. Hier ist die Entfernung sogar etwas größer geworden, da die im Kulm des Elbtalschiefergebirges gelegene Ortschaft Burkhardswalde nicht nur den geringen Südwestschub an der Mittelsächsischen Überschiebung und ihren Parallelstörungen, sondern auch die südostgerichtete Blattverschiebung („Schleppung der Elbtalzone") mitgemacht hat, welche offenbar viel mehr ausgibt, als die durch erstere Bewegungen bedingte geringe Annäherung beider Punkte.

Ferner zeigt die Karte, wie große Teile der wohl ursprünglich zusammenhängenden Bedeckung mit Kulmsedimenten der nachkulmischen Abtragung zum Opfer gefallen sind, wobei es sich hauptsächlich um die Abtragung im Namur und im Westfal A + B handelt. Allerdings liegen wohl auch einige Kulmgebiete unter jüngeren Schichten verborgen, aber diese Räume sind sehr klein im Vergleiche mit denjenigen, aus denen der Kulm durch Abtragung entfernt wurde.

2. Entstehung und Abtragung des altvaristischen Faltengebirges (Bretonische Phase)

Erst auf dieser auf den ursprünglichen Raum ausgebreiteten paläogeographischen Unterlage kann der Verlauf der altvaristischen (Nassauischen) Faltenzüge eingetragen werden. Die verschiedene Richtung des Streichens dieser Falten wurde S. 10 abgeleitet. Die NNW-SSO streichenden Silur-Devon-Gesteine der Frankenwälder Querscholle biegen — wie besonders schön die geologische Übersichtskarte von Thüringen (von Deubel und Martini) zeigt —

---

234) 1928, Abb. 11, S. 74. Dieses Profil hat den Maßstab 1 : 50 000 (nicht 1 : 25 000, wie irrtümlicherweise angegeben ist.)

im Raume von Bad Steben aus der SSO- in die NO-Richtung um und verlaufen nun im Streichen des Ostthüringischen Hauptsattels. Wir müssen uns aber vorstellen, daß die in der Nassauischen Phase entstandenen Falten im Ostthüringischen Hauptsattel flacher waren als jetzt und bei der Sudetischen Orogenese unter Mitbeteiligung des Kulms wesentlich verengt wurden. Im Bereiche des Blattes Naila — besonders in der Marxgrüner Zone — und im Raume des Blintendorfer Kulmstreifens ist die Bretonische (Nassauische) Anlage der Falten noch wahrscheinlich, weiter im NO hingegen nicht mehr nachweisbar. Wenigstens spricht die konkordante Auflagerung des Kulms am Südostrande der Ostthüringischen Hauptmulde (S. 7) dagegen, während an der Südostbegrenzung des Ostthüringischen Hauptsattels die nördliche Göttengrüner Störungslinie jede Beobachtung über ursprüngliche Konkordanz oder Diskordanz unmöglich macht. Da aber die altvaristischen Falten nicht plötzlich gegen NO enden können, habe ich sie noch ein Stück gestrichelt weitergezeichnet. Südlich des Blintendorfer Kulmstreifens streichen die altvaristischen Strukturlinien wieder NW-SO (S. 11, unten), ebenso vorwiegend im Bereiche der gegen W konvexen Vogtländischen Bögen.

Südlich des Halbfensters von Weidesgrün verwehrt die hier liegende Bayrische Decke und die Münchberger Gneismasse jeden Einblick in den Bau des darunterliegenden altvaristischen Faltengebirges Thüringischer Fazies. Östlich des Blattes Naila hingegen fehlen leider bisher geologische Spezialkarten (Blätter Köditz und Hof), daher wurde dort ein ? in der Karte Abb. 1 eingetragen.

An der Südseite der Münchberger Gneismasse liegt bei Schwarzenbach a. S. wieder ein Streifen der Thüringischen Fazies offen zutage. Da aber hier der Thüringischen Fazies der Kulm fehlt [235]), läßt sich nicht feststellen, ob die hier auftretenden Phycodenschichten der Thüringischen Fazies altvaristisch gefaltet sind. Da es jedoch die Gesteine nördlich und südlich dieses Raumes sind, ist es auch für hier sehr wahrscheinlich. Kulm ist erst wieder in dem Raume von Stein bei Berneck an der Südspitze der Münchberger Gneismasse vorhanden. W u r m (1925, S. 70—72, Abb. 4) beschreibt das Profil am Entenhäuschen bei Hohenknoden und sagt: „Von einer Diskordanz an der Grenze Kulm-Oberdevon ist hier nichts zu beobachten, allerdings sind die Aufschlüsse auch nicht hinreichend gut." Der Aufschluß ist aber zu vereinzelt, um über die Frage der Bretonischen Faltung im Bernecker Devon zu entscheiden.

Im Gebiete des Fichtelgebirgssattels sind nur so tief gelegene Teile des Gebirgsbaues vorhanden, daß schon aus diesem Grunde der Anteil der Bretonischen Orogenese gegenüber der älteren (?) und jüngeren Tektonik nicht abzugrenzen ist.

Noch weiter im Süden liegt der Ablagerungsraum der B a y e r i s c h e n F a z i e s. Hier können wir den Verlauf der in der Nassauischen Phase entstandenen Faltenzüge nur aus kleinen, inselartig aus der Grauwacken-Tonschiefer-Serie und den Kulmkieselschiefern herausragenden altpaläozoischen Gesteinen erkennen. Da diese Vorkommen aber zu klein sind, um auf der Karte Abb. 1 getrennt ausgeschieden zu werden, sind die Strukturlinien des in der Nassauischen Phase entstandenen Faltengebirges unter der Kulmbedeckung durchgezogen. Auf Blatt Naila streicht dieses größtenteils unter der Kulmbedeckung verborgene altvaristische Faltengebirge überall ONO-WSW [236]), im südlichen Teile des Blattes Preßeck schwenkt es in die Richtung NNO-SSW [237]) ein, so daß es einen flach gegen NW konvexen Bogen beschreibt. Auf Blatt Wallenfels ist das Streichen der in der Nassauischen Phase entstandenen Falten nicht erkennbar. Auf Blatt Bobenneukirchen-Gattendorf streicht das Silur und Devon zwischen Neu-Gattendorf und Trogenau NW-SO (Richtung des Oberdevonkalkes nordwestlich von Kirchgattendorf und des Obersilur-Kieselschiefers zwischen Kirchgattendorf und Hasenreuth) und schwenkt zwischen Trogenau und Schwesendorf in die Richtung WSW-ONO ein (Richtung des Oberdevonkalkes von Schwesendorf und des Obersilur-Kieselschiefers südlich von Nentschau).

Weiter im Osten ist wegen des Mangels an autochthonen Kulmvorkommen und infolge der Bedeckung mit Schubmassen und mit Oberkarbon und Perm viel weniger von den in der Bretonischen Phase entstandenen Falten erkennbar.

Sehr große Räume verhüllt das Oberkarbon und Rotliegende des Erzgebirgischen Beckens. Der von diesen Schichten verhüllte Raum mußte etwas breiter gezeichnet werden als auf der geologischen Übersichtskarte von Sachsen, da die unter dem Oberkarbon und Rotliegenden verborgenen Schichten vor der Hauptfaltung (daher noch im Unterkarbon) einen breiteren Raum einnahmen als jetzt. Aus demselben Grunde mußte der gegenwärtig von dem Streifen von Perm, Buntsandstein und Tertiär verhüllte Teil des Ostthüringischen Hauptsattels, der sich südwestlich des Pohlener Bruches aus dem Elstertale bei Untitz bis nach Sorge (Blatt Waltersdorf) erstreckt, in NW-SO-Richtung beträchtlich länger gezeichnet werden, als die Länge des genannten Streifens von Deck-

---

235) Die an der Südseite der Münchberger Gneismasse auftretenden Kulm führenden Schuppen („Kulmschuppenzone" nach D e u b e l 1923, S. 396) gehören nach W u r m (1928, S. 505) und nach dem Profil des Bahneinschnittes von Schwingen (Taf. XXXIV bei Wurm 1928) der Bayerischen Decke an.

236) Das Streichen weicht von der O-Richtung etwa 25—30° gegen N ab.

237) Das Streichen weicht am Rauhberg von der N-Richtung etwa 22° gegen O ab.

schichten beträgt [238]), da ja die alten Gesteine des Ostthüringischen Hauptsattels in dieser Richtung durch die heftige Faltung [239]) auf viel engerem Raum zusammengeschoben wurden.

Einen beträchtlichen Raum verhüllt auch die Frankenberger Zwischengebirgsdecke. Verhältnismäßig schmal, aber in NW-SO-Richtung langgestreckt ist der Streifen, der unter der Mittelsächsischen Überschiebung verborgen liegt.

Im Erzgebirge und im Granulitgebirge sind nur sehr tiefe, durch Dynamometamorphose veränderte Teile des Varistischen Gebirges erhalten geblieben, so daß es hier aus demselben Grunde wie im Fichtelgebirgssattel unmöglich ist, den allfälligen bretonischen Anteil der Orogenese von den anderen Phasen zu trennen. Es wurden daher in diesen Räumen ? angebracht.

Unter dem Kulm der Groitzscher und Helbigsdorfer Mulde weisen die altvaristisch gefalteten altpaläozoischen Gesteine eine sehr wechselnde Streichungsrichtung auf. Wie bereits S. 19 ausgeführt wurde, ist an der Nordwestseite des Kulms von Groitzsch ein WNW-OSO gerichtetes, an der Ostseite ein NNO-SSW verlaufendes Streichen des Silurs und Devons zu beobachten. Weniger deutlich ist aus der geologischen Spezialkarte die Streichrichtung der Silur-Devon-Gesteine unterhalb des Kulms von Helbigsdorf erkennbar. Doch scheint das Streichen hier etwa ONO gerichtet zu sein. Jedenfalls zeigen auch hier — wie im Vogtlande — die bretonischen Faltenzüge einen auffallend bogenförmigen Verlauf.

Im Elbtalschiefergebirge ist durch die heftige Faltung und Schuppung in der Erzgebirgischen Phase die wohl sehr schwache altvaristische Faltung ganz verwischt. Am wahrscheinlichsten ist es, daß schon das Streichen der altvaristischen Mulde in derselben Richtung wie dasjenige der jüngeren Störungen (NW-SO) verlief.

Mit Absicht wurde der Raum, der durch das Perm des Döhlener Beckens verhüllt ist, in der Karte nicht eingetragen. Da nämlich unterhalb der Permablagerungen dieses Beckens die Schuppen des Elbtalschiefergebirges durchziehen, welche nicht nur in SW-NO-Richtung zusammengeschoben sind, sondern an denen sich auch die SO-gerichtete „Schleppung der Elbtalzone" ausgelöst hat, ist der ursprüngliche Raum durch diese verschieden gerichteten Bewegungen derart verzerrt worden, daß die Form, welche der heute vom Perm des Döhlener Beckens verhüllte Raum im Unterkarbon besessen hatte, jetzt nicht mehr rekonstruiert werden kann.

Ein Blick auf die Karte läßt erkennen, daß die altvaristischen (der Nassauischen Phase angehörigen) Faltenzüge im ganzen sächsisch-ostthüringischen Raume noch nicht das streng SW-NO gerichtete Streichen der der Sudetischen Hauptgebirgsbildung angehörigen Falten besaßen, sondern durch ein oft bogenförmig verlaufendes Streichen ausgezeichnet waren.

Das altvaristische Faltengebirge hatte in den hier behandelten Gebieten sicherlich nur geringe Höhe, da die Silur- und Devongesteine, aus denen die Falten aufgebaut sind, nicht sehr mächtig sind [240]) und die Falten verhältnismäßig flach waren. Infolgedessen ist auch das Ausmaß der vor der Transgression des Unterkarbonmeeres erfolgten Abtragung verhältnismäßig gering, es sind selten mehr als höchstens einige Hunderte von Metern Gestein abgetragen worden.

In der Bayerischen Fazies sind in die Pericyclusstufe wohl die hellen Kieselschiefer einzureihen, welche Wurm — allerdings mit ? — ins Oberdevon stellt. (In der Karte Abb. 1 ist auch die Verbreitung dieser Kieselschiefer eingetragen.) Dann erfolgt — im Gegensatz zur Thüringischen Fazies — in der oberen Pericyclusstufe eine kurze Unterbrechung der Meeresbedeckung, verursacht durch orogenetische Bewegungen der Selkischen Phase, die aber wohl unbedeutender sind als diejenigen der Nassauischen. Diesen Bewegungen folgt auch eine Abtragung und dann erst die Transgression des Kulmmeeres, beginnend mit geringmächtigem Kohlenkalk und sich in sehr mächtige klastische Kulmsedimente fortsetzend (S. 17, unten).

Auch während der Ablagerung des Kulms geht die Abtragung des altvaristischen Gebirges in den nicht vom Meere eingenommenen — wohl in der Hauptsache im Süden zu denkenden — Räumen weiter. Denn die Kulmsedimente selbst sind ja der Abtragungsschutt des in der Bretonischen Phase entstandenen Gebirges, ähnlich wie der nordalpine Kreideflysch der Abtragungsschutt der oberkretazischen Ostalpen ist. Die höchsten und noch im ganzen Unterkarbon über den Meeresspiegel aufragenden Teile des altvaristischen Gebirges lagen wohl in der Moldanubischen Zone, die bereits vor der Transgression des Kulmmeeres abgetragenen altvaristischen Falten Sachsens und Thüringens waren nur die nördlichen Randketten des altvaristischen Gebirges.

---

238) Der Streifen der Deckschichten ist 13 km lang, den von diesen verhüllten Raum habe ich aber 20 km lang gezeichnet.

239) Man betrachte etwa die Falten in den Profilen bei Graupner (1928).

240) Leider finden sich im geologischen Schrifttum nur selten Mächtigkeitsangaben über das sächsisch-thüringische Altpaläozoikum. Wahrscheinlich sind die Aufschlüsse überall so schlecht, daß die Angabe der Mächtigkeit nicht möglich ist. Meist kann man nur aus den wenigen gezeichneten Profilen eine Vorstellung über die Mächtigkeit des Silurs und Devons bekommen, wobei aber zu bedenken ist, daß viele dieser Profile schematisch gezeichnet sind, ohne daß sich der Autor selbst über die Mächtigkeit der Schichtgruppen im klaren war.

3. Entstehung und Abtragung des mittelvaristischen Falten- und Deckengebirges (Sudetische und Erzgebirgische Phase)

Gegen Ende der Kulmsedimentation kündigt sich die gewaltigste Orogenese der Saxothüringischen Zone, die Sudetische Phase, bereits durch Hebungen einzelner Gebiete über den Meeresspiegel an, so besonders im Bereiche des späteren Westthüringischen Hauptsattels (Schwarzburger Sattels), was zur Ablagerung der Teuschnitzer Konglomerate führt. Vielleicht zeigen sich schon früher einige Inseln in Mittelsachsen, die bis auf die obersilurischen Kieselschiefer abgetragen werden. Deren Abtragungsschutt sind die Kieselschiefer-Hornstein-Breccien des Elbtalschiefergebirges und des Nossener Schiefergebirges.

Das eigentliche Einsetzen der Sudetischen Orogenese hatte zuerst das allgemeine Verschwinden des Kulmmeeres zur Folge. Dann traten gewaltige Deckenüberschiebungen ein. Wie S. 82 ausgeführt wurde, muß die Münchberger Gneismasse wenigstens 55 km weit nach Norden geschoben worden sein. Für die Frankenberger Zwischengebirgsdecke läßt sich die Schubweite nicht so gut feststellen; es kann sein, daß sie wesentlich geringer war, auch wenn sie mit der Münchberger Gneismasse einen zusammenhängenden Schubkörper bildete, denn die Schubweite einer Decke kann im Streichen sehr verschieden sein. Wenn die Frankenberger Gneismasse aus dem Bereiche der roten Gneise der Katharinaberger Kuppel nach Norden geschoben wurde (Hentschel 1932), würde ihre Schubweite etwa 35—40 km betragen. Nehmen wir aber an, daß die Schubweite der Decke auch weiter im Osten 55 km beträgt, dann trifft die Angabe bei A. Hunger (1937, S. 15) zu, daß die Wildenfelser Deckscholle aus dem Karlsbader Gebirge und das Frankenberger Zwischengebirge aus der Komotauer Gegend stammt. Gleichzeitig mit diesen Deckenüberschiebungen traten die von Koßmat (1916) erkannten Überschiebungen innerhalb der Erzgebirgsgneismasse ein, die mit einer starken Dynamometamorphose (Kinetometamorphose nach Koßmat) der Tiefengesteine und Sedimente verbunden waren, weil sie in viel größeren Tiefen erfolgten als die Überschiebung der Münchberg-Frankenberger Decke. Dasselbe gilt auch von den Bewegungsflächen im Dach des Granulitgebirges[241]). Wenn wir den Bau der Saxothüringischen Zone mit demjenigen der Westalpen vergleichen, so entspricht der Bau der Erzgebirgskuppel und des Granulitgebirges dem mit Metamorphose der Gesteine verbundenen Penninischen Deckensystem (Scheumann), während das darüberliegende Münchberg-Frankenberger Deckensystem mit dem Helvetischen Deckensystem der Schweiz zu vergleichen wäre, in welchem wegen der oberflächennahen Lage der Gesteine keine Dynamometamorphose eintrat[242]). Die Münchberger, Wildenfelser und Frankenberger Gneismasse kann die kristalline Beschaffenheit selbstverständlich nicht erst beim Deckenschub bekommen haben, sondern muß sie bereits aus der Wurzelregion mitgebracht haben. Denn es wäre sonst unverständlich, daß mindestens unter den Rändern der kristallinen Schiefer der Münchberger Gneismasse die aus nicht-metamorphen Gesteinen bestehende Bayrische Decke liegt[243]). Dasselbe gilt auch für das nicht metamorphe Altpaläozoikum unterhalb der Frankenberger Gneismasse. Wir gelangen also auch auf diesem Wege zu der Vorstellung, daß die moldanubische Katametamorphose älter sein muß, als die Metamorphose der Erzgebirgsgneise. Nach F. E. Sueß (1926) würde die moldanubische Katametamorphose altvaristisch sein. Ich habe mich aber schon 1941, S. 129, der Ansicht von Bubnoff angeschlossen, daß die moldanubische Katametamorphose von vorkambrischem Alter ist. Vor der Deckenstirn, im Vogtlande und in Thüringen, prägt sich die Sudetische Orogenese nur in einer ziemlich regelmäßigen Faltung des Altpaläozoikums aus.

Der gewaltigen Größe der Sudetischen Orogenese entspricht auch eine ihr folgende gewaltige Abtragung des Gebirges. Da die Deckschollen der Münchberger, Wildenfelser und Frankenberger Gneismasse wahrscheinlich Reste ein und derselben Decke sind, hat die Abtragung weitaus den größten Teil dieser Decke zerstört. Es handelt sich hier nicht nur um die zwischen den heute noch vorhandenen Resten der Decke und südlich von diesen fehlenden kristallinen Schiefer, sondern wahrscheinlich auch um beträchtliche Massen von kristallinen und wohl auch nicht metamorphen paläozoischen Gesteinen, die sich einst im Hangenden der heute noch erhaltenen Gneismassen befanden. Außerdem ist die Decke aber nicht mehr bis zu ihrem ursprünglichen Stirnrande erhalten. Wie die „Schleppdecke“ des Blintendorfer Kulmstreifens und die leichte Metamorphose des Hirschberger und Gefeller Sattels zeigt, reichte die Decke ursprünglich wahrscheinlich bis an den Südostrand des Ostthüringischen Hauptsattels. Auch bei Greiz hat die Decke wohl ursprünglich bis an den Ostthüringischen Hauptsattel herangereicht, wie die von Zimmermann und Mehner beschriebene leichte epizonale Metamorphose der Kulmgesteine erkennen läßt, während bei Mehltheuer die Decke vielleicht nicht so weit nach Norden gereicht hatte.

---

241) Vergl. dazu das Sammelreferat von H. Becker in der Geologischen Rundschau 1926.

242) Unterhalb der Frankenberger Gneismasse ist allerdings stellenweise eine epizonale Metamorphose eingetreten (S. 28).

243) Vergl. damit den ähnlichen Fall der Kwietnitza-Serie in der Moravischen Zone Mährens (E. Spengler, 1941, S. 121, 131). Auch Schüller (1947, S. 78) kommt zu dem Ergebnis, daß die Metamorphose der Gesteine der Münchberger Gneismasse vorpaläozoisch ist.

Wahrscheinlich hat sich die Stirn der Münchberg-Wildenfels-Frankenberger Decke vor ihrer Zerschneidung durch die Erosion als mächtiger, gegen Norden abfallender Steilhang in der Landschaft ausgeprägt.

Die Abtragung dieser Decke hat sich zumindestens im Frankenberg-Hainichener Abschnitt bereits zum beträchtlichen Teile im tiefsten Namur, vor Ablagerung der Hainichener Schichten vollzogen, setzte sich während der Ablagerung dieser Schichten in abgeschwächtem Maße fort und wurde durch die in der Erzgebirgischen Phase erfolgte Aufwölbung des Erzgebirgs- und Granulitgebirgssattels von neuem stark belebt und führte auch zu einer teilweisen Abtragung der Hainichener Schichten noch vor der Ablagerung des Oberkarbons von Flöha (Diskordanz im Kuhloch S. 29).

Zur Zeit der Ablagerung des Oberkarbons von Flöha und Schönfeld (Westfal B) und desjenigen von Zwickau und Brandau (Westfal C) war die Zerstörung der Decke schon fast ebensoweit gediehen wie in der Gegenwart. Zur Zeit des Westfal B bestand allerdings noch ein ziemlich kräftiges Relief, im Westfal C hingegen war bereits der Zustand einer Fastebene erreicht. Wenn sich das auch nur für die nähere Umgebung der genannten Oberkarbonablagerungen nachweisen läßt, so gilt es doch auch wahrscheinlich für den ganzen hier behandelten Raum. Denn es ist wenig wahrscheinlich, daß zu der Zeit, in der das in der Sudetischen und Erzgebirgischen Phase entstandene Gebirge bei Zwickau bereits zur Fastebene abgetragen war (S. 35), im Gebiete der Münchberger Gneismasse und deren Umgebung noch ein hohes Gebirge aufragte; denn dieses hätte auch bis ins Erzgebirgische Oberkarbonbecken seinen Abtragungsschutt ausstreuen müssen.

In der der Sudetischen und Erzgebirgischen Phase folgenden Abtragungszeit wurde aber nicht bloß die Münchberg-Wildenfels-Frankenberger Decke weitgehend zerstört, sondern es wurden auch von den darunter liegenden autochthonen Erzgebirgs-, Fichtelgebirgs- und Granulitgebirgskuppeln sehr beträchtliche Teile abgetragen, wie die Tatsache zeigt, daß in diesen Gebieten schon im Oberkarbon kristalline Schiefer zutage lagen, die ihre Metamorphose in großer Tiefe unter der Erdoberfläche erworben haben mußten. Für die Erzgebirgskuppel wurde S. 36 für die im Namur und Westfal A + B eingetretene Abtragung aus der Metamorphose der Erzgebirgsgneise eine Abtragung einer mindestens 10 000 m mächtigen Gesteinsmasse abgeleitet, wofür ein Zeitraum von 14 Millionen Jahren zur Verfügung steht. Die vor und nach der in der Erzgebirgischen Phase erfolgten Aufwölbung eingetretene Abtragung ist hier — im Gegensatz zu dem Raume von Hainichen — nicht zu trennen. Aber in diesen 10 000 m ist nicht nur der abgetragene äußere Teil der Erzgebirgskuppel, sondern auch die darüber noch vorhanden gewesene Frankenberger Decke enthalten.

Im Granulitgebirge war die oberkarbonische Abtragung auch beträchtlich, aber doch viel geringer als im Erzgebirge, und außerdem verteilte sie sich auf einen längeren Zeitraum. Denn das Granulitgebirge war im Oberkarbon noch nicht so hoch aufgewölbt. Aus dem Fehlen der Granulitgerölle in den Grundkonglomeraten der Hainichener Schichten ergibt sich, daß damals der Granulit noch zu tief lag, um von der Erosion ergriffen zu werden; hingegen wurde in seinem Hangenden sein innerer Kontakthof bereits von der Erosion angeschnitten. In den Konglomeraten des Oberkarbons von Zwickau hingegen sind bereits Granulitgerölle vorhanden, was auf das Aufsteigen der Granulitkuppel in der Erzgebirgischen Phase zurückzuführen ist. Aber es ist nicht wahrscheinlich, daß schon im Westfal C der Granulit in einer so großen Fläche offen zutage tritt wie gegenwärtig. Wohl aber dürfte dies bereits zur Zeit der Oberen Abteilung des Unterrotliegenden (Lebacher Schichten) annähernd der Fall gewesen sein, als die Granulitgerölle in den Konglomeraten bereits wesentlich reichlicher geworden sind.

Im Bereiche der Vogtländischen Hauptmulde ist — abgesehen von der Stirnpartie der Münchberg-Wildenfels-Frankenberger Decke — auch ein großer Teil des Kulms und besonders im Osten, im Untergrunde des Erzgebirgischen Jungpaläozoikums, auch sehr viel vom Silur und Devon schon vor dem Westfal C abgetragen worden, so daß im Lugau-Ölsnitzer Becken das Oberkarbon unmittelbar dem Phyllit aufliegt.

Wesentlich geringere Beträge erreicht die oberkarbonische Abtragung in den wohl auch orographisch niedrigeren Teilen des Gebirges, welche sich nördlich vor der Stirn der Münchberg-Wildenfels-Frankenberger Decke befanden: im Ostthüringischen Hauptsattel und in der Thüringischen Hauptmulde. Im Ostthüringischen Hauptsattel wurde nur der Kulm, ein Teil des Altpaläozoikums, und in dem Raume zwischen Greiz und Berga auch ein wenig von den vorpaläozoischen Gesteinen, in der Thüringischen Hauptmulde überhaupt nur ein Teil des Kulms abgetragen.

Da das Elbtalschiefergebirge und offenbar auch das Wilsdruff-Nossener Schiefergebirge seine Faltung und Schuppung gleichzeitig mit der Bildung der Mittelsächsischen Überschiebung erst nach dem Namur in der Erzgebirgischen Phase (2. und 3. Unterphase) erworben hat, hat auch die große Abtragung dort erst viel später, zu Beginn des Westfals, eingesetzt. Sie kann aber auch im unteren Westfal, zur Zeit der Intrusion des Meißner Syenites, noch kein sehr großes Ausmaß erreicht haben, da ja sonst wegen der zu geringen Mächtigkeit des Daches die Erstarrung des syenitischen Magmas als Tiefengestein nicht mehr möglich gewesen wäre. Die Hauptabtragung fällt daher in diesem Raume ins obere Westfal und ins Stefan, also in einen Zeitraum, in dem das Erzgebirge, das Granulitgebirge und das Thüringisch-vogtländische Faltengebirge bereits zur Fastebene abgetragen waren.

Da das Elbtalschiefergebirge sowohl in bezug auf Faltung als auf das Relief jünger ist als das Gebiet weiter im Westen, bestand dort noch zu Beginn der unteren Abteilung des Unterrotliegenden (Cuseler Schichten) ein beträchtliches Relief.

Verhältnismäßig gebirgig muß im oberen Westfal auch noch Nordwestsachsen gewesen sein, wie das lebhafte Relief erkennen läßt, über das das Westfal D von Leipzig-Plagwitz transgrediert. Als Nachwirkung der Erzgebirgischen orogenetischen Phase stellt sich im Westfal B zum erstenmal der Porphyrvulkanismus ein. In SW-NO-Richtung aufgerissene Spalten füllten sich mit Quarzporphyr (Sayda-Berggießhübler Gangschwarm), im Westfal B von Flöha und Schönfeld tritt der Quarzporphyr auch in Form von Oberflächenströmen in die Erscheinung. Etwas jünger dürfte der Melaphyr im Liegenden des Zwickauer Oberkarbons sein.

4. Die Asturische Phase und der Vulkanismus im Unterrotliegenden

Die Asturische Phase (Grenze zwischen Westfal und Stefan) ist in Sachsen und Ostthüringen nur ganz schwach angedeutet. Am deutlichsten ist sie in dem kleinen Brandauer Becken als Faltung ausgeprägt. Im Untergrunde des Rotliegenden des Erzgebirgischen Beckens kann man nicht von Faltung, sondern nur von kleinwelligen Undationen sprechen (S. 38), und ob die von Schriel in die Asturische Phase gestellten Verwerfungen in Nordwestsachsen wirklich dieses Alter haben, ist unsicher (S. 43). Nur die Westlausitzer Störung dürfte dieser Phase zuzurechnen sein, es ist aber auch möglich, daß sie erst zu Beginn des Unterrotliegenden eingetreten ist.

Es ist aber möglich, daß die Intrusion der westerzgebirgischen Granitplutone und der kleineren Granitstöcke von Fleyh und Bobritzsch etwa zur Zeit der Asturischen Phase oder im Stefan eingetreten ist und eine Hebung des westlichen Erzgebirges und des Raumes von Fleyh-Bobritzsch verursachte, welche im Unterrotliegenden eine Abtragung bis zur Freilegung der Granite zur Folge hatte.

Im oberen Stefan und an der Grenze von Karbon und Perm bestand in ganz Sachsen und Thüringen nur mehr ein sehr geringes Relief und nur in dem Raume zwischen Leipzig und Merseburg lag noch ein Süßwassersee.

Zu Beginn des Unterrotliegenden traten Verwerfungen ein, welche vor allem den Oberflächenvulkanismus bedeutend belebten[244]). Bei Tharandt entstand im tiefsten Unterrotliegenden ein großer, durch eine Einbruchskaldera ausgezeichneter Porphyrvulkan. Etwa zu derselben Zeit wurde der Unkersdorfer Tuff und der Wilsdruffer Porphyrit gefördert. Vielleicht auch zur gleichen Zeit oder nur wenig später brach an Brüchen die Altenberger Scholle ein und öffnete dadurch eine Spalte für den Austritt der gewaltigen Lavamassen des Teplitzer Quarzporphyrs, der sich wahrscheinlich in Form eines kraterlosen „Vulkanischen Rückens" an der Erdoberfläche ausbreitete, und dem später aus anderen Spalten der Granitporphyr und als letzter Magmanachschub der in der Tiefe erstarrte Zinnwald-Altenberg-Schellerhauer Erzgebirgsgranit folgt.

Auch eine nicht unbeträchtliche Belebung der Erosion trat in diesem Zeitpunkte ein. So wurde in das Zwickauer Oberkarbon ein Relief eingeschnitten, welches durch die Überdeckung mit Lebacher Schichten erhalten geblieben ist (S. 39). Auch das Oberkarbon von Flöha erfuhr vor der Transgression der Lebacher Schichten eine teilweise Abtragung.

Zur Zeit der unteren Abteilung des Unterrotliegenden (Cuseler Schichten) füllte sich nur das Döhlener Becken mit einem Süßwassersee, der zeitweise durch ein Torfmoor vertreten war. Erst in der oberen Abteilung des Unterrotliegenden (Lebacher Schichten) lagerten sich nicht nur im Döhlener Becken, sondern auch bei Brandau, vor allem aber im Erzgebirgischen Becken und in Nordwestsachsen nördlich vom Granulitgebirge Fluß- und Seesedimente ab. Während diese in den einzelnen Seebecken Nordwestsachsens eine bescheidene Mächtigkeit erreichen, sind sie im Döhlener und Erzgebirgischen Becken von so großer Mächtigkeit, daß wir von Süßwassergeosynklinalen sprechen können, deren Boden sich durch lange Zeit in gleichmäßig sinkender Bewegung befand.

Die Bildung der Sedimente des höheren Unterrotliegenden wird in ganz Sachsen in der mittleren Abteilung der Lebacher Schichten durch eine äußerst lebhafte Vulkantätigkeit unterbrochen. Wie nach der langen Ruhepause nicht anders zu erwarten ist, setzte der Vulkanismus überall mit einer explosiven Phase ein, in der nur lockere Auswürflinge gefördert wurden (Breccientuffe des Döhlener Beckens, Porphyrtuffe des Erzgebirgischen Beckens, Porphyrit- und untere Porphyr-

---

244) Es handelt sich hier um eine orogenetische Phase germanotyper Art, welche zwischen der Asturischen und der Saalischen Phase Stilles gelegen ist. Die Bewegungen dürften an der Grenze von Karbon und Perm oder im tiefsten Unterrotliegenden eingetreten sein.

tuffe nördlich des Granulitgebirges mit bis 0,5 m großen Bomben). Dann erst wurde Lava gefördert, aber auch nicht ausschließlich, sondern im steten Wechsel mit Tuff-Förderung. Am gewaltigsten waren die Lavaergüsse in Nordwestsachsen, wo nicht weniger als 8 Lavadecken übereinander liegen, von denen diejenige des Rochlitzer Quarzporphyrs weitaus die ausgedehnteste ist.

Daß mit dieser Vulkantätigkeit auch Krustenbewegungen verbunden waren, ist vor allem im Döhlener Becken erkennbar, wo die groben Gneiskonglomerate auf eine starke Senkung des Elbtalraumes schließen lassen. Man kann diese tektonischen Bewegungen als eine lokale Vorphase der Saalischen Orogenese betrachten (S. 48—49). Das Granulitgebirge scheint nach der Eruption des Rochlitzer Quarzporphyrs wieder eine Hebung erfahren zu haben, wie das Gröberwerden der Konglomerate im „Oberen Tuffrotliegenden" im Vergleiche mit denen des „Unteren Tuffrotliegenden" im Raume nördlich des Granulitgebirges zeigt (S. 65).

Am Ende der Eruptivstufe der Lebacher Schichten erlischt in ganz Sachsen der jungpaläozoische Vulkanismus. Dann geht die (immer deutlicher werdende Anzeichen einer Austrocknung des Klimas aufweisende) limnisch-fluviatile Sedimentation des Unterrotliegenden bis zum Eintritt der Saalischen Orogenese ungestört weiter.

5. Entstehung und Abtragung des jungvaristischen Schollengebirges (Saalische Phase)

Die Saalische Orogenese (Grenze zwischen Unter- und Oberrotliegendem) ist in Sachsen und Thüringen von viel größerer Bedeutung als die Asturische Phase, aber auch sie ist — im Gegensatz zu den alpinotypen Hauptphasen (Bretonische, Sudetische und Erzgebirgische Phase) — germanotyp. Das Vorkommen von zu dieser Phase gehörigen Bewegungen ist natürlich am sichersten im Bereiche solcher Unterrotliegendgebiete zu erkennen, welche diskordant vom Oberrotliegenden bedeckt werden.

Sachsen wird jetzt zu einem Schollengebirge von allerdings bescheidener Reliefenergie. Im Döhlener Becken bildeten sich NW-SO streichende antithetische Repetitionsverwerfungen aus, welche auf eine Zerrung des Gebirges in SW-NO-Richtung schließen lassen. Im Zwickauer Becken entstand der Zwickau-Reinsdorfer Graben, dessen Randbrüche gleichfalls NW-SO streichen, wie überhaupt in dieser Richtung streichende Verwerfungen in der Saalischen Phase weitaus vorherrschen. Auch an den das Zwickauer Becken durchsetzenden Brüchen sind Zerrungen eingetreten, so daß man vielleicht ganz im allgemeinen sagen darf, daß in der Saalischen Phase keine Zusammenpressung, sondern eher eine Auflockerung des Gebirges erfolgt ist. Infolge der Bildung eines ebenfalls in SO-NW-Richtung streichenden, wahrscheinlich auch in der Saalischen Phase entstandenen Grabens ist das Oberkarbon und Unterrotliegende von Brandau erhalten geblieben. Es dürften auch die zahlreichen anderen NW-SO verlaufenden Brüche, welche das Erzgebirge durchsetzen, der Saalischen Phase ihre Entstehung verdanken.

Die älteren Phasen der Varistischen Orogenese sind in der Saxothüringischen Zone hingegen durch tangentiale Zusammenpressung ausgezeichnet. In der Bretonischen Phase war diese noch schwach und noch nicht einheitlich in der Richtung, in der Sudetischen Phase erreichte sie ihren Höhepunkt in dem gegen NW gerichteten Deckenschub. Die gleiche Richtung der Zusammenpressung besteht in stark abgeschwächtem Maße noch in der 1. Unterphase der Erzgebirgischen Phase (Aufsteigen des Erzgebirgs- und Granulitgebirgssattels), wird aber in der 2. Unterphase durch Zusammenpressung in SW-Richtung ersetzt (Mittelsächsische Überschiebung, Schuppen des Elbtalschiefergebirges). In der 3. Unterphase macht sich ein SO gerichteter Druck bemerkbar, der aber im Lausitzer Massiv wesentlich stärker war als im Erzgebirgischen und daher zu Blattverschiebungen im Elbtalschiefergebirge führt („Schleppung der Elbtalzone"). Während die Asturische Phase überhaupt nur schwach angedeutet ist, treten schon an der Grenze von Karbon und Perm mit Zerrungen verbundene Brüche auf, die gewaltigen Magmamassen den Austritt an die Erdoberfläche möglich machen. Diese Tendenz zur Zerrung ist auch noch bei den Brüchen der Saalischen Phase vorhanden, führt aber — vielleicht infolge der Erschöpfung des Magmareservoirs der Tiefe in der Eruptivstufe des Unterrotliegenden — nicht mehr zum Aufstieg von Magma.

Außer der vorherrschenden NW-SO-Richtung haben sich in der Saalischen Phase aber auch in NO-SW- und in O-W-Richtung streichende Brüche gebildet; unter letzteren hat der nördliche Randbruch des Erzgebirgischen Rotliegendbeckens wegen seiner über 550 m betragenden Sprunghöhe zweifellos auch im Oberflächenrelief eine Bruchstufe von nicht unbeträchtlicher Höhe erzeugt.

In Nordwestsachsen macht sich die Saalische Phase nur in dem Beginn der Bildung der sehr breiten und flachen Mügeln-Frohburger Mulde bemerkbar. Ob es sich hier um eine durch schwache tangentiale Pressung erzeugte Synklinale oder — was mir wahrscheinlicher vorkommt — um eine reine Senkung handelt, ist zweifelhaft.

Soweit das Saalische Schollengebirge aus noch nicht oder nur wenig verfestigten Trümmersedimenten des Unterrotliegenden bestand, verfiel es einer raschen Zerstörung (im Bereiche des Erzgebirgischen Beckens). Über den eingeebneten Schollen breitete sich das „kleinstückige Konglomerat" des Oberrotliegenden aus.

Langsamer erfolgte die Abtragung der permischen Lavadecken; auf diesen Unterschied ist wohl die Tatsache zurückzuführen, daß in Nordwestsachsen das Oberrotliegende fast überall unmittelbar auf den Porphyren liegt.

Zur Zeit der Ablagerung des Oberrotliegenden war die Landschaft wieder zu einem flachwelligen Hügelland geworden. Daß die Auflagerungsfläche des Oberrotliegenden keine vollständige Ebene war, ist besonders nordwestlich vom Granulitgebirge erkennbar. Die Oberrotliegendsedimente sind nur auf sehr breite flache Flußtäler beschränkt, die wahrscheinlich meist trocken lagen und nur in den Zeiten der ja auch im Wüstenklima hie und da auftretenden heftigen Regengüsse Wasser führten. Das größte dieser Flußtäler erfüllte den Westteil des Erzgebirgischen Beckens, andere lagen nördlich des Granulitgebirges. Die Zwischenräume zwischen den Flußtälern waren vegetationslose Kieswüste. Die periodischen Flüsse selbst versiegten wohl irgendwo in der Wüste.

6. Zechstein und Unterer Buntsandstein

Über die flache Wüste des Oberrotliegenden dringt von Nordwesten her das Zechsteinmeer vor. Wie die paläogeographische Karte Abb. 5 zeigt, erreicht das Meer des Unteren und Mittleren Zechsteins nur im Tale der unteren Elster bei Groitzsch Nordwestsachsen und blieb sonst auf Thüringen beschränkt. Im Raume von Gera und im Bereiche der Ostthüringischen Hauptmulde reichte das Meer des Unteren und Mittleren Zechsteins nur wenig über die heute noch erhaltenen Sedimente nach Ost und Süden, wie besonders das Auftreten der Kulmklippen erkennen läßt. Zwischen Gera und Triptis sprang eine 20 km breite Halbinsel ins Meer vor.

Wie A. Schuster gezeigt hat, schloß sich an den marinen Unteren und Mittleren Zechstein gegen Südosten der kontinentale Zechstein an, eine Flußablagerung von ganz ähnlicher Beschaffenheit wie das Oberrotliegende, mit dem sie früher vereinigt wurde. Wie die Geröllführung zeigt, kam der größte dieser Zechsteinflüsse aus dem Kirchberger Granitstock, bekam von Osten einen Zufluß aus dem Granulitgebirge und mündete etwa in der Gegend von Groitzsch ins Meer. Das von diesem Flusse abgelagerte Sediment ist vor allem bei Crimmitschau, östlich von Meerane und bei Podelwitz erhalten geblieben. Ein kleinerer Fluß kam vermutlich aus dem Bergener Granitstock und mündete auf der Halbinsel zwischen Triptis und Gera; das Sediment dieses Flusses ist vor allem in dem schmalen, auf der geologischen Spezialkarte irrtümlicherweise als Buntsandstein eingetragenen Streifen Culmitzsch-Sorge erhalten geblieben.

Als im höheren Teile des Mittleren Zechsteins das Meer infolge des extrem ariden Klimas in einen eindampfenden Salzsee verwandelt wurde, wurde in Ostthüringen der Küstenstreifen trocken gelegt und die aus dem Erzgebirge kommenden Flüsse versiegten. Wir müssen daher in dem hier behandelten Gebiete eine — allerdings nur einige Jahrtausende (S. 76) dauernde — Festlandsperiode zwischen dem Mittleren und dem Oberen Zechstein annehmen.

In der Frage der Entstehung der Salzlager wird die Wilfarthsche Großflutenhypothese abgelehnt und versucht, die Fuldasche Erklärung der „Anhydritklippen" weiter auszubauen.

Im Oberen Zechstein erfolgt eine Transgression des Meeres weit nach Nordsachsen hinein bis in den Raum östlich von Ostrau[245]). Die Transgression vollzieht sich an einigen Stellen in der Stufe der „Unteren Letten", an anderen erst im „Plattendolomit". Zwischen der Ablagerung des Plattendolomits und derjenigen der „Oberen Letten" liegt eine kurze Festlandsperiode. Die kleine Halbinsel bei Frohburg wird erst vom Meere des „Oberen Letten" überflutet. Das Sediment des Oberen Zechsteins zeigt meist so deutliche Anzeichen der Küstennähe, daß das Meer in der Regel nicht viel weiter gereicht haben konnte, als das heute noch erhaltene Sediment reicht. An einzelnen Stellen dürfte auch im Oberen Zechstein die kontinentale Fazies vorliegen, das Sediment von ins Meer mündenden Flüssen. Der Bogen, den die Küstenlinie um das Granulitgebirge beschreibt, zeigt, daß dieses auch zur Zeit des Oberen Zechsteins Festland war.

Das Meer des Oberen Zechsteins verschwand in Sachsen nicht durch Eindampfung, sondern durch Ausfüllung mit dem von den Flüssen mitgebrachten Sediment. Die marinen Ablagerungen gehen ohne scharfe Grenze in das Sediment des Unteren Buntsandsteins über.

Die Pfälzische Phase der Varistischen Gebirgsbildung (Grenze zwischen Perm und Trias) ist in Sachsen nur durch eine leichte Hebung des Erzgebirges und des Granulitgebirges schwach angedeutet. Diese Hebung ergibt sich aus der Geröllführung der fluviatilen Konglomerate an der Basis des Unteren Buntsandsteins. Im höheren Teile des Unteren Buntsandsteins waren Erzgebirge und Granulitgebirge zwar noch immer Abtragungsgebiete, aber bereits zu ganz flachen und breiten Rücken geworden. Damit war die Abtragung des Varistischen Gebirges im wesentlichen beendet.

---

[245]) Siehe die paläogeographische Karte, Abb. 5.

X. VERZEICHNIS DES BENÜTZTEN UND IM TEXT ANGEFÜHRTEN GEOLOGISCHEN SCHRIFTTUMS

A. Geologische Arbeiten

Ampferer, O. und Hammer, W.: Geologischer Querschnitt durch die Ostalpen vom Allgäu zum Gardasee. (Jahrb. d. Geolog. Reichsanstalt in Wien 61. Bd. 1911).

Beck, R.: Erläuterungen zur geologischen Spezialkarte des Königreichs Sachsen [1]), Blatt 118, „Nassau" 1887.

— 1889. Siehe Pietzsch, K. 1919.

— 1892. Siehe Pietzsch, K. 1916 und 1917.

— Erläuterungen Sachsen, Blatt 80 „Freiberg". II. Aufl. 1900. (I. Aufl. v. A. Sauer 1887).

— Lehre von den Erzlagerstätten. Berlin 1901.

— Über ein kürzlich aufgeschlossenes Wolframerzgangfeld und einige andere neue Aufschlüsse in sächsischen Wolframerzgruben. II. Neue Aufschlüsse im Wolfram-Zinnerz-Gangfeld von Zinnwald. (Zeitschr. f. praktische Geologie 15. 1907).

— und Hazard, J.: 1893. Siehe Pietzsch, K. 1934.

Becker, H.: Das Zwischengebirge von Wildenfels. (Zentralbl. f. Min. Geol. und Paläont. 1925, Abt. B).

— Die neuen Arbeiten zur Geologie von Sachsen. (Geologische Rundschau 17. 1926).

— Das Zwischengebirge von Frankenberg in Sachsen. (Abhdlg. des Sächs. Landesamtes, Heft 8, 1928).

Bertrand, P.: Stratigraphie du Westphalien et du Stéphanien dans les différents bassins houillers français. (Congrès pour l'avancement des études de stratigraphie carbonifère Heerlen 1927). Liège 1928.

Beyschlag, F. und Fritsch, K. v.: Das jüngere Steinkohlengebirge und das Rotliegende in der Provinz Sachsen und den angrenzenden Gebieten. (Abhandl. d. Preuß. Geolog. Landesanstalt N. F. H. 10. Berlin 1899).

Brandes, Th.: Das erzgebirgische Becken als Beispiel einer Geosynklinale kleiner Spannweite. (Sitzungsber. d. Naturf.-Ges. zu Leipzig, 41. Jg. 1914).

— Die varistischen Züge im geologischen Bau Mitteldeutschlands. (Neues Jahrb. f. Min., Geol. u. Paläont. 43. Beilage-Band 1920).

Bubnoff, S. v.: Geologie von Europa, II. Band, I. Teil, Berlin 1930.

— Einführung in die Erdgeschichte. I. Teil. Berlin 1941. Verlag Gebrüder Borntraeger.

Cloos, H.: Über antithetische Bewegungen. (Geologische Rundschau 19, 1928).

Cornelius, H. P.: Geologie der Err-Juliergruppe. I. Teil. (Beiträge z. geol. Karte der Schweiz N. F., 70. Lief., 1935).

Credner, H.: Geologischer Führer durch das sächsische Granulitgebirge. Leipzig 1880.

— Der Boden der Stadt Leipzig. Erläuterungen zu den geologischen Profilen durch den Boden der Stadt Leipzig und deren nächster Umgebung. Leipzig 1883.

— Das sächsische Granulitgebirge und seine Umgebung. (Erläuterung zu der Übersichtskarte des sächsischen Granulitgebirges und seiner Umgebung 1 : 100 000). Leipzig 1884.

Credner, R. und Dathe, E.: 1879. Siehe Siegert, Th. 1899.

Dalmer, K.: 1881. Siehe Danzig, E., 1913.

— 1883. Siehe Grahmann, R., 1930.

— 1884. Siehe Gäbert, C., 1901.

— Erl. Sachsen, Blatt 124 „Planitz-Ebersbrunn", 1885.

— 1886. Siehe Weise, E. und Uhlemann, A., 1913.

— 1888. Siehe Pietzsch, K., 1922.

— 1890. Siehe Gäbert, C., 1908.

[1]) Diese Erläuterungen werden im folgenden in abgekürzter Form mit: „Erl. Sachsen" bezeichnet.

Dalmer, K.: 1892. Siehe Härtel, F., 1931.
— Der Altenberg-Graupener Zinnerzlagerdistrict. (Zeitschrift für praktische Geologie, 1894).
— und Beck, R.: 1894. Siehe Pietzsch, K., 1922.
— Hazard, J. und Sauer, H.: 1882. Siehe Grahmann, R. und Pietzsch, K., 1925.

Dammer, B.: Erläuterungen zur Geologischen Karte von Preußen und benachbarten Bundesstaaten [2]), Blatt 72/1 „Altenburg", 1906.

Dannenberg, A.: Geologie der Steinkohlenlager, 2. Aufl., Berlin 1941.

Danzig, E.: Erl. Sachsen, Blatt 28 „Grimma-Trebsen". II. Aufl. 1898. (I. Aufl. v. A. Penck, 1880).
— Erl. Sachsen, Blatt 76 „Penig-Burgstädt". II. Aufl. 1899. (I. Aufl. v. Lehmann, J., 1879).
— Erl. Sachsen, Blatt 62 „Waldheim-Böhringen". II. Aufl. 1900. (I. Aufl. v. Dathe, E., 1879).
— Erl. Sachsen, Blatt 61 „Geringswalde-Ringethal". II. Aufl. 1903. (I. Aufl. v. Dathe E., 1878).
— Erl. Sachsen, Blatt 77 „Mittweida-Taura". II. Aufl. 1905. (I. Aufl. v. J. Lehmann, 1879).
— Erl. Sachsen, Blatt 27 „Naunhof-Otterwisch". II. Aufl. 1906. (I. Aufl. v. A. Sauer, 1881).
— Erl. Sachsen, Blatt 126 „Lößnitz-Zwönitz". II. Aufl. 1913. (I. Aufl. v. K. Dalmer, 1881).
— Erl. Sachsen, Blatt 114 „Burkhardtsdorf". II. Aufl. 1914. (I. Aufl. v. Siegert, Th. und Schalch, F., 1878).
— Erl. Sachsen, Blatt 29 „Mutzschen". II. Aufl. 1916. (I. Aufl. v. Siegert, Th., 1884).
— und Siegert, Th.: Erl. Sachsen, Blatt 94 „Glauchau-Waldenburg". II. Aufl. 1901. (I. Aufl. v. Lehmann, J. und Mietzsch, H., 1878).
— und Siegert, Th.: Erl. Sachsen, Blatt 95 „Hohenstein-Limbach". II. Aufl. 1901. (I. Aufl. von Lehmann, J. und Siegert, Th., 1879).

Dathe, E.: 1878. Siehe Danzig, E., 1903.
— 1879. Siehe Siegert, Th., 1899.
— 1879. Siehe Danzig, E., 1900.

Deubel, F.: Der Südostrand der Münchberger Gneismasse im Gebiete von Schwarzenbach/Saale. (Zentralbl. f. Min., Geol. u. Paläont., 1923).
— Orogenetische und magmatische Vorgänge im Paläozoikum Thüringens. (Beiträge zur Geologie von Thüringen. 1. Jena 1925).
— und Martini, H. J.: Geologische Übersichtskarte von Thüringen 1 : 500 000. (Thüringen-Atlas, herausgegeben von d. Reichsarbeitsgemeinschaft f. Raumforschung, Universität Jena. Verlag Justus Perthes, Gotha. 1942).

Ebert, H.: Das granitische Grundgebirge der östlichen Lausitz (Preisschriften der fürstl. Jablonowskischen Gesellschaft zu Leipzig, 1942).

Eigenfeld, R.: Prävariskische Glieder d. sächsisch-fichtelgebirgischen kristallinen Schiefer II. Die Kulmkonglomerate von Teuschnitz im Frankenwalde. (Abhandlg. d. Math. Phys. Klasse d. Sächs. Akad. d. Wissenschf. XLII. Nr. I. Leipzig 1933).
— Prävariskische Glieder der sächsisch-fichtelgebirgischen kristallinen Schiefer IV. Die granitführenden Konglomerate des Oberdevons und Kulms im Gebiete altkristalliner Sattelanlagen in Ostthüringen, Frankenwald und Vogtland. (Abhandlg. d. Math. Phys. Klasse d. Sächs. Akad. d. Wissensch. XLII. Nr. VII. Leipzig 1938).

Etzold, F.: Erl. Sachsen, Blatt 10 „Leipzig-Markranstädt". II. Aufl. 1907. (I. Aufl. v. Sauer, A., 1883).
— Erl. Sachsen, Blatt 67 „Pillnitz-Weißig". II. Aufl. 1909. (I. Aufl. v. Klemm, G., 1892).
— Über das Auftreten von Granit und über Dislokationen im nordwestlichen Sachsen. (Zentralbl. f. Min., Geol. und Paläont. 1914).

v. Freyberg, B.: Die Zechsteintransgression in Thüringen und die Eindampfung der Zechsteinsalze. (Zeitschrift für Berg-, Hütten- und Salinenwesen im Preußischen Staate, 69, 1921).
— Das Kupferschiefermeer. (In: Erz- und Minerallagerstätten des Thüringer Waldes, Berlin 1923, Verlag Gebr. Borntraeger).
— Paläogeographische Karte des Kupferschieferbeckens. (Jahrbuch des Halleschen Verbandes f. die Erforschung der mitteldeutschen Bodenschätze und ihrer Verwertung, 4. 1923—1924).
— Thüringen. Geologische Geschichte und Landschaftsbild. (Schriften d. Deutschen Naturkundevereins, N. F. 5, 1937).

Fulda, E.: Die Stratigraphie des thüringischen Zechsteins nach Tiefbohrergebnissen. (Jahrb. d. Preuß. Geol. Landesanstalt 47, 1926).

[2]) Diese Erläuterungen werden im folgenden in abgekürzter Form mit: „Erl. Preußen" bezeichnet.

Fulda, E.: Der Assalsee im Somaliland und seine Bedeutung für die Entstehung mächtiger Salzlager. (Zeitschrift d. Deutschen Geologischen Gesellschaft. 1927).
— Tiefbohrergebnisse im Zechstein von Halle und Merseburg. (Jahrb. d. Halleschen Verbandes f. d. Erforschung d. mitteldeutschen Bodenschätze u. ihrer Verwertung 8. Bd., 1. Lief. 1929).
— Die Zechsteinformation in der Gegend von Halle und Merseburg. (Jahrb. d. Preuß. Geol. Landesanstalt 49, Teil II, 1929).
— Über Anhydritklippen. (Ganz kurzer Vortragsbericht). (Zeitschrift der Deutschen Geologischen Gesellschaft, 82, 1930).
— Steinsalz und Kalisalze. (In: Beyschlag, Krusch, Vogt: Die Lagerstätten der nutzbaren Minerale und Gesteine III/2, 1938).

Gäbert, C.: Erl. Sachsen, Blatt 125 „Kirchberg-Wildenfels". II. Aufl. 1901. (I. Auflage von Dalmer, K., 1884). Das Oberkarbon v. Siegert, Th.
— Erl. Sachsen, Blatt 43 „Lausigk-Borna". II. Aufl. 1902. (I. Aufl. von Hazard, J., 1881).
— Erl. Sachsen, Blatt 115 „Zschopau-Grünhainichen". II. Aufl. 1905. (I. Aufl. v. Schalch, F. und Sauer, A., 1880).
— Erl. Sachsen, Blatt 79 „Freiberg-Langhennersdorf". II. Aufl. 1906. (I. Aufl. von Sauer, A. und Rothpletz, A., 1887).
— Erl. Sachsen, Blatt 119 „Altenberg-Zinnwald". II. Aufl. 1908. (I. Aufl. v. Dalmer, K., 1890).
— und Siegert, Th.: Erl. Sachsen, Blatt 97 „Augustusburg-Flöha". II. Aufl. 1907. Paläont. Beiträge von Sterzel, T. (I. Aufl. von Sauer, A., Siegert, Th., Rothpletz, A. und Jentzsch, A., 1891).

Gallwitz, H.: Die Altersfolge der Intrusionen in der Elbtalzone. (Berichte d. Math.-Phys. Klasse d. Sächs. Akad. d. Wissensch. 86. Leipzig 1934).

Geinitz, H. B.: Über die ältesten Spuren fossiler Pflanzen in Sachsen. (Abhandlg. d. Naturwissensch. Gesellsch. Isis in Dresden, 1881).

Gothan, W.: Das geologische Alter der Grillenberger Schichten. (Zeitschr. d. Deutschen Geol. Ges. 79. 1927. B. Monatsberichte).
— Über einige Kulmpflanzen vom Koßberg bei Plauen i. Vogtl. (Abhandlg. d. Sächs. Geol. Landesamtes 5, 1927).
— Die Altersstellung des Karbons von Flöha i. Sa. (Abhandlg. d. Sächs. Geol. Landesamtes 12. 1932).
— Vergleich des ost- und westdeutschen Karbons. (Deuxième congrès pour l'avancement des études de stratigraphie carbonifère. Heerlen 1935). Erschienen 1937.
— Über die Pflanzen aus dem Tuff des Kohlberges bei Schmiedeberg nahe Dippoldiswalde (Sa.). (Paläontologische Zeitschrift, 23. 1944).
— und Schlosser, P.: Neue Funde von Pflanzen der älteren Steinkohlenzeit (Kulm) auf dem Koßberge bei Plauen im Vogtlande. Leipzig 1924, Verlag Max Weg.

Grahmann, R.: Erl. Sachsen, Blatt 41 „Pegau". II. Aufl. 1924. (I. Aufl. v. Hazard, J., 1885).
— Erl. Sachsen, Blatt 14 „Dahlen". II. Aufl. 1926. (I. Aufl. von Hazard, J., 1888).
— Erl. Sachsen, Blatt 15 „Oschatz-Wellerswalde". II. Aufl. 1927. (I. Aufl. von Schalch, F. und Klemm, G., 1888).
— Erl. Sachsen, Blatt 16 „Riesa-Strehla". II. Aufl. 1927. (I. Aufl. von Klemm, G., 1889).
— Erl. Sachsen, Blatt 4 „Thallwitz-Strelln". II. Aufl. 1930. (I. Aufl. von Dalmer, K., 1883).
— und Pietzsch, K.: Erl. Sachsen, Blatt 11 „Leipzig". II. Aufl. 1925. (I. Aufl. v. Dalmer, K., Hazard, J. und Sauer, H, 1882).

Graupner, A.: Das phyllitische Kerngebiet des Ostthüringer Hauptsattels. (Beiträge zur Geologie von Thüringen, 2. 1928).

Gundlach, K.: Der unterkarbonische Vulkanismus im variskischen Gebirge Mitteldeutschlands. (Abhandlg. d. Preuß. Geol. Landesanstalt N. F. 157. 1933).

Gutenberg, B.: Handbuch der Geophysik, 3. Band 1940.

Härtel, F.: Erl. Sachsen, Blatt 47 „Lommatzsch". II. Aufl. 1931. (I. Aufl. v. Dalmer, K., 1892).
— Erl. Sachsen, Blatt 31 „Stauchitz". II. Aufl. 1932. (I. Aufl. von Siegert, Th., 1886).
— Über den Bau des Nordwestabschnittes der Erzgebirgisch-Lausitzer Grenzzone zwischen Roßwein und Riesa in Sachsen. (N. Jahrb. f. Min., Geol. u. Paläont. Beil. Bd. 72, Abt. B 1934).

Hartung, W.: Flora und Altersstellung des Karbons von Hainichen-Ebersdorf und Borna bei Chemnitz. (Abhandlg. d. Sächs. Geol. Landesamtes 18. 1938).

Hausse, R.: Erl. Sachsen. Profile durch das Steinkohlenbecken des Plauenschen Grundes (das Döhlener Becken) bei Dresden. 1892.

Hazard, J.: 1881. Siehe Gäbert, C., 1902.
— 1884. Siehe Reinisch, R., 1929.
— 1885. Siehe Grahmann, R., 1924.
— 1886. Siehe Reinisch, R., 1931.
— 1888. Siehe Grahmann, R., 1926.
— Erl. Sachsen, Blatt 130/131 „Olbernhau-Purschenstein". 1889.

Heim, Albert: Geologie der Schweiz.

Hentschel, H.: Über die petrographische Ableitung der Frankenberg-Mobendorfer Kristallinscholle des Sächsischen Zwischengebirges. (Berichte der Math.-Phys. Klasse d. Sächs. Akad. d. Wissensch. 84. Leipzig 1932).
— Über das „Gneisfenster von Munzig" im Bereiche der mittelsächsischen Schubmasse. (Mineral. u. Petrograph. Mitteil. 51. 1940).

Hibsch, J. E.: Erläuterungen zur geologischen Karte des Böhmischen Mittelgebirges, Blatt VII „Teplitz-Boreslau", 1908.

Hohl, R.: Das Klippengebiet von Reuth-Gefell im nordwestlichen Vogtland. (Beiträge zur Geologie von Thüringen III. 1932).

Hunger, A.: Geologische Geschichte des Erzgebirges und der angrenzenden Gebiete. Annaberg 1937, Erzgebirgsverlag, Grasersche Buchhandlung.

Jaeger, W.: Der Gebirgsbau des sächsischen Vogtlandes und dessen Erzlagerstätten. Adorf 1924.

Jokély, J.: Die geologische Beschaffenheit des Erzgebirges im Saazer Kreise in Böhmen. Steinkohlengebilde und Rotliegendes. (Jahrb. d. geol. Reichsanstalt in Wien VIII. 1857).

Keilhack, K.: Erl. Preußen, Blatt 57/8 „Staßfurt". 1914.

Klemm, G.: 1889. Siehe Grahmann, R., 1927.
— 1892. Siehe Etzold, F., 1909.

Klüpfel, W.: Das Faziesgesetz der vorquartären Vulkaneruptionen. (Geologische Rundschau 34. 1933).
— Über das Eruptionsgesetz und die vulkanischen Zyklen. (Zentralbl. v. Min., Geol. u. Paläont. Abt. B., 1937).

Korn, H.: Schichtung und absolute Zeit. Bewegungen, Schichtenaufbau und Sedimentationsgeschwindigkeiten in einer varistischen Mulde nach Studien im thüringisch-fränkischen Unterkarbon und Oberdevon. (N. Jahrb. f. Min., Geol. u. Paläont. Beil. Bd. 74. Abt. A., 1938).

Koßmat, F.: Die Tektonik der Gneisregion des westlichen Erzgebirges. (Zentralblatt f. Min., Geol. u. Paläont. 1916).
— Beiträge zur Kenntnis der Lausitzer Störung und ihrer Vorgeschichte. (Berichte der Math.-Phys. Klasse d. Sächs. Akad. d. Wissensch. 74. 1922).
— Übersicht der Geologie von Sachsen. 2. Aufl. Leipzig 1925.
— und Pietzsch, K.: Geologische Übersichtskarte von Sachsen i. M. 1 : 400 000. Herausgegeben vom Sächs. Geologischen Landesamt 1930.

Krenkel, E.: Geologischer Führer durch Nordwestsachsen. (Sammlung geologischer Führer XIX). Berlin 1914. Verlag Borntraeger.

Krug, H.: Das Lugau-Ölsnitzer Steinkohlenrevier. (Jahrbuch f. das Berg- und Hüttenwesen in Sachsen. 94. 1920).

Kühn, B.: Erl. Preußen, Blatt 58/55 „Windischleuba (Regis)". 1906.

Kukuk, P.: Stratigraphie und Tektonik der rechtsrheinisch-westfälischen Steinkohlenablagerung. (Congrès pour l'avancement des études de stratigraphie carbonifère. Heerlen 1927). Erschienen 1928.

Laube, G.: Geologie des Böhmischen Erzgebirges. II. Teil. Geologie des östlichen Erzgebirges. (Archiv der naturw. Landesdurchforschung von Böhmen. VI. Prag 1887).

Lee Cheng-San: Schichtenfolge und Bau des Oberlausitzer Schiefergebirges. Geotektonische Forschungen. Heft 2. Kaledonische und variszische Probleme der Westsudeten. 1938).

Lehmann, J.: 1879. Siehe Danzig, E., 1889 und 1905.
— und Mietzsch, H.: 1878. Siehe Danzig, E. und Siegert Th., 1901.
— und Siegert, Th.: 1879. Siehe Danzig, E. und Siegert, Th., 1901.

Leyh, F.: Beiträge zur Kenntnis des Paläozoikums der Umgebung von Hof a. d. Saale. (Zeitschrift der Deutschen Geol. Gesellschaft 49. 1897).

Liebe, Th.: Erl. Preußen, Blatt 71/5 „Langenberg". 1878.
— Erl. Preußen, Blatt 71/6 „Großenstein". 1878.
— Erl. Preußen, Blatt 71/12 „Ronneburg". 1878.
— 1878. Siehe Naumann, E., 1928.
— Erl. Preußen, Blatt 71/15 „Neustadt". 1881.

Liebe, Th.: Erl. Preußen, Blatt 71/16 „Triptis". 1881.
— Erl. Preußen, Blatt 71/21 „Pörmitz". 1881.
— Erl. Preußen, Blatt 71/22 „Zeulenroda". 1881.
— und Zimmermann, E.: Erl. Preußen, Blatt 71/17 „Weida". 1893.
— und Zimmermann, E.: Erl. Preußen, Blatt 71/18 „Waltersdorf" (Langenbernsdorf). 1893.
— und Zimmermann, E.: Erl. Preußen, Blatt 71/23 „Naitschau". 1893.
— und Zimmermann, E.: Erl. Preußen, Blatt 71/24 „Greiz (Reichenbach)". 1893.

v. Linstow, O.: Die Verbreitung der Tatarischen Stufe in Westrußland und Deutschland, sowie über den Charakter der Buntsandsteinformation. (Schriften der Physikalisch-Ökonomischen Gesellschaft zu Königsberg i. Pr. 60. 1919. Erschienen 1920).

Mehner, W.: Die Südostflanke des Ostthüringer Hauptsattels von Unterkoskau bis Erbengrün (Dissertation Leipzig). 1931.

Mietzsch, H.: Geologische Profile durch das Kohlenfeld von Zwickau samt Erläuterungen. (Beilage zu den Erläuterungen zu Blatt „Zwickau", I. Aufl.). 1877.
— Erl. Sachsen, Blatt 112 „Lichtenstein". 1877.
— 1877. Siehe Siegert, Th., 1901.

Moesta, G.: Brüche und Porphyreffusionen im östlichen Erzgebirge. (Zeitschrift der Deutschen Geolog. Gesellsch. 80. 1928).

Mottl, E.: Geologie des Ascher Bezirkes. Asch 1932. (Verlag des Bezirkslehrervereins).

Müller, B.: Der Bornhaustollen, der neueste und größte Aufschluß im Teplitzer Quarzporphyr. (Firgenwald 6. 1933).

Naumann, C. F.: Geognostische Beschreibung des Königreichs Sachsen und der angrenzenden Länderabteilungen. II. Heft. Geognostische Skizze der Gegend zwischen Gößnitz, Oederan, Sebastiansberg und Auerbach. 1845.
— Erläuterungen zu der Geognostischen Karte der Umgebung von Hainichen im Königreich Sachsen. Leipzig 1871.

Naumann, E.: Erl. Preußen, Blatt 71/2 „Jena". 5. Aufl. 1928. (I. Aufl. von Schmid, E. E. 1872).

Němejc, F.: The sequence of the floras in the limnic coal districts of Bohemia and the limits between the Westphalian, Stephanian and Permian. (Deuxième congrès pour l'avancement des études de stratigraphie carbonifère. Heerlen 1935. T. II. 1937).

Paeckelmann, W.: Bemerkungen zu O. H. Schindewolfs „Versuch einer Paläogeographie des Europäischen Oberdevonmeeres". (Zentralbl. f. Min., Geol. u. Paläont. 1922).
— Die Fauna des deutschen Unterkarbons. (Abhandlg. d. Preuß. Geol. Landesanstalt. Neue Folge 122. 1930).

Penck, A.: 1879. Siehe Siegert, Th., 1901.
— 1880. Siehe Danzig, E., 1898.

Petrascheck, W.: Studien über Faziesbildungen im Gebiete der sächsischen Kreideformation. (Abhandlg. d. naturwiss. Gesellsch. Isis, Dresden 1899).
— Kohlengeologie der österreichischen Teilstaaten. III. Die mittel- und westböhmischen Steinkohlenbecken. Wien 1922/24.

Pietzsch, K.: Erl. Sachsen, Blatt 81 „Tharandt". II. Aufl. 1914. (I. Aufl. v. Sauer, A. und Beck, R., 1891).
— Tektonische Probleme in Sachsen. (Geologische Rundschau V. 1914).
— Erl. Sachsen, Blatt 83 „Pirna". II. Aufl. 1916. (I. Aufl. v. Beck, R., 1892).
— Erl. Sachsen, Blatt 82 „Kreischa". II. Aufl. 1917. (I. Aufl. v. Beck, R., 1892).
— Das Elbtalschiefergebiet südwestlich von Pirna. (Zeitschr. d. Deutschen Geol. Ges. 69. 1917).
— Erl. Sachsen, Blatt 102 „Berggießhübel". II. Aufl. 1919. (I. Aufl. v. Beck, R., 1889).
— Erl. Sachsen, Blatt 64 „Tanneberg-Deutschenbora". II. Aufl. 1922. (I. Aufl. v. Dalmer, K., 1888).
— Erl. Sachsen, Blatt 65 „Wilsdruff". II. Aufl. 1922. (I. Aufl. von Dalmer, K. u. Beck, R., 1894).
— Abgrenzung, geologisches Alter und tektonische Stellung des sächsischen Granulitgebirges. (Zentralbl. f. Min., Geol. u. Paläont. 1922).
— Der Bau des Erzgebirgisch-Lausitzer Grenzgebietes. (Abhandlg. d. Sächs. Geol. Landesamtes 2. 1927).
— Erl. Sachsen, Blatt 32 „Hirschstein". II. Aufl. 1928. (I. Aufl. v. Siegert, Th., 1889).
— Erl. Sachsen, Blatt 66 „Dresden". III. Aufl. 1934. (I. Aufl. v. Beck, R. u. Hazard, J., 1893).
— Das Schiefergebirge am Nordrand des Lausitzer Granitmassivs im Vergleich mit der stratigraphischen Entwicklung des Paläozoikums der benachbarten Gebiete. (Berichte d. Math.-Phys. Klasse d. Sächs. Akad. d. Wissensch. 90. 1938).

Pietzsch, K.: Die sächsischen Steinkohlen-Vorkommen („Der deutsche Steinkohlenbergbau", Technisches Sammelwerk, Bd. I, herausgegeben vom Bergbau-Verein Essen, 1942).

Pomper, H.: Der Blintendorfer Kulm und sein Verhältnis zum Hirschberger Sattel. (Dissertation Leipzig) 1931.

Purkyně C. u. Němejc, F.: Brandovská kamenouhelná (antracitová) pánev v Rudohoří. — The carboniferous coal district of Brandov in the Rudohoří mountains (Erzgebirge), Bohemia. (Palaeontographica Bohemiae XIV. 1930).

Rathsburg, A.: Geomorphologie des Flöhagebietes im Erzgebirge. Stuttgart 1904. Verlag J. Engelhorn.

Reibisch, P.: Über die Entstehung der „Abwaschung" und des „Grauen Konglomerats" im Erzgebirgischen Becken. Beiträge zur Geologie von Sachsen III. (Zeitschr. f. praktische Geologie 42. 1934).

Reinisch, R.: Erl. Sachsen, Blatt 101 „Dippoldiswalde-Glashütte". II Aufl. 1919. (I. Aufl. von Schalch, F., 1888).
— Erl. Sachsen, Blatt 100 „Dippoldiswalde-Frauenstein". II. Aufl. 1920. I. Aufl. v. Schalch, F., 1887).
— Erl. Sachsen, Blatt 129 „Zöblitz". II. Aufl. 1929. (I. Aufl. v. Hazard, J., 1884).
— Erl. Sachsen, Blatt 116 „Lengefeld". II. Aufl. 1931. (I. Aufl. v. Hazard, J., 1886).

Rosenbusch, H.: Elemente der Gesteinslehre. (4. Aufl. v. Osann, A.).

Rothpletz, A.: 1878. Siehe Siegert, Th., 1902.
— 1881. Siehe Siegert, Th. und Danzig, E., 1909.
— und Dathe, E.: 1877. Siehe Siegert, Th. und Danzig, E., 1898.

Salomon, W.: Muschelkalk und Lias am Katzenbuckel. (Zentralbl. f. Min., Geol. u. Paläont. 1902).

Sapper, F.: Vulkankunde. (Stuttgart 1927).

Sauer, A.: 1881. Siehe Danzig, E., 1906.
— 1883. Siehe Etzold, F., 1907.
— 1887. Siehe Beck, R., 1900.
— und Beck, R.: 1891. Siehe Pietzsch, K., 1914.
— und Rothpletz, A.: 1887. Siehe Gäbert, C., 1906.
— Siegert, Th., Rothpletz, A. und Jentsch, A., 1891. Siehe Gäbert, C. und Siegert, Th., 1907.

Schalch, F.: 1882. Siehe Siegert, Th., 1903.
— 1885. Siehe Siegert, Th., 1903.
— 1887. Siehe Reinisch, R., 1920.
— 1888. Siehe Reinisch, R., 1919.
— und Klemm, G.: 1888. Siehe Grahmann, R., 1927.
— und Sauer, A.: 1880. Siehe Gäbert, C., 1905.

Scheumann, K. H.: Die gesteins- und mineralfazielle Stellung der Metakieselschiefergruppe der südlichen Randzone des Sächsischen Granulitgebirges. (Abhandlg. der Math.-Phys. Klasse d. Sächs. Akad. d. Wissensch. 39. 1925).
— Petrographische Beobachtungen über die Art und den Zeitpunkt der Münchberg-Zwischengebirgischen Gneisüberschiebung. (Berichte der Math.-Phys. Klasse d. Sächs. Akad. d. Wissensch. 88. 1937).

Schindewolf, O. H.: Über das Oberdevon von Gattendorf bei Hof a. d. Saale. (Zeitschr. d. Deutschen Geol. Ges. 68. 1916).
— Über eine Unterkarbonfauna aus Ostthüringen. (Senckenbergiana 4. 1922).
— Beiträge zur Kenntnis des Paläozoikums in Oberfranken, Ostthüringen und dem Sächsischen Vogtlande. I. Stratigraphie und Ammoneenfauna des Oberdevons von Hof a. d. S. (N. Jb. f. Min., Geol. u. Paläont. 49. Beil. Bd. 1923).
— Zur Kenntnis der Devon-Karbon-Grenze in Deutschland. II. Das Profil von Gattendorf bei Hof a. d. S. (Zeitschr. d. Deutschen Geol. Gesellschaft 78. 1926).
— Krustenbewegungen im Unterkarbon Nordwesteuropas. (Zeitschrift der Deutschen Geologischen Gesellsch. 79. 1927).
— Bemerkungen zur Stratigraphie des oberfränkisch-ostthüringischen Unterkarbons. (Jb. d. Preuß. Geol. Landesanstalt 59. 1939).

Schmid, E. E.: 1872. Siehe Naumann, E., 1928.

Schmidt, H.: Die carbonischen Goniatiten Deutschlands. (Jahrb. d. Pr. Geol. Landesanstalt 45. 1924).

Scholtz, H.: Das varistische Bewegungsbild entwickelt aus der Inneren Tektonik eines Profiles von der Böhmischen Masse bis zum Massiv von Brabant. (Fortschritte der Geologie und Paläontologie, Bd. VIII/25, 1930).

Schreiter, R.: Geologischer Führer durch das Erzgebirge. Freiberg 1927.
— Kohleführende Schichten bei Dönschten im Erzgebirge. (Zeitschr. d. Deutschen Geol. Ges. 82. 1930).

Schriel, W.: Alte und junge Tektonik am Kyffhäuser und Südharz. (Abhandlg. d. Preuß. Geol. Landesanstalt N. F., Heft 93. 1922).

Schüller, A.: Altersbestimmung und genetische Stellung strukturzeigender Pflanzen aus dem Oberdevon von Wildenfels in Sachsen. (Zeitschr. d. Deutschen Geol. Ges. 91. 1939).
— Zur tektonischen Analyse der Münchberger Gneismasse. (Zeitschr. d. Deutsch. Geol. Ges. 97, 1947).

Schuster, A.: Oberrotliegendes und Zechstein in Sachsen. (Abhandlg. des Sächs. Geol. Landesamtes 13. 1933).
— Oberrotliegendes, Zechstein und Buntsandstein im Gebiete des Ostthüringischen Hauptsattels (Berga-Weida-Triptis). (Jahrbuch des Halleschen Verbandes für die Erforschung der mitteldeutschen Bodenschätze und ihrer Verwertung. N. F. 16. 1938).

Schwarzbach, M.: Beiträge zur Geologie des Bober-Katzbachgebirges. I. (Zentralbl. f. Min., Geol. u. Paläont. 1934).
— Oberlausitzer Schiefergebirge und Bober-Katzbachgebirge — ein stratigraphisch-tektonischer Vergleich. (Abhandlg. der Naturforsch.-Gesellsch. in Görlitz 3. 1936).
— Bionomie, Klima und Sedimentationsgeschwindigkeit im oberschlesischen Karbon. (Zeitschr. d. Deutschen Geologischen Gesellschaft. 94. 1942).

Schwinner, R.: Lehrbuch der physikalischen Geologie. Berlin 1936. (Verlag Gebr. Borntraeger).
— Die geologische Zeit-Tafel. (Gliederung der euzoischen Zeit nach der Pb/U-Methode). (N. Jb. f. Min. Geol. u. Paläont. Monatshefte Abt. B. 1944).

v. Seidlitz, W.: Die Altenberger Scholle. (Geologische Rundschau, Sonderband 1926).

Siegert, L. u. Bärtling, R.: Erl. Preußen, Blatt 57/41 „Merseburg (Ost)". 1909.

Siegert, Th.: Erl. Sachsen, Blatt 113 „Stollberg-Lugau". 1881. Die paläontologischen Teile von Sterzel, T.
— Erl. Sachsen. Profile durch das Steinkohlenrevier von Lugau-Ölsnitz. Samt Erläuterung. 1882.
— 1884. Siehe Danzig, E., 1916.
— 1886. Siehe Härtel, F., 1932.
— 1889. Siehe Pietzsch, K., 1928.
— Erl. Sachsen, Blatt 45 „Leisnig-Hartha". II. Aufl. 1899. (I. Aufl. von Credner, G. R. u. Dathe, E., 1879).
— Erl. Sachsen, Blatt 46 „Döbeln-Scheergrund". II. Aufl. 1899. (I. Aufl. v. Dathe. E., 1879).
— 1901. Siehe Gäbert, C., 1901.
— Erl. Sachsen, Blatt 44 „Colditz-Großbothen". II. Aufl. 1901. (I. Aufl. v. Penck, A., 1879).
— Erl. Sachsen, Blatt 111 „Zwickau-Werdau". II. Aufl. 1901. (I. Aufl. v. Mietzsch, H. 1877). Der paläontologische Abschnitt von Sterzel, T.
— Erl. Sachsen, Blatt 59 „Frohburg-Kohren". II. Aufl. 1902. (I. Aufl. von Rothpletz, A., 1878). Beiträge von Sterzel, T.
— Erl. Sachsen, Blatt 12 „Brandis-Borsdorf". II. Aufl. 1903. (I. Aufl. v. Schalch, F., 1882).
— Erl. Sachsen, Blatt 13 „Wurzen-Altenbach". II. Aufl. 1903. (I. Aufl. v. Schalch, F., 1885).
— Erl. Sachsen, Blatt 93 „Meerane-Crimmitschau". II. Auflage 1905. (I. Auflage auch von Siegert, Th., 1882).
— Erl. Sachsen, Blatt 30 „Oschatz-Mügeln". II. Aufl. 1908. (I. Aufl. auch von Siegert, Th., 1885).
— und Danzig, E.: Erl. Sachsen, Blatt 60 „Rochlitz-Geithain". II. Aufl. 1898. (I. Aufl. von Rothpletz, A. und Dathe, E., 1877).
— und Danzig, E.: Erl. Sachsen, Blatt 96 „Chemnitz". III. Aufl. 1908. (I. Aufl. v. Siegert, Th. und Lehmann, J., 1877). Paläontologische Beiträge von Sterzel, T.
— und Danzig, E.: Erl. Sachsen, Blatt 78 „Frankenberg-Hainichen". II. Aufl. 1909. (I. Aufl. von Rothpletz, A., 1881).
— und Schalch, F. 1878. Siehe Danzig, E., 1914.

Spengler, E.: Über die karbonische Abtragung im Bereiche der Böhmischen Masse. (Lotos 87. Prag 1941).

Sterzel, T.: 1881. Siehe Siegert, Th., 1881.
— Die Flora des Rotliegenden im nordwestlichen Sachsen. (Paläont. Abhandlg. v. Dames und Kayser III. 1886).
— 1901. Siehe Siegert, Th., 1901.
— 1908. Siehe Siegert, Th., 1908.

Stille, H.: Grundfragen der vergleichenden Tektonik. Berlin 1924.
— Die oberkarbonisch-altdyadischen Sedimentationsräume Mitteleuropas in ihrer Abhängigkeit von der variscischen Tektonik. (Congrès pour l'avancement des études de stratigraphie carbonifère. Heerlen 1927). Erschienen 1928.

Stutzer, O.: Über schachtartige carbonische Ausstrudelungen im Lugau-Ölsnitzer Steinkohlenrevier. (Zeitschrift der Deutschen Geologischen Gesellschaft. 86. 1934).
— Überblick über den geologischen Aufbau des erzgebirgischen Steinkohlenbeckens. (In der Festschrift: „75 Jahre Gemeinschaftsarbeit der sächsisch. Steinkohlenbergwerke". Zwickau 1936).

Sueß, F. E.: Intrusionstektonik und Wandertektonik im variszischen Grundgebirge. Berlin 1926.

Supan, A.: Grundzüge der physischen Erdkunde. 7. Aufl., herausgegeben von E. Obst. Berlin und Leipzig 1934. Verlag Walter de Gruyter & Co.

Walther, J.: Lehrbuch der Geologie von Deutschland. Leipzig 1910. Verlag Quelle & Meyer.

Weise, E.: Erl. Sachsen, Blatt 142 „Plauen-Ölsnitz". II. Aufl. 1897. (I. Aufl. von Weise, E. und Liebe, Th., 1887).
— Erl. Sachsen, Blatt 150 „Bobenneukirchen-Gattendorf". 1898.
— Erl. Sachsen, Blatt 133 „Plauen-Pausa". 1904.
— und Uhlemann, A.: Erl. Sachsen, Blatt 134 „Treuen-Herlasgrün". II. Aufl. 1913. (I. Aufl. von Dalmer, K., 1886).
— und Uhlemann, A.: Erl. Sachsen, Blatt „Ölsnitz-Bergen" II. Aufl. 1924. (I. Aufl. von Weise, E. und Schröder, M. 1890).

Wettig, E.: Das Rotliegende der nordwestsächsischen Mulde unter Berücksichtigung der Tiefbohrergebnisse von Saalhausen-Kreischa. (Zeitschr. d. Deutschen Geologischen Gesellschaft. 79. 1927).

Wilfarth, M.: Sedimentationsprobleme in der Germanischen Senke zur Perm- und Triaszeit. (Geologische Rundschau 24, 1933).

v. Wolff, F.: Plutonismus und Vulkanismus. (Handbuch der Geophysik von Gutenberg, 3. Band 1940).

Wurm, A.: Geologischer Führer durch Fichtelgebirge und Frankenwald. (Sammlung geologischer Führer 31, Berlin 1925. Verlag Borntraeger).
— Über den Bauplan des variskischen Gebirges am Westrand der Böhmischen Masse. (Geologische Rundschau 17, 1926).
— Erläuterungen zur geologischen Karte von Bayern 1 : 25 000 [3]), Blatt 52 „Presseck". 1927.
— Über die Fortsetzung der sogen. bayrischen Fazies des Frankenwälder Paläozoikums nach Osten nach Sachsen. (Zentralblatt f. Min., Geol. u. Paläont. 1927, Abt. B.).
— Der Bauplan des variskischen Gebirges in Bayern. (N. Jb. f. Min., Geol. u. Paläont. 60. Beilageband, 1928).
— Erl. Bayern, Blatt 32 „Naila". 1929.
— Erl. Bayern, Blatt 51 „Wallenfels". 1931.

Zelenka, L.: Poznámky o některých horninách z okolí Brandova v Krušných horách — Remarques sur quelques roches des environs de Brandov. (Věstnik stát. geol. ústavu II. 1926).

Zimmermann, E.: Erl. Preußen, Blatt 71/32 „Lobenstein". 1911.
— Erl. Preußen, Blatt 71/33 „Hirschberg". 1912.
— Erl. Preußen, Blatt 71/28 „Lössau". 1914.
— Erl. Preußen, Blatt 71/27 „Schleiz". 1915.
— Geologische Übersichtskarte von Deutschland, Blatt 128 „Jena" (1922).
— Neubegehung von Blatt Greiz für die in Bearbeitung befindliche Übersichtskarte 1 : 200 000, Bl. Jena. (Jahrb. d. Preuß. geol. Landesanstalt f. d. J. 1921, Bd. XLII, Berlin 1923).
— Erl. Preußen, Blatt 71/11 „Gera". 3. Aufl. 1930. (1. Aufl. v. Liebe, Th.).
— und Weise, E.: Erl. Preußen, Blatt 71/34 „Gefell". 1915.

B. Geologische Karten

1. Geologische Übersichtskarten.

Geologische Übersichtskarte von Sachsen 1 : 400 000 von F. Koßmat und K. Pietzsch. (Herausgegeben vom Sächsischen Geologischen Landesamt. Leipzig 1930).

Geologische Übersichtskarte von Deutschland 1 : 200 000. Abteilung Preußen und Nachbarstaaten. Blatt 128. „Jena" von E. Zimmermann. (Herausgegeben von der Preuß. Geologischen Landesanstalt, Berlin 1922).

---

[3]) Diese Erläuterungen werden im folgenden in abgekürzter Form mit „Erl. Bayern" bezeichnet.

Geologische Übersichtskarte von Thüringen 1 : 500 000 von F. Deubel und H. J. Martini. (Thüringen-Atlas, herausgegeben von der Reichsarbeitsgemeinschaft für Raumforschung, Universität Jena. Verlag Justus Perthes, Gotha. 1942).

2. Geologische Spezialkarten 1 : 25 000[4]).

a) Geologische Karte von Sachsen.

4. Thallwitz-Strelln. II. Aufl. 1930.
10. Leipzig-Markranstädt. II. Aufl. 1905.
11. Leipzig. II. Aufl. 1924.
12. Brandis-Borsdorf. II. Aufl. 1902.
13. Wurzen-Altenbach. II. Aufl. 1902.
14. Dahlen. II. Aufl. 1925.
15. Oschatz-Wellerswalde. II. Aufl. 1924.
16. Riesa-Strehla. II. Aufl. 1923.
27. Naunhof-Otterwisch. II. Aufl. 1905.
28. Grimma-Trebsen. II. Aufl. 1897.
29. Mutzschen. II. Aufl. 1912.
30. Oschatz-Mügeln. II. Aufl. 1906.
31. Stauchitz. II. Aufl. 1932.
32. Hirschstein. II. Aufl. 1919.
41/57. Pegau-Predel nebst Hemmendorf. II. Aufl. 1921.
43. Lausigk-Borna. II. Aufl. 1902.
44. Colditz-Großbothen. II. Aufl. 1900.
45. Leisnig-Hartha. II. Aufl. 1899.
46. Döbeln-Scheergrund. II. Aufl. 1897.
47. Lommatzsch. II. Aufl. 1931.
59. Frohburg-Kohren. II. Aufl. 1901.
60. Rochlitz-Geithain. II. Aufl. 1896.
61. Geringswalde-Ringethal. II. Aufl. 1901.
62. Waldheim-Böhringen. II. Aufl. 1899.
63. Roßwein-Nossen. II. Aufl. 1907.
64. Tanneberg-Deutschenbora. II. Aufl. 1916.
65. Wilsdruff. II. Aufl. 1916.
66. Dresden. III. Aufl. 1934.
67. Pillnitz-Weißig. II. Aufl. 1908.
76. Penig-Burgstädt. II. Aufl. 1899.
77. Mittweida-Taura. II. Aufl. 1904.
78. Frankenberg-Hainichen. II. Aufl. 1908.
79. Freiberg-Langhennersdorf. II. Aufl. 1905.
80. Freiberg. II. Aufl. 1899.
81. Tharandt. II. Aufl. 1912.
82. Kreischa. II. Aufl. 1912.
83. Pirna. II. Aufl. 1913.
93. Meerane-Crimmitschau. II. Aufl. 1904.
94. Glauchau-Waldenburg. II. Aufl. 1900.
95. Hohenstein-Limbach. II. Aufl. 1901.
96. Chemnitz. III. Aufl. 1906.
97. Augustusburg-Flöha. II. Aufl. 1905.
100. Dippoldiswalde-Frauenstein. II. Aufl. 1916.
101. Dippoldiswalde-Glashütte. II. Aufl. 1915.
102. Berggießhübel. II. Aufl. 1913.
111. Zwickau-Werdau. II. Aufl. 1900.
112. Lichtenstein. 1875.
113. Stollberg-Lugau. 1881.
114. Burkhardtsdorf. II. Aufl. 1911.
115. Zschopau-Grünhainichen. II. Aufl. 1904.
116. Lengefeld. II. Aufl. 1931.
118. Nassau. 1886.
119. Altenberg-Zinnwald. II. Aufl. 1906.
124. Planitz-Ebersbrunn. 1884.
125. Kirchberg-Wildenfels. II. Aufl. 1900.
126. Lößnitz-Zwönitz. II. Aufl. 1910.
130/131. Olbernhau-Purschenstein. 1888.

---

[4]) Die zu den Spezialkartenblättern gehörigen „Erläuterungen" wurden im Verzeichnis der geologischen Arbeiten unter dem Namen des Verfassers angeführt, und zwar bei solchen Blättern, die in mehr als einer Auflage erschienen sind, unter dem Namen des Verfassers der ersten und der letzten Auflage.

133. Plauen-Pausa. 1902.
134. Treuen-Herlasgrün. II. Aufl. 1910.
142. Plauen-Ölsnitz. II. Aufl. 1896.
143. Ölsnitz-Bergen. II. Aufl. 1914.
150. Bobenneukirchen-Gattendorf. 1895.

b) Geologische Karte von Preußen und benachbarten deutschen Ländern. Folgende ostthüringische Blätter:

58/55. Windischleuba (Regis). 1906.
71/2. Jena. 5. Aufl. 1928.
71/5. Langenberg. 1878.
71/6. Großenstein. 1878.
71/11. Gera. 3. Aufl. 1930.
71/12. Ronneburg. 1878.
71/15. Neustadt. 1881.
71/16. Triptis. 1881.
71/17. Weida. 1893.
71/18. Waltersdorf (Langenbernsdorf). 1893.
71/21. Pörmitz. 1881.
71/22. Zeulenroda. 1881.
71/23. Naitschau. 1893.
71/24. Greiz (Reichenbach). 1893.
71/27. Schleiz. 1915.
71/28. Lössau. 1914.
71/32. Lobenstein. 1911.
71/33. Hirschberg a. S. 1912.
71/34. Gefell. 1915.
72/1. Altenburg. 1906.

c) Geologische Karte von Bayern.

Folgende von A. Wurm aufgenommene Karten aus dem Frankenwalde:

32. Naila. 1929.
51. Wallenfels. 1931.
52. Presseck. 1927.

d) Geologische Karte des Böhmischen Mittelgebirges (J. E. Hibsch).

VII. Teplitz-Boreslau. 1908.